제2판

포스트게놈 시대를 여는

유전학

유 민 지음

월드사이언스
worldscience.co.kr

포스트게놈 시대를 여는

유전학 2판

인쇄 | 2022년 01월 10일
발행 | 2022년 01월 20일

저　자 | 유민
표지·편집 | 유선영
발행인 | 신정숙
발행처 | 도서출판 월드사이언스
주소 | 서울특별시 서초구 도구로115 (월드빌딩 1층)
전화 | (02) 581-5811~3
FAX | (02) 521-6418
URL | http://www.worldscience.co.kr
E-mail | worldscience@hanmail.net

정가 23,000원
ISBN 978-89-5881-307-1

머리말

PREFACE

사람이 동물과 구별되는 한 가지는 과거를 거울삼아 오늘을 수정하고 보다 나은 내일을 위해 항상 새로운 발전을 도모한다는 것이다. 바로 21세기 유전학과 유전공학이 그 대표적인 예이다. 유전공학은 유전학을 바탕으로 한 신기술이며 어느새 우리 생활의 구석구석까지 영향을 미치고 있어 그 중요성이 더욱 부각되고 있다. 유전학은 유전자의 프로그램을 송두리째 바꾸어서 생명 그 자체를 조작할 수 있고 심지어는 인류의 존엄성과 개성, 고귀함까지도 완전히 변화시킬 수 있는 단계에 이르렀다. 이렇듯 인류가 미처 경험하지 못했던 엄청난 학문인 유전학을 후학들에게 제대로 교육하는 것은 사회적으로나 국가적으로 대단히 중요한 문제일 수밖에 없다.

그렇다면 유전학은 과연 무엇인가? 유전학과 유전공학은 과연 어디까지 발전할 수 있을까? 유전공학은 정말 무분별한 것인가? 21세기 초에는 암도 정복될 것인가? 등등 끝도 없이 뉴스나 언론매체를 통해 접하는 이런 문제들은 앞으로 좋든 싫든 우리에게 더욱 친숙한 이슈들이 될 것이 분명하다. 그리고 이런 논의들은 유전학이 인류를 병과 죽음에서 구원할 최첨단 학문인지, 아니면 인류를 자멸시키기에 충분한 해로운 과학인지에 대해 지속적인 관찰을 필요로 할 것이다.

유전학은 이미 대중화 단계에 들어섰다. 의학, 약학, 임상병리학, 간호학, 식품과학, 컴퓨터공학, 우주산업, 심지어는 법의학의 DNA 수사와 친자확인에 이르기까지 다양한 전공의 학생들이 접해야 하는 그런 학문이 되었기 때문이다. 따라서 유전학을 제대로 실생활에 응용하려면 먼저 그 기본적인 이론들을 충실하게 이해해야 할 것이다. 우리는 지금 인간게놈프로젝트(Human Genome Project)가 완결된 포스트게놈 시대(post-genomeera)에 살고 있다. 생명복제에 대한 논쟁도 벌써 시작되었고 심지어는 인간복제의 가능성까지 우려되는 것이 현실이다. 본 교재는 이처럼 유전학이 극도로 발달한 시대를 살아가는 대학생들에게 올바른 지식을 부여하고 이를 어떻게 응용해야 하는지 가르치기 위한 지침서이다. 교재를 통해 학생들은 유전학의 기본 개념과 다양한 응용 사례들을 공부할 것이다. 그리고 각 주제별로 장점과 문제점들을 논의하면서 자연스럽게 21세기를 책임질 젊은이로서의 올바른 가치관과 윤리의식을 고취시켜 나가게 될 것이다.

유전학은 하루가 다르게 변화하는 매우 생동감 넘치는 학문이다. 이번 개정판에서는 유전자 가위 등의 최신 주제들을 새로 소개하였고, 유전자치료 등 지나치게 전문성을 요구하는 주제들은 과감하게 정리하였다. 그럼으로써 보다 간결하고 함축된 내용 구성을 도모하였다. 끝으로 이 책이 나오기까지 쉬지 않고 몰아붙이는 아빠의 건강을 걱정하며 마음 졸인 아내와 우리 두 딸, 그리고 월드사이언스의 편집부 여러분께 감사드린다.

2022년 2월 대구 성서범에서 유민

목차

CONTENTS

목차

02 Part 유전자와 DNA

CONTENTS

03 유전학 복제와 발현

Part

04 Part 포스트게놈 시대의 유전학과 응용

PART 1

유전학의 역사

CONTENTS

Chapter

01 | 유전학은?

유전학이 21세기의 생명과학을 대표하는 첨단학문으로 자리 잡으면서 유사한 용어들이 우리 주변을 떠돌아다니고 있다. 유전공학, 유전자재조합기술, 생명과학, 생명공학, 분자생물학, 바이오테크놀로지 등이 바로 그것들이다. 그러나 대부분 표현만 달리할 뿐 내용적으로는 서로 비슷하다고 할 수 있다. 유전학을 간단히 소개하고 앞으로 이 학문을 어떻게 이용해 나가야할 지 살펴보기로 한다.

종합학문으로서의 유전학

21세기 문턱에 들어서자마자 대중매체들은 금세기를 "생명과학의 시대 또는 BT의 시대"라 하며 연일 떠들어대고 있다. BT란 바이오테크놀로지(biotechnology)의 약어이다. 이처럼 생명과학은 디지털공학인 IT, 즉 information technology와 함께 최첨단 미래과학으로 평가되고 있다. 여기서 말하는 생명과학의 기반은 바로 유전학이다. 그리고 이제 그 응용 범위가 생명현상 전체에 걸쳐 점차 광범위해지고 있는 것이다. 쉽게 말하자면 생명과학은 곧 유전학과 같은 용어라고 생각해도 좋다. 전문가가 아니더라도 우리는 게놈이니 줄기세포니 하는 어려운 용어들에 이미 친숙해졌고, TV와 인터넷에서는 유전자 치료로 암을 곧 정복할 것이라는 보도가 연일 방송되고 있을 정도이다. 그러다보니 근본으로 돌아가서 궁금해질 수밖에 없는 문제가 "과연 유전학은 어떤 학문인가?"라는 것이다. 유전학이 도대체 "나"와 무슨 관련이 있는가? 우리 생활에 얼마나 큰 영향을 미치기에 이 시대의 중요한 키워드로 자리잡고 있는 것인가?

유전학은 유전자재조합기술(recombinant DNA technology)이 급속도로 발달한 20세기 이후의 생명과학을 대표하는 용어가 되어 버렸다. 그리고 이제 유전학은 21세기의 인류복지를 위한 종합학문으로서 생명의 기원을 밝히고 인류의 건강한 삶을 보장하기 위한 미래과학으로 자리매김하였다.

유전공학과 바이오테크놀로지

1865년 Mendel은 완두콩을 이용한 잡종교배실험에서 유전의 법칙을 처음으로 보고하였다. Mendel의 업적을 높이 평가하는 이유는 "유전의 원리"를 밝혀내었기 때문이기도 하지만, 인간이 인위적으로 조작할 수 있는 유전물질의 존재를 처음으로 알렸고, 그 물질을 조작하면 유전현상을 체계적으로 바꿀 수 있다는 것을 보여주었기 때문이다. Mendel의 개념은 결국 1953년 Watson과 Crick이 DNA의 이중나선구조(double helix structure)를 밝혀내는 데로 이어졌고, 마침내 "유전공학(genetic engineering)"을 탄생시켰다. 이렇게 시작된 유전공학은 1978년에 유전자재조합으로 당뇨병 치료제인 인슐린(insulin)을 대장균에서 대량 생산할 수 있게 되면서 비약적으로 발전하게 되었으며 오늘날 "바이오테크놀로지(biotechnology)"라는 공식 명칭을 탄생시켰다.

유전학은 지구상 모든 생명체에 대한 존엄성을 그 바탕에 두고 있다. 궁극적인 목표는 물론 인간의 생명을 연장시키고 삶의 질을 향상시키는 것이다. 또한 단순히 자연과학 영역에 머무르지 않고 다른 학문과의 연계를 통해 새로운 이론을 지속적으로 창출하고 신기술 개발에 따른 윤리와 도덕적인 측면까지도 함께 생각하는 첨단학문이다.

유전학과 분자생물학

아프리카에서는 사람이 굶어 죽어 가는데도 소를 먹이기 위해 곡물을 재배하고 있다고 한다. 소를 길러서 그 고기를 선진 서구국가들에 수출하기 위해서이다. 이론적으로 보면 먹이사슬에서 한 단계가 넘어갈 때마다 에너지 보존율이 40% 남짓하다. 다시 말해서 곡물이 100이라는 에너지를 가지고 있었다면, 소가 그것을 먹었을 때 40 정도만이 이용될 수 있고 나머지는 단순히 열(heat)로 공기 속에 사라져 버리고 마는 것이다. 한 단계를 더 거쳐 사람이 쇠고기를 먹을 경우 그 40의 다시 40%만을 섭취하게 되므로 육식 위주의 식생활은 에너지 차원에서 손실이 엄청나다 할 수 있다. 그렇기 때문에 어떤 인류학자는 모든 사람이 채식을 한다면 전 세계의 식량난이 해결될 수 있다고 주장하기도 한다.

물론 그렇다고 우리가 모두 채식만을 할 수는 없다. 그 대신에 다소 과장된 이야기일지라도 한번쯤 이런 생각을 해보면 어떨까? 식물세포에 있는 유전자들을 모조리 밝혀내어 이 세상의 식량난을 해결해 보겠다고 말이다. 그런데 이런 일이 실제로 일어나고 있다. 바로 게놈프로젝트(genome project)이다.

또한 공생설(symbiosis)에 의하면 광합성기관인 엽록체(chloroplast)는 원래 박테리아에서 유래되었다고 믿어진다. 공생설은 미토콘드리아(mitochondria)와 엽록체가 원래 단독 개체로서 생명활동을 하던 세균의 일종이었다는 가설에서 비롯된 것이다. 즉, 미토콘드리아와 엽록체는 스스로 분열할 수도 있었고, 자체 DNA와 유전정보를 가지고 있었으며, 필요한 단백질을 합성하는 능력도 가지고 있었다. 게다가 미토콘드리아는 에너지를 스스로 만들어 낼 수 있었으며, 엽록체는 광합성을 통하여 포도당을 만들 수 있었다. 그러나 이들은 주변의 다른 세포에 비해 크기가 작다는 문제가 있었다. 때문에 늘 외부환경으로부터 위협을 받으면서 오랜 시간 동안 단독으로 살아오다가 자신보다 더 큰 진핵세포 안으로 들어와 공생하게 되었다. 이렇게 해서 미토콘드리아와 엽록체는 진핵세포의 소기관으로서 보호를 받을 수 있게 되었으며, 진핵세포는 자신의 큰 덩치를 유지하기 위한 에너지를 미토콘드리아로부터 공급받을 수 있게 되었다. 식물세포의 경우에는 엽록체와 공생하면서 광합성도 가능해졌다는 가설이 바로 공생설이다. 아직 이 가설이 정말로 맞는지 또 어떻게 해서 그런 공생이 진짜 가능했던 것인지에 대해 구체적인 증거는 없다. 그러나 연구를 거듭해서 이 공생의 메카니즘을 밝힐 수만 있다면 동물세포에 엽록체를 이식할 수도 있을 것이고, 사람이 스스로 광합성을 하지 말라는 법도 없을 것이다. 지금은 유전학과 유전공학이 워낙 발달하여 동물도 복제해 내는 시대이므로 더 이상 이런 일들이 상상 속의 이론만은 아닌 셈이다.

또 이런 상황을 생각해 볼 수도 있다. 우리는 섬유소를 분해할 효소가 없어서 풀을 그냥 뜯

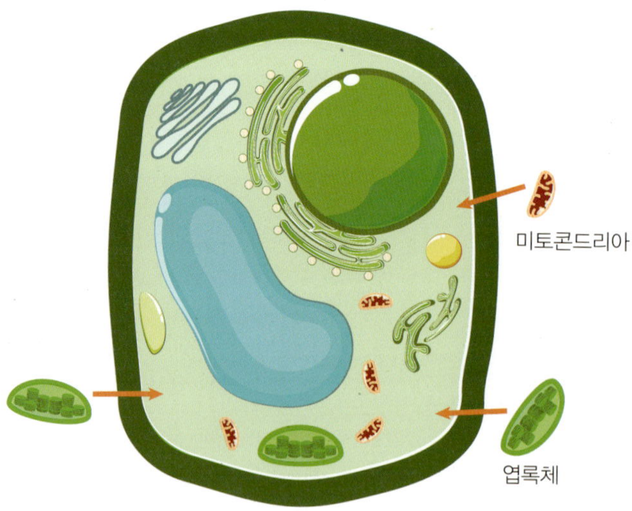

[그림 1-1] 공생설

어 먹을 수 없지만, 초식동물은 장내 대장균이 이 소화를 대신해준다. 만약 우리 몸에 안전한 소화효소계를 유전공학으로 개발할 수 있다면 우리도 나뭇잎을 그냥 뜯어 먹을 수 있을 것이다. 앞으로도 인구가 계속 팽창하다 보면 멀지 않은 미래에 식량난이 심각해질 것은 분명한 사실이다. 그때가 되면 인류는 살아남기 위해 온갖 수단과 방법을 동원해야 하는데, 유전학자들이야말로 이러한 문제점의 해결책에 가장 근접한 사람들이 아닐까 싶다.

유전학(Genetics)은 유전자의 구조와 기능에 대한 학문이다. 다시 말해서 유전자(gene)의 본질인 DNA가 어떻게 다음 세대로의 유전(inheritance)을 가능하게 해주는지에 대한 연구이다. 비슷한 학문으로 분자생물학(molecular biology)이 있는데, 이 역시 DNA를 연구대상으로 하고 있다. 굳이 비교하여 설명하자면 유전학이 반세기 정도 먼저 시작되어 생물학적 기능에 초점을 맞춘 반면에, 분자생물학은 DNA의 화학적 성질과 구조를 주된 관심사로 하고 있다. 그러나 지금은 그 연구의 대상뿐만 아니라 방법상에도 차이가 거의 없어서 유전학과 분자생물학을 일부러 구별하는 것 자체가 의미가 없어졌으며, 오히려 이 두 학문을 접목하여 분자유전학(molecular genetics)이라는 용어를 사용하는 것이 보편화된 추세이다. RNA와 단백질 역시 유전자 발현(gene expression)에 필수적인 역할을 담당하므로 유전학 연구 범위에 포함된다. 분자 차원에서의 연구가 어려웠던 초기 유전학 시설에는 통계적 관찰을 바탕으로 한 간접적인 연구만이 가능하였지만, 1950년대 이후에는 생물, 화학, 물리학적 방법들이 눈부시게 개발되면서 유전자를 분자 차원에서 직접 연구하는 것이 가능해졌다. 따라서 우리는 20세기 초반의 유전학을 "통계유전학" 또는 "집단유전학"이라 말하고, DNA 이중나선 구조가 세상에 발표된 1953년 이후의 유전학을 "분자유전학" 또는 "현대유전학"이라고 부른다. 지금은 유전학이라 하면 당연히 분자유전학을 지칭하는 것이다.

유전학의 응용

앞에서 보았듯이, 유전학은 인류의 더 나은 삶을 보장하기 위한 학문이다. 그렇기 때문에 주변의 다양한 분야들과 연관을 맺고 있으며 아주 빠른 속도로 우리 생활 모든 구석구석에 응용되고 있다. 유전학과 관련된 학문 분야는 유전공학, 분자생물학, 생화학, 생리학, 미생물학 등 다양하며, 그 응용에 있어서도 의학, 보건, 농업, 제약, 식품, 환경, 법의학, 우주과학 등에까지 지대한 영향을 미치고 있다. 최근에는 유전학이 로봇공학과 연계되면서 인공장기와 바이오센서 개발 등 이루 헤아릴 수 없을 만큼의 다양성을 보이고 있다.

		분자 생물학	유전공학	생화학	생리학	미생물학	발생학		
의학	↖	↓	↓	↓	↓	↓	↓	↗	제약
보건	←	유 전 학						→	우주산업
농업	↙	↓	↓	↓	↓	↓	↓	↘	환경
	유전자 치료	바이오 에너지	발효식품	인공장기	바이오 센서	기능성 식품	바이오 자원	해양산업	

여기서 잠깐 유전학이 다른 분야와 어떠한 연관성을 가지고 있으며 또 서로 어떻게 영향을 미치는지에 대해 구체적으로 살펴보도록 하자.

유전학과 식품

21세기에는 병충해에 강하고 수확률이 더 높은 새로운 품종들이 속속 개발될 전망이다. 식품가공에 이용할 수 있는 안전한 미생물도 새로 개발되어 건강보조제와 기능성 식품들의 출시가 기대된다. 식품의 맛과 영양도 지금까지보다 한 차원 높게 조절될 전망이며, 전 세계적으로 식량 부족의 걱정이 상당히 사라질 전망이다. 그럼에도 불구하고 유전자변형식품(GMO, genetically modified object)의 안전성(safety)은 계속 사회적 문제가 될 것으로 보인다.

유전학과 환경

과학의 발전은 필연적으로 환경오염과 생태계 파괴를 수반하는 것으로 생각하기 쉽다. 물론 그동안 무분별한 발전과 잘못된 가치관으로 지구환경을 오염시킨 예도 많다. 앞으로는 공기 중의 납 성분을 제거해서 공해를 줄여주는 가로수의 개발, 혈액을 분해하는 드라큘라 미생물을 이용한 병원폐기물 처리, 중금속 분해 미생물을 이용한 폐수 정화 등 환경정화를 위한 보다 적극적인 방법을 유전학이 제공할 것이다.

유전학과 의료

인류 역사는 질병과의 전쟁으로 이어져 왔다고 해도 과언이 아닐 것이다. 그만큼 인류는 수

많은 질병들의 도전을 받았으며 그것을 잘 이겨내 왔다. 이제는 아예 사라진 천연두와 페스트 등이 좋은 예이다. 그러나 아직까지도 인류가 해결하지 못한 질병들이 남아있으며 오히려 새로운 난치병들이 속속 등장하고 있다. 신약의 개발, 새로운 항생물질의 탐색, 유전자 치료법 개발 등 유전학은 아직 해결되지 못한 질병들로부터 인류를 구해내고 그만큼 무병장수할 수 있는 미래를 보장해 줄 것으로 기대되고 있다.

유전학과 제약

20세기의 생명과학이 유전자재조합을 이용하여 인슐린(insulin)이나 인터페론(interferon) 같은 약품들을 보다 싸게 만드는 데 주력하였다면, 21세기의 유전학은 진일보하여 아예 개인의 유전정보를 통째로 들여다보고 특정 질병이 발병할 확률을 예측하며, 예방법을 미리 찾아내고, 맞춤 의약품을 개발할 것으로 기대된다. 형질전환동물과 동물복제를 통해서 사람의 면역유전자를 가진 동물들이 만들어질 것이며, 이들로부터 필요한 장기를 이식받을 수도 있게 될 전망이다.

유전학과 범죄수사

유전자의 본질은 DNA이다. 사람마다 얼굴이 조금씩 다르듯이 DNA도 각기 조금씩 차이가 있다. 이러한 점을 이용하여 범죄현장에서 발견한 머리카락이나 혈흔 등의 세포에서 DNA를 추출해 범인을 가려낼 수 있다. 물론 이 방법은 이미 몇 년 전부터 사용되어 온 것이지만 앞으로는 그 정확도가 훨씬 높아질 전망이다. 화재 현장에서 육안으로는 신원을 확인하기 힘든 사체의 DNA를 추출하여 신원 파악을 하고 친자 확인을 하는 것과 같이, 유전학은 각종 범죄수사와 사회문제 해결에 이미 많은 도움을 주고 있다.

유전학과 농업

유전학을 통해 농업 기술의 향상도 꾀할 수 있다. 일례로 질소를 고정하는 박테리아에서 유전자를 분리해서 식물에 넣으면 스스로 비료 성분을 만들어내는 자급자족형 형질전환식물을 만들 수 있다. 이런 식물은 따로 화학비료를 줄 필요가 없어서 재배가 쉽고 소득을 증대시키며 친환경적이라는 이점이 있다. 빙하에서 발견된 세균으로부터 추위에 강한 유전자를 분리해 벼에 주입하면 냉해에 저항성을 갖는 신품종을 개발할 수도 있다. 보리에 밤 유전자를 주입하면 보리 한 톨을 밤알만큼 크게 만들 수 있고 환경호르몬이나 농약으로부터 안전한 농산물 생산도 가능해질 것으로 본다. 채송화의 꽃잎을 빨강, 주황, 노랑, 초록, 파랑, 남색, 보라 등 무지개 색깔로 다양하게 변화시키는 등 원예 산업에도 큰 변화를 가져올 것이다.

유전학과 산업

유전학은 이제 단순한 학문적 차원에서 벗어나 산업구조에까지 막대한 영향을 미치고 있다. 바이오테크놀로지로 탄생한 각종 산물, 의약품, 기술들은 바이오벤처라는 이름으로 산업화되고 있다. 복제양 돌리(Dolly)를 만들어 낸 영국의 로슬린연구소(Roslin Institute)나 인간게놈프로젝트로 유명해진 Celera Genomics 회사는 이제 바이오벤처의 대명사로 자리잡고 있다. 우리나라에서도 바이오벤처 회사가 유전학의 영향을 받아 많이 설립되어 중국과 일본 등 인접국과 특허 경쟁을 벌이고 있다. 바이오벤처의 발전은 바이오비지니스(Biobusiness)라는 신학문을 탄생시켰으며, 바이오벤처의 끊임없는 연구는 또다시 유전학의 발전을 유도하는 상호 관계를 맺고 있다.

유전학과 경제

유전학은 100여 년에 불과한 짧은 역사에도 불구하고 다른 어떤 분야 이상으로 국가 경제에 지대한 영향을 미치고 있다. 신약 개발, 고부가가치의 치료제와 항생물질 개발, 신품종 및 형질전환동물의 제조, 인공장기의 수급 등은 전 세계의 미래 경제를 뒤바꿀 정도로 그 가치를 인정받고 있다. 선진국에서는 21세기 고부가 가치산업으로 바이오테크 분야를 육성하고 있으며, 국민복지와 건강증진뿐만 아니라 국가경쟁력 증대라는 목표로 막대한 투자를 아끼지 않는 등 소리 없는 전쟁을 치르고 있는 중이다.

연습문제

01 유전학과 분자유전학, 유전공학의 관계를 설명하시오.

02 바이오비지니스는 어떤 학문인지 설명하시오.

03 유전학이 21세기 포스트게놈 시대의 주요 학문으로 부상한 이유를 말하시오.

04 유전학은 주변 관련 산업들과 어떤 관계를 맺고 있는지 설명하시오.

05 우리 생활에서 유전학의 이론이 실제로 응용되고 있는 예를 5개만 들어 보시오.

06 바이오테크놀로지는 어떤 학문인지 말해보시오. 또 유전학과의 관계를 설명하시오.

07 공생설을 설명하시오.

08 유전학이 범죄수사에 어떻게 응용되고 있는지 사례들을 찾아보시오.

09 21세기에는 유전학이 국가 경제에 막대한 영향을 미칠 것으로 예상된다. 그 이유는?

10 Celera Genomics 같은 바이오벤처회사들의 사례를 찾아보시오.

Chapter

02 | Mendel의 법칙

속담에 "콩 심은데 콩 나고, 팥 심은데 팥 난다"라는 말이 있다. 이것이야말로 유전현상을 짧고 적절하게 표현한 말이라 할 수 있다. 유전이란 부모의 형질이 자손에게 전달되는 현상을 말하며 생명현상 중 가장 중요한 특징이다. 겉으로 나타나는 형질은 유전자에 의해서 지배되며, 원칙적으로 각 유전자마다 표현시키는 형질이 다르게 마련이다. 최초의 유전학자인 Mendel과 그가 행하였던 실험들에 대해서 살펴보자.

Mendel의 법칙

유전학에 있어서 가장 중요한 역사적 사실은 생명의 암호가 바로 DNA라는 것을 증명해 낸 것이다. 그리고 그 역사를 거슬러 올라가면 19세기 중반 Mendel이 시도했던 식물잡종 교배실험까지 되돌아가게 된다. Mendel은 완두콩을 인위적으로 교배시킴으로써 다음 세대의 형질을 마음대로 바꿀 수 있다는 것을 보여주었고, 이는 현대유전공학의 학문적 기틀이 되었다.

[그림 2-1] Gregor Mendel

Mendel의 법칙을 간략하게 살펴보면 다음과 같다. Mendel이 사용한 실험재료는 Pisum sativum이라는 완두콩으로 둥근 씨와 주름진 씨, 녹색과 노란색 등 관찰 가능한 대립형질이 많은 종이었다. 먼저 순종의 둥근 씨(AA)와 주름진 씨(aa)를 교배한 결과 1세대(F1)에서 얻어진 것은 모두 둥근 씨(Aa)였다. 즉, 유전형(genotype)은 두 개의 대립인자(allele)가 혼합된 형태이지만(A와 a), 둥근 씨의 인자가 상대적으로 우성(dominant)이고 주름진 씨의 인자가 열성(recessive)이기 때문에 모두 둥근 형(phenotype)으로 나타낸 것이다. 그러면 열성은 우성에 묻혀 아예 없어져 버린 것일까? 그렇지 않다. 멘델은 1세대에서 얻은 둥근 콩을 자가수분하였고 다음 세대에서 약 3:1의 비율로 주름진 씨(aa)가 다시 나타나는 것을 관찰하였다. 즉, 열성이 잠시 우성에 가려져 있긴 하였지만 소멸된 것은 아니며, 다음 세대에서 다시 분리되어 나타날 수 있다는 것이다. 이를 "우열의 법칙, 분리의 법칙, 또는 Mendel의 제1법칙"이라 말한다.

[표 2-1] 완두콩의 우성과 열성형질들

형질	우성	열성
씨의 색	노란색	녹색
씨의 모양	둥근씨	주름진 씨
꽃의 색	자주색	흰색
콩깍지 색	녹색	노란색
콩깍지 모양	편평한 꼬투리	잘록한 꼬투리
줄기	긴 줄기	짧은 줄기
꽃이 붙는 위치	측생화	정생화

Mendel은 또 다른 실험에서 씨의 모양(둥글거나〈AA〉 주름짐〈aa〉)과 꽃의 색(노란색〈BB〉과 녹색〈bb〉)이라는 두 가지 대립형질을 동시에 관찰하였다. 실험의 목적은 한 가지 형질(씨의 모양)이 다른 형질(꽃의 색깔)이 표현되는 데에 영향을 미치는지를 조사하는 것이었다. 그 결과 1세대에서는 역시 우성형질들(둥글고 노란색)만 나타났지만, 2세대에서는 다시 각 형질들이 9:3:3:1로 분리되었다. 이들을 모양별로, 또 색깔별로 나누어 정리해 보면 각각 12:4, 즉 3:1의 비율을 유지하고 있어 제 1법칙에 전혀 어긋나지 않음을 알 수가 있다. 즉, 두 종류의 대립형질들이 서로 영향을 미치지 않고 독립적으로 유전된다는 것으로, 이를 "독립의 법칙 또는 Mendel의 제2법칙"이라고 한다.

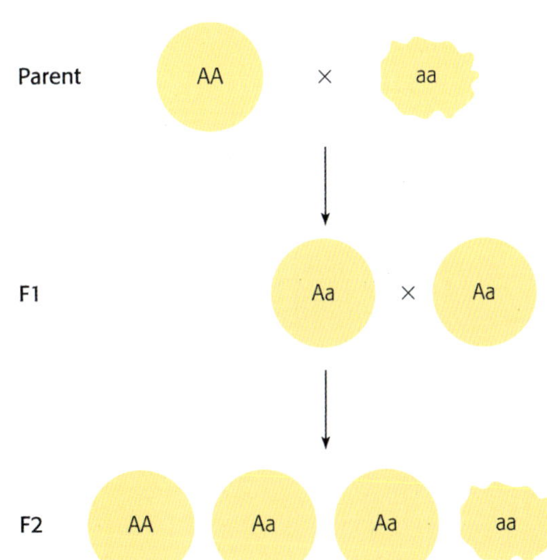

[그림 2-2] 멘델의 제1법칙

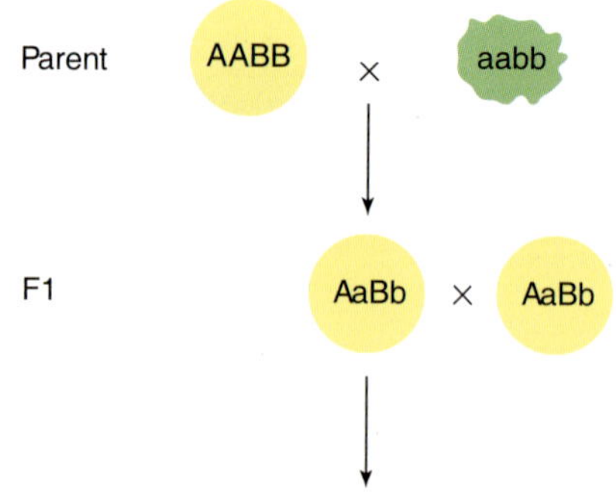

F2

	AB	Ab	aB	ab
AB	AABB	AABb	AaBB	AaBb
Ab	AABb	AAbb	AaBb	Aabb
aB	AaBB	AaBb	aaBB	aaBb
ab	AaBb	Aabb	aaBb	aabb

[그림 2-3] 멘델의 제2법칙

여기서 잠시 생각해 볼 것은 Mendel의 법칙이 발표되었던 그 당시의 사람들은 이 법칙을 어떻게 받아들였을까 하는 점이다. 아마도 부모로부터 무엇을 물려받든지 운명으로만 받아들이던 시대에 인공교배와 자가수분으로 자손의 형질을 미리 계획할 수 있고, 조작도 가능하다는 사실이 엄청나게 생소하고 심지어는 두려웠을 것이다. Mendel의 법칙이 1866년에 공식적으로 발표되었음에도 34년이나 지나서야 세상의 관심을 끈 것도 부분적으로는 이런 이유 때문이었다. 이때는 이미 Mendel이 세상을 떠난 뒤였다. Mendel 역시 과학자였기에 연구결과를 논문으로 작성하였고, 당시 최고의 식물학자였던 Innsbruck 대학교의 Kerner 박사에게 검토를 부탁한 것으로 전해진다. 안타까운 것은 Kerner 박사가 논문을 세밀하게 읽고 그 가치를 인정만 했더라면 그만큼 유전학의 발달이 더 빨랐을 수도 있을 것이라는 점이다. 그러나 저명한 대학 교수마저 간과해 버릴 정도로 Mendel의 사고는 시대를 너무 앞서 나가고 있었다.

Mendel의 법칙 재발견

Mendel이 말한 우성인자와 열성인자가 바로 오늘날의 유전자(gene) 개념이다. 각각의 형질이 유전자에 의해 결정되며, 그 유전자들은 상동염색체(homologous chromosome) 위에 있다는 오늘날의 개념과 일치하는 것이다. 유전학의 시조는 Mendel이었지만 유전학의 진정한 원년을 1900년으로 보는 이유는 Hugo de Vries, Carl Correns, Erich von Tschermak가 Mendel의 법칙을 재발견해서 정확하게 1900년에 다시 발표하였기 때문이다. 이때 비로소 불가사의였던 유전현상이 예측 가능한 법칙을 따른다는 것이 확실하게 재확인된 것이었다. Mendel도 위대하지만 그 법칙을 재확인해서 Mendel의 공로로 고스란히 되돌려준 이 세 사람의 과학자적인 양심 또한 대단한 것이 아닐 수 없다.

Mendel의 법칙은 유전을 담당하는 물리적 실체가 세포 안에 있고 그것이 부모에게서 자손대로 물려진다는 것을 뜻하는 것이었다. 결국 이 물리적 실체가 무엇인지를 밝힐 수만 있다면 생명의 신비에 도전할 수 있을 것이고 조작도 가능하다는 생각에 다다르게 된다. 이것이 바로 현대 유전학과 유전공학의 개념이다.

| 연습문제 |

01 Mendel의 시대에는 사람들이 유전현상을 어떻게 생각하고 있었는지 말하시오.

02 Mendel의 유전법칙을 정리해 보시오.

03 완두콩의 다양한 형질들을 조사하시오.

04 Mendel의 유전법칙과 Darwin의 진화론을 비교하여 보시오.

05 Mendel의 법칙에 따라 유전되는 현상들을 주위에서 찾아 5개만 말하시오.

06 Mendel을 현대 유전공학의 창시자로 보는 이유는 무엇인가?

07 Mendel처럼 세월이 흐른 뒤에야 비로소 인정받는 사례가 요즘에도 있는지 찾아보시오.

08 사람의 표현형에서 우성과 열성 형질들을 찾아보시오.

09 Mendel의 법칙을 재발견한 사람들이 사용한 실험 재료는 무엇인가?

10 1900년을 유전학의 원년으로 보는 이유는 무엇인가?

Chapter

03 유전학의 발달

유전학은 이제 겨우 100여 년이라는 짧은 역사를 가지고 있다. 다른 학문에 비하면 턱없이 짧은 역사가 아닐 수 없다. 그럼에도 불구하고, 빠르게 발전하여 최첨단 학문이 될 수 있었던 이유는 생명의 근본 현상을 다루는 학문이기 때문이다. 그리고 이렇게까지 발전할 수 있었던 데에는 헌신과 희생을 바탕으로 한 많은 과학자들의 노력이 숨어 있었다. 초기 유전학의 역사를 더듬어보면서 선배 유전학자들의 사고와 노력을 함께 살펴보기로 한다.

동물모델에서의 유전의 법칙

1909년에 Johannsen은 유전현상을 책임지는 물리적 실체를 "유전자(gene)"라고 명명하였다. 그러면 과연 유전자는 세포 내에 어디에 있을까? 한 개의 모세포(parent cell)가 분열하여 두 개의 딸세포(daughter cell)로 나뉘어질 때 무엇이 그대로 전해지는 것일까?

[그림 3-1] Morgan

첫 번째 단서는 1903년 뉴욕의 콜럼비아(Columbia) 대학교 대학원생이던 Sutton이 주장한 "염색체설(chromosome theory)"에서 비롯되었다. 염색체설이란 세포분열 시 염색체(chromosome)가 복제되어 딸세포에게 전해지는 것을 관찰한 데에서 비롯된 "유전인자가 염색체 위에 놓여있다"는 가설이다.

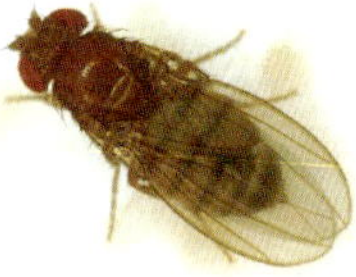

[그림 3-2] *Drosophila melanogaster*(초파리)

한편, 동물학자들의 연구 활동 역시 대단하였다. Thomas Hunt Morgan도 그중 한 사람인데, 지금도 유명한 존스 홉킨스(Johns Hopkins University) 대학교에서 의학을 공부한 대학자였다. 1903년에 Morgan 역시 콜럼비아 대학교로 옮겨갔고, 여기서 초파리(*Drosophila melanogaster*)를 재료 삼아 Mendel의 법칙을 동물에 적용해 보기 시작

[그림 3-3] 초파리의 염색체와 유전자 지도

하였다. 초파리는 동물이면서도 수명이 2주 정도로 짧아서 유전 결과를 빠르게 관찰할 수 있다는 장점이 있었다. 게다가 몸집이 작아 많은 개체를 보관하는 데에도 그다지 넓은 공간이 필요하지 않고, 에테르(ether)로 살짝 마취를 시킨 암·수를 시험관 안에 함께 넣어 줌으로써 인위적인 교배를 시킬 수 있다는 장점이 있다. 형질도 다양해서 눈이 빨간 것, 흰 것, 분홍인 것, 날개가 구부러진 것, 찢어진 것 등 비교할 지표가 많다는 것이 장점이며, 무엇보다도 염색체가 크고 굵기 때문에 현미경 관찰이 용이하다는 것이 가장 큰 장점이었다. 초파리는 상동염색체 4쌍, 즉 모두 8개의 염색체를 가지고 있다. Morgan의 연구를 통해 각 염색체마다에서 여러 종류의 유전자들이 발견되었고, 각각의 상대적인 위치가 마치 지도를 그리듯 결정되었다. Morgan은 이 "유전자 지도(genetic map)" 작성 기술과 업적을 인정받아 1933년에 노벨상을 받았는데, 이것이 유전자를 연구한 결과로서는 최초로 수상한 노벨상이 되었다.

Morgan의 연구는 유전의 법칙이 식물뿐만 아니라 동물에서도 적용된다는 것을 밝혀냈다는 점에서 의미를 갖는다. 즉, 유전을 담당하는 물리적 실체가 식물뿐만 아니라 동물에도 공통적으로 있다는 것이다. 게다가 Morgan은 이들 유전자가 염색체 위에 존재한다는 Sutton의 주장까지도 확실하게 증명해낸 것이다. 동물과 식물에서 Mendel의 법칙이 공히 적용된다는 이 발표는 다시 한 번 Delbrück와 같은 미생물학자들의 관심을 끌기에 충분하였다. Delbrück는 박테리아(bacteria)에 기생하는 바이러스, 즉 bacteriophage의 생활사를 연구함으로써 감염 경로에 필요한 유전자들을 조사하기 위한 기초를 마련하였고, 이러한 모든 노력으로 인해 1940년대에 들어서면서 생물학자, 화학자, 물리학자들의 보이지 않는 공동 연구가 시작될 수 있는 도화선을 마련하였다. 이때부터 모든 생물체에 공통적으로 유전자가 들어있다는 사실을 의심할 여지가 없게 되었으며, 이때부터는 유전자의 화학적 실체가 무엇인지를 밝히기 위한 연구가 본격적으로 시작되었다.

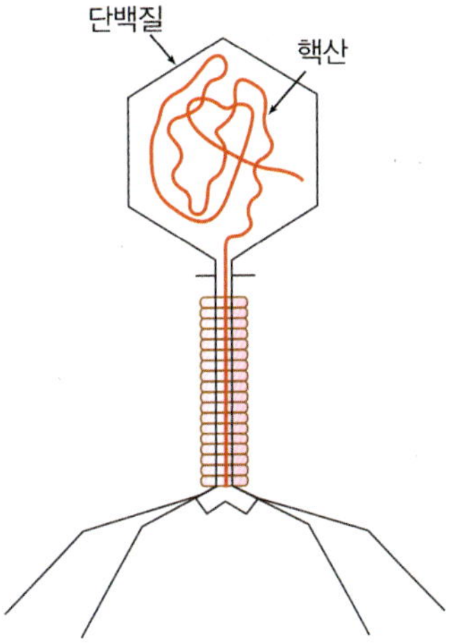

[그림 3-4] bacteriophage

한 가지 재미있는 것은 Bohr나 Schrödinger 같이 당시 유명했던 물리학자들의 생명관이다. 이들은 모든 생명체, 즉 사람까지도 계속해서 작은 단위로 쪼개 내려가면 마지막에는 원자와 분자로 구성되어 있을 것이라는 데에서 사물을 조명하였다. 유전자 역시 궁극적으로는 원자로 구성되어 있는 만큼 유전자 내의 원자가 서로 어떻게 결합하여 조절되는지를 밝힐 수만 있다면, 우리가 울고 웃는 현상, 걷는 것, 늙는 것 등 모든 생명현상이 예측 가능하며 마음대로 조작도 할 수 있으리라는 관점이었다. 그러나 똑같은 조건이 주어져도 상황에 따라 항상 그 반응이 달라지는 것처럼, 단순한 원자적 개념만으로는 설명할 수 없는 또 다른 법칙이 생명체에 있다는 것을 발견하면서 이러한 주장은 빛을 잃게 되었다.

분자유전학의 시작

1953년에 이르러 Watson과 Crick이 마침내 DNA 이중나선 구조를 밝혀 보고하였고, 이때부터 본격적으로 현대 분자유전학이 시작되게 되었다. 한편, 이렇게 유전자에 대한 증거들이 보편화되고 있는 가운데에서도 아직 일부에서는 조심스러운 반대가 있을 수밖에 없었다. 그 이유는 가장 진화된, 그리고 다른 생물체와는 근본적으로 구별된다고 믿어지는 사람에게도 하

[그림 3-5] Watson과 Crick

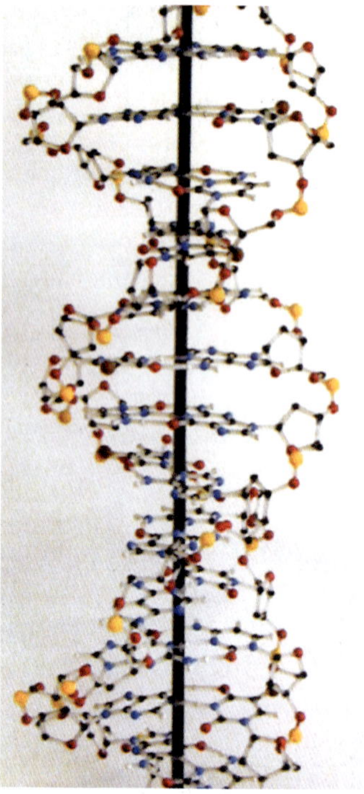

[그림 3-6] Watson과 Crick의 DNA 이중나선 모델

등생물처럼 유전자가 있고, 또 그것이 생명의 근본일수 있는가 하는 의구심 때문이었다. 그러나 결국 1978년 사람의 인슐린(insulin) 유전자를 대장균(*E. coli*, *Escherichia coli*)에 이식하여 대량 생산할 수 있게 됨으로써 이러한 의문까지도 말끔히 사라지게 되었다. 사람의 유전자 명령에 따라 대장균이 인슐린을 만들 수 있다는 것은 사람과 대장균의 유전자 체계가 똑같다는 증거이기 때문이다. 이것이 유전공학의 최초 성공 사례이다. 유전학과 분자생물학의 역사를 통해 유전공학이라는 최종 산물이 Mendel 이후 거의 100여 년 만에 탄생한 것이다. 수백 년 또는 수천 년의 역사를 가진 다른 학문들과 비교할 때, 이제 막 걸음을 시작한 새로운 학문 분야이지만 유전학은 생명의 근본을 다루고 있기에 오늘날 우리 생활에 엄청난 영향력을 미치고 있으며, 미래의 가능성은 그 상상을 초월할 정도인 것이다.

[표 3-1] 유전학의 역사

1865	Mendel이 "식물잡종에 관한 연구" 논문을 발표함.
1869	Miescher가 송어의 정자에서 DNA를 발견함.

1894	Rossell과 Neumann이 DNA의 염기를 발견함.
1900	Mendel의 연구가 de Vries, Correns, 및 Tschermak 등에 의해 재발견됨.
1900	Hammersten이 DNA의 당을 발견함.
1902	Boveri와 Sutton이 상동염색체의 존재를 증명함.
1905	Bateson이 "유전학"이라는 명칭을 처음 사용함.
1908	Hardy와 Weinberg가 무작위적으로 교배하는 집단에서 나타나는 유전자형의 빈도를 공식으로 만들어 "Hardy-Weinberg의 법칙"을 발표함.
1909	Johannsen이 "유전자"라는 단어를 처음 도입함.
1909	Garrod가 "선천성 대사질환"에 관한 저서를 출판하여 유전질환의 개념을 확립함.
1915	Morgan이 초파리의 유전자 지도를 작성함.
1917	최초로 바이오테크놀러지(biotechnology)이라는 용어가 사용되었음.
1927	Müller가 X-ray에 의한 돌연변이를 확인하였음.
1928	Griffith가 폐렴쌍구균(Diplococcus pneumoniae)에서 형질전환(transformation) 현상을 발견함.
1929	Levene이 당은 2'-deoxyribose라는 사실을 밝혀냄.
1934	Caspersson이 DNA가 고분자(macromolecule)임을 밝힘으로써 DNA의 사각형 모델이 깨어짐.
1941	eurospora에서 "1유전자 – 1 효소설"의 개념을 확립하는 논문이 Beedle과 Tatum(1959년 노벨상 수상)에 의해 발표됨.
1944	Avery, Macleod, McCarty가 폐렴쌍구균의 형질전환 원인이 DNA임을 증명하였음. 즉 DNA가 유전물질임을 제시함.
1950	Chargaff가 DNA 염기의 함량 비율에는 일정한 규칙이 있음을 발표함.
1952	Hershey와 Chase가 bacteriophage T2의 유전물질이 DNA임을 증명함.
1952	Franklin이 DNA가 나선구조임을 실험적으로 밝힘.
1953	Watson과 Crick이 DNA의 이중나선 구조를 밝힘.
1956	Tjio가 보통 사람의 이배체 염색체 수는 46개임을 밝힘.
1957	Singer가 담배모자이크바이러스(tobacco mosaic virus)의 유전정보가 RNA에 들어있음을 증명함.
1957	Kornberg가 대장균에서 DNA polymerase I 을 분리함.
1959	Ochoa가 RNA polymerase를 발견함.
1960	단백질 합성에서 mRNA의 역할이 발견됨.
1961	Jacob과 Monod가 유전자 발현 조절 메카니즘인 "operon model"을 제창함.
1961	인공적으로 합성한 mRNA(UUU)를 이용해 유전암호의 해독을 시작함.
1961	잘못된 DNA의 repair 과정이 확인됨.
1962	세균에서 제한효소(restriction enzyme)의 존재가 확인됨.
1964	유전자의 염기서열과 단백질 합성의 관계가 Yanofsky 등에 의해 설명됨.
1965	Holley가 효모 tRNAala의 염기서열을 완전히 밝힘.

1965	플라스미드(plasmid)에서 항생제 내성 유전자 발견.
1966	Nirenberg와 Khorana 등에 의해 유전암호가 완전히 해독됨.
1967	DNA ligase가 처음 분리됨.
1970	Nathans와 Smith가 최초로 제한효소를 분리함.
1972	Berg는 *in vitro*에서 2개의 DNA 조각을 붙여 최초로 DNA 재조합에 성공함.
1973	DNA를 플라스미드 벡터에 삽입하여 숙주세포인 *E.coli*로 형질전환하는 데 성공함. Recombinant DNA technology의 잠재적 위험이 제기됨.
1976	Bishop과 Vamus가 암유전자인 oncogene에 대한 이론을 창안함.
1977	서로 다른 3곳의 실험실에서 진핵세포의 intron을 확인함.
1977	최초의 생물공학 회사인 Genentech를 발족함.
1978	사람의 호르몬인 somatostatin이 재조합 DNA 기술에 의해 처음으로 생산됨. 또한 인슐린이 재조합 DNA 기술에 의하여 생산됨.
1978	서로 다른 3곳의 실험실에서 adenovirus RNA의 "splicing" 현상을 발견함..
1980	유전자가 조작된 미생물에 대해 최초로 특허가 남.
1982	유럽에서 최초의 동물 백신이 재조합 DNA 기술에 의해 생산됨.
1983	Cech와 Altman이 catalytic RNA의 존재를 밝힘.
1983	유전적으로 조작된 Ti 플라스미드를 이용하여 식물 형질전환에 성공함.
1985	Polymerase chain reaction 기술이 개발됨.
1988	Watson이 "Human genome project"의 조정자로서 가담할 것을 수락함.
1989	NIH의 Recombinant DNA Advisory Committee가 최초로 사람을 대상으로 한 유전자 이식(gene transplant) 실험을 승인하였음.
1989	Collins 등이 낭포성섬유증(cystic fibrosis)의 유전자를 클로닝하는 데 성공하였음.
1990	미국에서 최초로 유전자 치료를 인증함.
1990	인간게놈프로젝트가 미국을 중심으로 시작됨.
1992	DNA sequencing의 자동화에 성공함.
1995	진핵세포인 효모(Saccharomyces cerevisiae)의 염기서열 완성.
1997	분화된 세포로부터의 핵을 이식하는 방법으로 복제양 Dolly가 탄생함.
2001	인간게놈프로젝트 완성
2002	Sulston 등이 "세포의 예정된 사멸(programmed cell death)"과 관련된 유전자를 발견하여 노벨상 수상.
2006	RNA 간섭현상의 발견을 인정받아 Fire 교수 등 노벨상 수상.
2007	Mario R. Capecchi 교수 등이 유전자 적중법(gene targeting) 발견의 공로를 인정받아 노벨상 수상.
2020	Charpentier와 Doudna 등이 "크리스퍼 유전자 가위" 기술을 인정받아 노벨화학상 수상.

연습문제

01 상동염색체란 무엇인지 말하시오.

02 Sutton의 업적과 그의 삶에 대해서 조사하시오.

03 유전자 지도란 무엇인지 설명하시오.

04 초파리가 유전학 실험에서 중요한 재료로 사용되는 이유를 말하시오.

05 초파리의 내립형질들을 정리하시오.

06 유전학 초기에 관련 연구로서 유명했던 대학교들을 나열하시오.

07 분자유전학과 분자생물학의 차이점 및 공통점을 말하시오.

08 1900년대 화학자와 초기 물리학자의 생명관을 말하시오.

09 유전학 역사상 최초의 노벨상에 대해 말하시오.

10 유전학 역사에서 중요했던 사건을 5가지만 말하시오.

Chapter

04 생명과 생물의 구성 성분

유전현상의 근본은 유전물질인 DNA에서 비롯된다. 생명활동의 일선 책임자인 단백질을 만드는 암호를 담고 있기 때문이다. 이렇게 만들어진 단백질은 운반, 영양, 면역, 조절, 운동 등 우리 몸의 물질대사를 조절해준다. 단백질의 기능을 다루는 분야는 생화학이다. 유전학을 때로 유전생화학이라고 부르는 이유가 여기에 있다.

유전학은 어떤 학문인가?

생물학은 말 그대로 생물체에서 일어나는 다양한 생명현상들을 공부하는 학문이라 할 수 있다. 여기에는 구조(structure)와 기능(function)에 대한 연구도 포함된다. 생물체는 구조 없는 기능을 생각할 수 없고, 또한 기능 없는 구조를 생각할 수 없기 때문이다. 움직이지 않는 사람은 사망한 상태이고, 움직이지만 아무 기능이 없다면 살아있지 않는 것과 같은 이치이다. 따라서 생명의 기본 원칙 두 가지는 "구조"와 "기능"을 함께 갖춘다는 것이다. 유전학은 영어로 "the study of life"라 표현할 수 있다. 유전학은 유전현상과 생명현상을 분자 차원, 특히 생명의 근본물질인 DNA를 중심으로 "살아있음에 대한 제반 원리"를 이해하려는 학문이다.

유전학과 윤리(Genetics and social ethics)

최근 30여 년 동안에 유전학의 발전이 어지러울 정도로 가속화되었고, 그 응용 범위 또한 넓어진 것이 사실이다. 이 때문에 예전에는 미처 생각할 수 없었던 윤리적 문제들이 대두되었고, 이러한 것들은 점차 사회적, 종교적 문제로까지 확대되고 있는 실정이다. 특별히 문제가 되는 것은 한 가지 실험결과에 대하여 위험도를 충분히 조사하거나 윤리적인 판단이 내려지기도 전에, 그리고 제도적인 장치를 마련하기도 전에 현대 생명과학은 두 걸음, 세 걸음 저만치 앞서 나가 버린다는 것이다. 미국 등 선진국가에서 법학도에게 유전학을 배우도록 강조하는 이유가 바로 이 때문이다. 한 때 유명했던 미국 대통령 Clinton과 Monica Lewinsky의 사건에서 유전자 분석 결과를 증거로 채택할 수 있었던 것은 해당 판사가 유전자의 기능과 중요성을 정확히 이해했기 때문에 가능했던 좋은 예이다.

유전학의 발전과 윤리 문제가 심각하게 대두된 최근의 사건은 바로 복제양 Dolly의 탄생이다. 복제양 Dolly는 아직 법적인 대응책이 마련되지 않은 상태에서 복제인간도 기술적으로 탄생시킬 수 있다는 근거를 마련하여 전 세계를 경악에 빠지게 한 사건이다. 물론 생물학의 주체는 인간이다. 실험을 수행하는 것도 인간이고, 실험의 목적도 인류의 미래 복지를 위한 것이다. 그러나 인간 자신이 복제되고 또 실험의 대상이 되야 한다면, 이것은 대단히 불행한 일일 것이다. 이렇게 상반된 견해 속에서 가장 중요한 것은 바로 우리들, 젊은 과학자들의 올바른 양심과 도덕성이다.

최근에 암(cancer) 치료 목적의 유전자 이식(gene transfer)이 점차 가능해지고 있다. 낙태아(aborted fetus)의 뇌세포를 이용하여 파킨슨병(Parkinson's disease) 같은 난치병을 치료하고자 하는 시도도 이루어지고 있다. 물론 이런 시도들이 아직은 아픈 사람들을 위한 치료가 목적이다. 그러나 언젠가 유전자 이식 기술이 일반화된다면 누군가가 치료 목적이 아니고 단순히 미용효과를 위해 잘생긴 사람의 유전자를 이식 받고 싶어하거나, 기억력을 조금 더 향상시킬 목적으로 태아의 뇌세포를 이식받으려 할 수도 있을 것이다. 만약에 누가 태아의 조직을 얻기 위해서 일부러 임신과 낙태를 되풀이하거나 태아의 조직을 암거래하려 한다면 과연 이를 쉽게 막을 수 있을까? 이와 관련된 윤리적 문제 몇 가지를 아래에 나열해 보았다. 한 번씩 진지하게 살펴보고 개인적으로 견해를 정리해보자. 윤리에 대한 이야기는 나중에 다시 이야기할 것이다. 유전학의 발전을 위해 함께 생각해 보아야 할 윤리적 주제들을 간단히 정리해 보면 다음과 같다.

첫째, 태아의 유전적 성별을 부모 마음대로 결정해도 좋은가?
둘째, 유전자를 한사람에게서 다른 사람에게로 마음대로 옮겨도 되는가?
셋째, 낙태아의 조직을 환자의 유전자 치료를 위해 마음대로 사용해도 되는가?
넷째, 사람의 배자(embryo)를 시험관 속에서 키우고 원하는 유전자를 이식해도 되는가?
다섯째, 유전적으로 똑같은 복제인간을 만들어도 되는가?

유기화합물

유기화합물(organic compound)이란 탄소를 함유하고 있는 화학물질을 말한다. 탄수화물(carbohydrate), 단백질(protein), 지질(lipid), 핵산(nucleic acid), 비타민(vitamin) 등이 이에 해당한다. 이들은 세포의 구성성분이나 에너지원으로 주로 사용된다. 유기화합물의 또 다른 특징은 중합체(polymer)라는 점이다. 중합체란 유사한 구조의 단량체(monomer)들이 여러 개 모여서 사슬과 같은 구조를 이룬 상태를 말한다. 예를 들면, 섬유소(cellulose)라는 탄수화물은 포도당(glucose)이라는 단량체가 사슬처럼 모인 것이며, 지질은 지방산(fatty acid)과 글리세롤(glycerol)이, 단백질(protein)은 아미노산(amino acid)이라는 단량체가 사슬처럼 이어진 구조이다. DNA나 RNA 같은 핵산들도 뉴클레오티드(nucleotide)라는 단량체가 사슬처럼 이어진 구조이다. 비타민을 제외한 모든 유기화합물은 이렇게 중합체의 구조를 하고 있다.

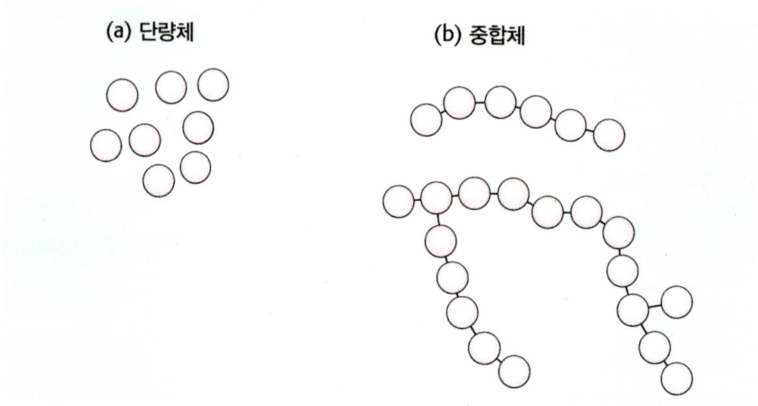

[그림 4-1] 단량체와 중합체

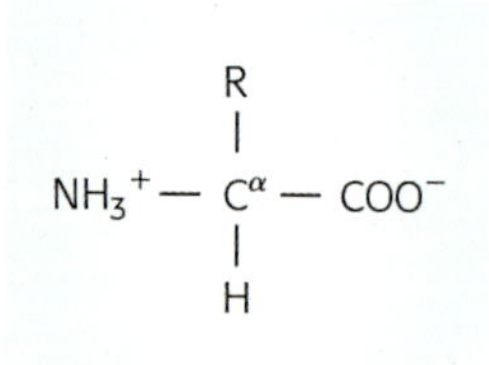

[그림 4-2] 단량체와 중합체

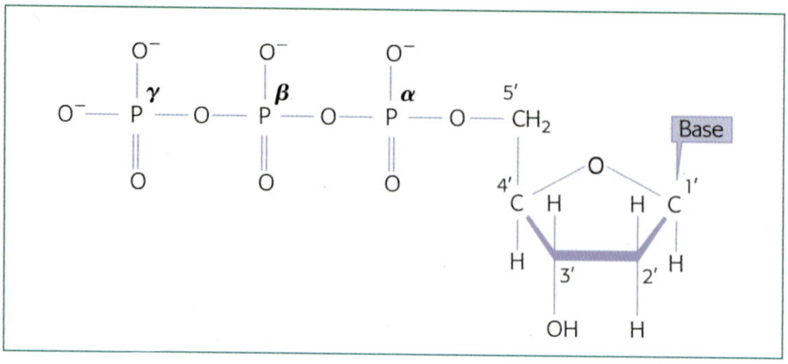

[그림 4-3] 뉴클레오티드의 기본 구조

탈수반응과 가수분해반응

중합체가 만들어지려면 단량체와 단량체 사이에 결합이 일어나야 한다. 이때는 물이 반드시 1분자 빠져 나가게 되는데, 이를 탈수반응 또는 탈수합성반응(dehydration synthesis)이라 부른다. 이와는 반대로 중합체를 개개의 단량체로 분해하려면 물을 첨가해 주어야 하는데, 이러한 반응을 가수분해(hydrolysis)라 한다. 우리가 섭취하는 음식물은 대부분 중합체이다. 그렇기 때문에 이를 단량체로 분해해내는 소화효소들은 모두 가수분해효소에 해당한다. 그래야 고기(단백질)는 아미노산으로, 전분은 포도당으로, 지방은 지방산으로 각각 분해할 수 있다. 소화관에는 혈관이 풍부하게 분포되어 있고, 소화된 단량체들은 혈액으로 흡수되어 적절한 조직으로 이동한 다음 그곳에서 에너지원이나 우리 몸의 구성성분으로 사용되게 된다.

생명의 3대 고분자

유기화합물 중 DNA와 RNA, 그리고 단백질을 "생명의 3대 고분자"라 일컫는다. DNA에는 단백질을 만들기 위한 유전정보가 있고, 그렇게 만들어진 단백질은 우리 몸의 거의 모든 생화학반응(생물체에서 일어나는 화학반응들을 말함)과 생리현상을 결정해 주기 때문이다. 따라서 이 두 가지만 있으면 생명 유지가 원칙적으로 가능하다. 그러나 DNA의 유전정보에 따라 단백질이 만들어지려면 RNA라는 중간 매체가 반드시 필요하다.

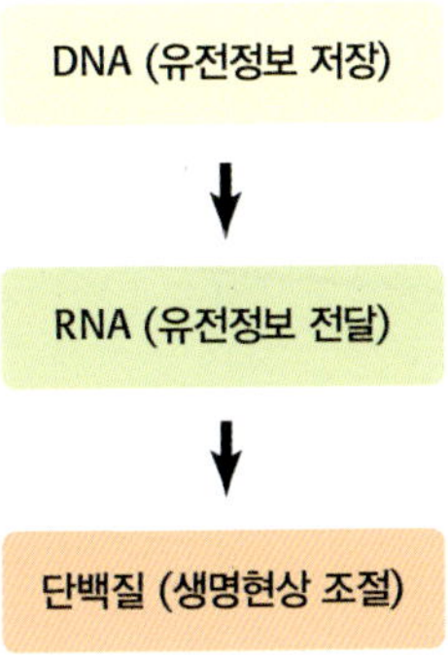

[그림 4-4] 생명의 3대 고분자

단백질

단백질의 단량체는 아미노산(amino acid)이다. 단백질을 구성하는 아미노산은 20여 가지이며, 이들이 어떤 순서로 조합되는가에 따라 다양한 종류의 단백질이 만들어진다. 우리 몸에는 약 5만여 종의 단백질이 있는 것으로 알려져 있다. 아미노산의 기본 구조는 다음과 같다. 정가운데에 위치한 탄소를 알파 탄소(α-carbon)라 부르고, 그 주위에 아미노기(NH_2)와 카르복시기(COOH), 그리고 수소원자(H)가 위치하고 있다.

R은 곁사슬(side chain)로서 아미노산 종류에 따라 간단한 수소원자에서부터 복잡한 고리구조에 이르기까지 다양하다. 아미노산마다 화학적 성질이 달라지는 것은 바로 이 곁사슬의 차이 때문이다. 수용액 속에서는 아미노기가 (+) 전기를, 카르복시기가 (–) 전기를 띠게 된다. 물

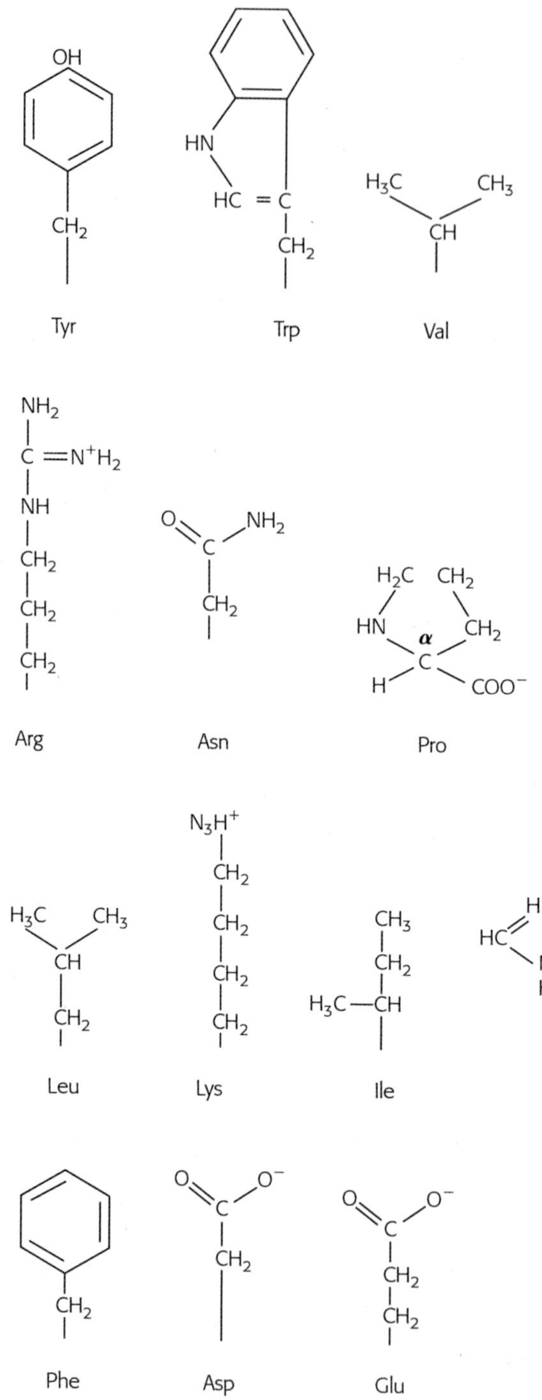

[그림 4-5] 아미노산의 종류

론 서로 상쇄를 하기 때문에 전체적으로는 중성을 보이지만, 곁사슬에 (+)나 (−) 전기가 또 다시 추가되는 경우 그 아미노산은 산성(−전기) 또는 염기성(+전기)이 된다. 아미노산의 종류와 구조, 그리고 이름(특히 약어 표시)은 다음과 같다.

[표 4-1] 아미노산의 이름

아미노산	약어	대표약어	비고
alanine	Ala	A	
arginine	Arg	R	염기성
asparagine	Asn	N	
aspartic acid	Asp	D	산성
cysteine	Cys	C	황 포함
glutamine	Gln	Q	
glutamic acid	Glu	E	산성
glycine	Gly	G	
histidine	His	H	염기성
isoleucine	Ile	I	
leucine	Leu	L	
lysine	Lys	K	염기성
methionine	Met	M	황 포함
phenylalanine	Phe	F	
proline	Pro	P	
serine	Ser	S	
threonine	Thr	T	
tryptophan	Trp	W	
tyrosine	Tyr	Y	
valine	Val	V	

산성아미노산과 염기성아미노산

어떤 아미노산은 곁사슬에도 카르복시기를 가지고 있다. 이들은 특히 수용액 속에서 (−) 전기를 띠게 되기에 산성아미노산(acidic amino acid)이라 부른다. 또 곁사슬에도 아미노기 또는 이와 유사한 구조가 있어 (+) 전기를 띠는 것들을 염기성아미노산(basic amino acid)이라 부른다. 산성아미노산에는 글루탐산(Glu)과 아스파트산(Asp)이 있으며, 염기성아미노산에는 리신(Lys), 아르기닌(Arg), 히스티딘(His)들이 있다. 하나의 단백질 안에 산성아미노산과 염기성아미노산이 어떻게 분포되어 있느냐에 따라 전체 단백질의 전기적인 성질이 결정된다. 고기를 구울 때 유황 냄새가 나는 것은 아미노산 중에 황을 포함하는 것이 있기 때문이다. 메티오닌(Met)과 시스테인(Cys)이 그 예이다.

아미노산의 이름은 길기 때문에 대개는 약어를 사용한다. 아미노산은 가장 기본적인 세포 구성 성분이기 때문이다. 특별히 Asp(아스파트산)과 Asn(아스파라긴), Glu(글루탐산)과 Gln(글루타민), 그리고 Trp(트립토판), 티로신(Tyr) 등을 서로 혼동하지 않도록 주의하여야 한다.

단백질의 다양한 구조

아미노산 사이의 결합은 펩티드 결합(peptide bond)이다. 이 반응 역시 탈수반응이다. 아미노산 두 개가 연결되면 디펩티드(dipeptide), 세 개가 연결되면 트리펩티드(tripeptide) 등으로 명명을 한다. 그 이상의 아미노산이 연결되면 그냥 폴리펩티드(polypeptide)라고 부른다. 폴리펩티드와 단백질은 흔히 같은 의미로 사용하지만, 대개 분자량 5,000 Da 이하일 때는 폴리펩티드로, 그 이상은 단백질이라 한다[Da(dalton), 분자량을 나타내는 단위 중 하나로서 달톤이라 읽음]. 아미노산의 평균 분자량을 120 Da으로 보면, 이는 약 40개의 아미노산에 해당한다. 단백질은 1차 구조에서 4차 구조까지 다양한 형태로 존재할 수 있다.

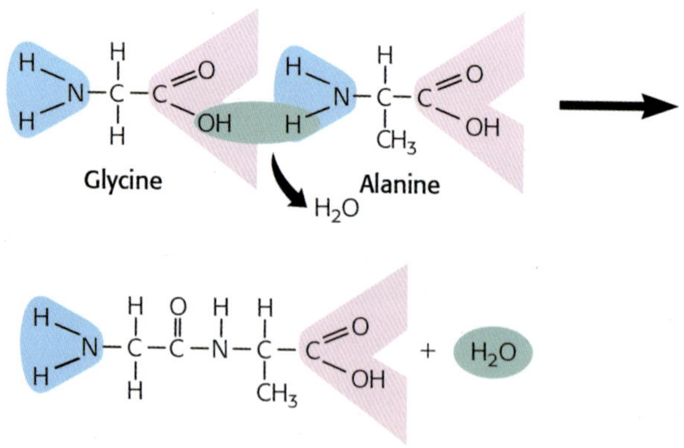

[그림 4-6] 펩티드 결합

1차 구조

아미노산이 어떤 순서에 의해 결합되었는가가 1차 구조(primary structure)이다. 1차 구조에서는 펩티드 결합이 대표적인 결합이다. 즉, 단백질의 가장 기본적인 구조로서 단순한 직선상 구조이다. 1차 구조만으로는 단백질이 기능을 할 수 없지만, 2, 3, 4차 구조를 결정하는 기본이 되기 때문에 중요한 구조라 할 수 있다.

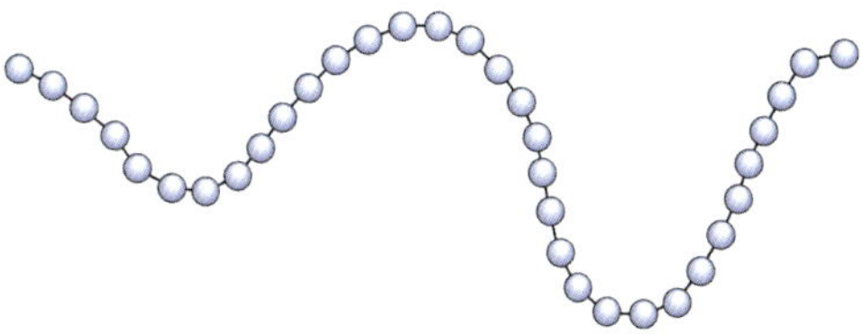

[그림 4–7] 단백질의 1차 구조

2차 구조

단백질의 2차 구조에는 알파(α)와 베타(β) 구조가 있다. 알파 구조는 나선 형태(helix)이고, 베타 구조는 병풍 형태(pleated sheet)이다. 2차 구조(secondary structure)는 수소결합(hydrogen bond) 때문에 생겨난다. 즉, 2차 구조의 단백질에는 펩티드결합에 수소결합이 하나 더 첨가된 셈이다. 알파 구조는 수소결합 때문에 아미노산 간의 간격이 줄어들다가 전체적으로 나선형태를 취할 수밖에 없다. 베타 구조는 긴 단백질이 엿가락처럼 구부러지면서 두 줄이 나란히 달리게 되는 부분, 또는 두 개의 서로 다른 단백질이 나란히 배열되었을 때 마찬가지로 서로 간의 수소결합의 이유로 생기게 된다. 2차 구조로도 대부분의 단백질은 아직 기능이 없다.

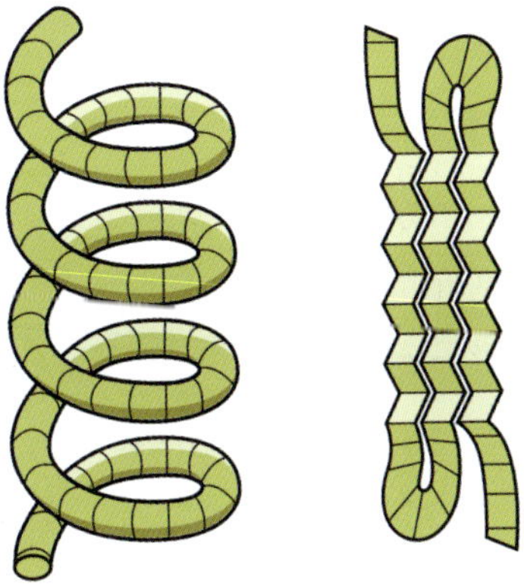

α-나선 구조　　β-병풍 구조

[그림 4–8] 단백질의 2차 구조

3차 구조

단백질의 3차 구조(tertiary structure)는 두 개의 시스테인 사이에서 일어나는 결합이다. 시스테인은 SH기를 가지고 있기 때문에 만일 두 개의 시스테인이 접촉하게 된다면 이 사이에서 –S–S– 결합이 생겨날 수 있다. 이 결합의 이름은 이황화물 결합(disulfide bond)이다. 먼 곳에 있는 시스테인 사이에서 이 결합이 생긴다면 단백질은 공간 속에서 접히게 될 것이다. 이렇게 접히면 단백질 구조에는 이쪽 저쪽에 주머니(pocket) 형태가 생길 수 있는데, 이 주머니의 형태는 그 단백질을 이루는 아미노산의 서열에 따라 다양할 것이다. 이 다양한 모양의 주머니들이 곧 다양한 기질(substrate)과 결합하는 단백질의 실질적인 기능 부위이다. 대부분의 단백질은 이렇게 3차 구조 단계에서 구형 모양을 취하여 기능을 할 수 있게 된다.

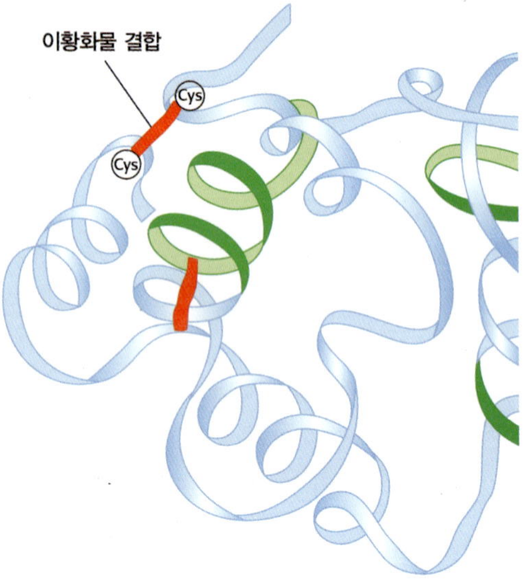

[그림 4-9] 단백질의 3차 구조

4차 구조

일부 단백질은 4차 구조(quaternary structure)가 되어야 제대로 기능을 할 수 있다. 4차 구조란 여러 개의 3차 구조 단백질이 이온결합(ionic bond) 등에 의해 또 다시 결합한 것이다. 4차 구조의 대표적인 예는 헤모글로빈(hemoglobin)이다. 헤모글로빈은 두 개의 α-글로빈(α-globin)과 두 개의 β-글로빈(β-globin)으로 되어 있으며, 각각의 글로빈들은 3차 구조이다. 각각의 글로빈은 그 자체로는 산소를 운반할 수 없지만, 일단 모여서 4차 구조를 이루면 산소를 운반할 수 있게 된다.

[그림 4-10] 단백질의 4차 구조

[표 4-2] 단백질의 종류와 이름

기능	종류(예시)
효소	리보뉴클레아제, 트립신
호르몬	인슐린, 부신피질자극 호르몬, 성장호르몬
수축단백질	미오신, 액틴, 튜불린
운반단백질	헤모글로빈, 미오글로빈, 혈청알부민
방어단백질	면역글로불린, 피브리노겐, 트롬빈
구조단백질	콜라겐, 엘라스틴

어린이들이 열이 날 때 그 원인이 무엇이든지 간에 일단 빠르게 해열시키는 것이 중요하다는 것을 우리는 잘 알고 있다. 그 이유는 열이 계속 지속되면 4차 구조를 지탱하는 결합들이 풀려버리게 되고, 단백질의 기능이 없어져버리기 때문이다. 이렇게 결합이 풀려 기능이 없어지는 현상을 변성(denaturation)이라 한다. 만약 생명현상에 필수적인 단백질이 변성되어 버리면 치명적이며, 정신박약이나 심각한 신체적 장애가 뒤따를 수도 있다. 단백질의 2, 3, 4차 구조는 1차 구조에 의해 자동적으로 결정되므로, 아무리 변성되더라도 1차 구조가 유지되고 있는 한 온도가 다시 낮아지면 원래의 정상 구조로 돌아올 수 있다. 이를 회복(renaturation)이라 말한다. 단백질에서 아미노산이 어떤 서열로 조합될 지가 중요한 이유는 바로 이것이 1차 구조이기 때문이다. 그리고 그 1차 구조를 바로 DNA가 결정해준다. DNA가 생명의 근본 물질인 이유가 이것이다.

단백질의 생화화적 기능

첫째, 효소로서 우리 몸에서 일어나는 거의 모든 생화학 반응을 주관하고 있다. 대표적으로 소화효소도 이와 같이 중요한 효소 중 하나이다. 둘째, 액틴(actin)이나 미오신(myosin) 같은 단백질은 수축과 이완 작용으로 우리 몸이 움직일 수 있게 해준다. 셋째, 헤모글로빈(hemoglobin)은 산소를 운반해주고, 넷째, 항체(antibody)는 면역작용을 해서 우리 몸을 외부 병원체로부터 보호해주고 있다. 다섯째. 인슐린 같은 호르몬은 우리 몸의 생리작용을 조절해주며, 여섯째 필요할 때에는 단백질이 에너지원으로도 사용될 수 있다. 이처럼 단백질은 우리 몸에서 일어나는 모든 생리작용에 필수적으로 관여하고 있기 때문에 DNA, RNA와 함께 생명의 3대 고분자에 포함시키고 있다.

핵산

핵산(nucleic acid)에는 DNA와 RNA의 두 종류가 있다. 쉽게 풀이하자면 핵산은 핵에 들어있는 산성물질이라는 뜻이다. 핵산의 단량체는 뉴클레오티드(nucleotide)이다. 뉴클레오티드는 당(sugar)과 염기(base), 그리고 인산(phosphoric acid)의 복합체이다. DNA를 이루는 뉴클레오티드는 dATP, dCTP, dGTP, dTTP의 4 종류이다. 반면에 RNA의 뉴클레오티드는 ATP, CTP, GTP, UTP의 4 종류가 있다.

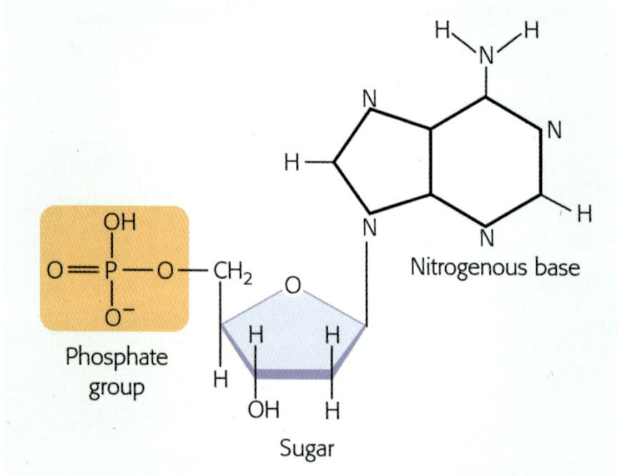

[그림 4-11] 뉴클레오티드

뉴클레오티드의 당은 5탄당 중에서도 디옥시리보오스(deoxyribose, DNA의 경우), 또는 리보오스(ribose, RNA의 경우)이다. 당에는 순서대로 번호를 각각 1′, 2′, 3′, 4′, 5′로 붙이고, 읽기는 1차, 2차 등으로 읽는다. 염기는 1차 탄소에 붙고, 인은 5차 탄소에 붙어 있다. dATP와 ATP의 차이는 당에 있다. dATP와 ATP를 비교하면 2번째 탄소(2차 탄소) 위치가 각각 H와 OH인 것을 발견할 것이다. dATP는 이렇게 당의 2번째 탄소(2차 탄소) 위치에서 산소가 빠진 구조이다(d는 deoxy를 의미함. 즉 de는 빠져나갔음의 "탈"을 의미하고, oxy는 산소의 oxygen을 의미함).

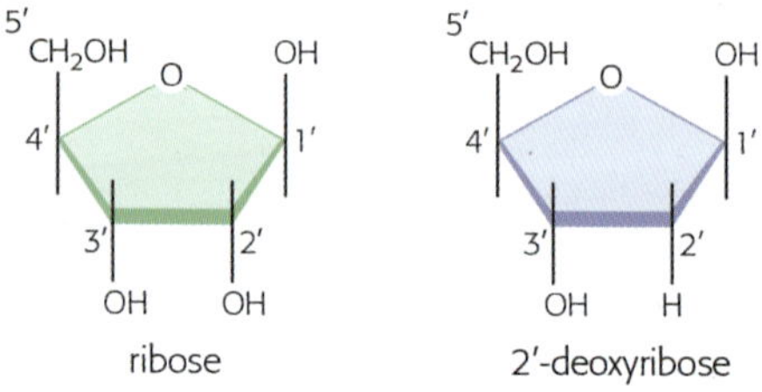

[그림 4-12] 리보스와 디옥시리보스

염기에는 아데닌(adenine), 구아닌(guanine), 시토신(cytosine), 티민(thymine), 우라실(uracil) 등이 있는데, 이 중 티민은 DNA에만, 우라실은 RNA에만 존재하는 것들이다(예외적인 경우도 발견되기는 함). 분류의 목적상 이중고리를 하고 있는 아데닌과 구아닌을 퓨린(purine)계 염기로, 단일고리인 시토신과 티민, 우라실은 피리미딘(pyrimidine)계 염기로 나눌 수 있다.

폴리뉴클레오티드

뉴클레오티드들은 에스테르 결합에 의해 서로 연결된다. 앞에서 말했듯이, 에스테르 결합은 산과 알코올의 결합이다. 여기에서는 인이 사실은 PO4−이기에 인산으로 역할을 한다. 뉴클레오티드의 3차 탄소에 있는 OH기는 또 다른 뉴클레오티드의 5차 탄소에 있는 인산과 결합을 하게 된다. 이렇게 해서 뉴클레오티드는 사실상 무한정 길게 실처럼 연결될 수 있다. 이를 폴리뉴클레오티드(polynucleotide)라 부른다.

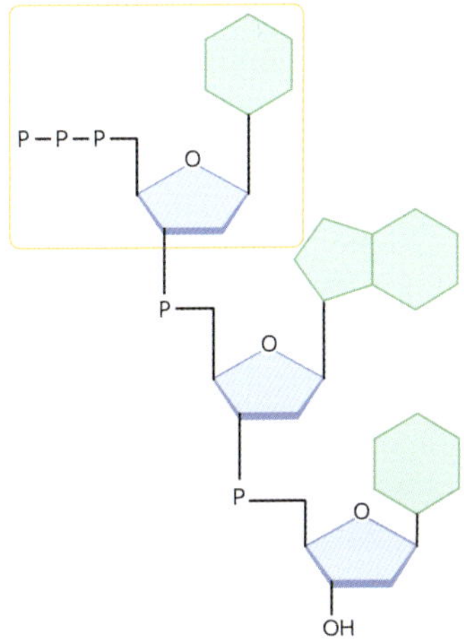

[그림 4-13] 폴리뉴클레오티드

RNA와 DNA

RNA는 외줄의 폴리뉴클레오티드이다. 그러나 DNA는 두 줄로 되어 있다. DNA의 두 줄이 서로 붙어있을 수 있는 이유는 염기와 염기 사이의 수소결합 때문이다. 아데닌은 항상 티민과 결합을 하며, 구아닌은 항상 시토신과 결합을 한다. 이러한 구조에서 결국 염기는 안쪽을 향하게 되고, 당과 인은 바깥쪽에서 염기를 보호하게 된다. 게다가 DNA는 꼬여 있어 나선 형태를 취하고 있다. 이것이 바로 Watson과 Crick이 1953년에 발표해 노벨상을 받은 유명한 "이중나선(double helix) 구조"이다. 유전정보는 염기의 서열에 들어있고, 염기의 서열은 무제한으로 변화할 수 있기 때문에 사실상 DNA의 정보 저장 능력은 무한하다고 할 수 있다. 이렇게 DNA는 물리적 충격으로부터 유전정보를 보호할 수 있고(염기의 서열이 곧 유전정보이고, 이는 당과 인으로 된 골격에 의해 보호받음), 또한 정보 저장도 무한하기 때문에 유전물질로서 완벽한 구조인 것이다.

RNA는 외줄이기 때문에 유전정보를 저장하기에 상대적으로 약하다. 따라서 일부 하등 미생물을 제외하고는 유전정보를 저장하는 데 쓰이지는 않는다. 그 대신 DNA의 유전정보를 세포질에 있는 리보조옴(ribosome)으로 운반해 주는 역할을 담당한다. 리보조옴은 이렇게 운반되어온 유전정보를 이용하여 단백질을 만드는 합성공장이다. 즉, DNA가 유전정보의 장기간 저장이라는 역할을 한다면, RNA는 짧은 시간 동안의 유전자 발현에 이용된다.

대표적인 RNA는 3종류인데, mRNA는 DNA로부터의 유전정보 운반을, tRNA는 단백질의 재료인 아미노산을 리보조옴으로 운반하는 일을 담당한다. rRNA는 리보조옴의 구성성분이다. 리보조옴은 DNA로부터 운반되어 온 유전정보에 따라 아미노산을 순서대로 결합해 단백질을 합성한다. tRNA와 rRNA는 mRNA에 비해 상대적으로 구조가 안정된 편이다.

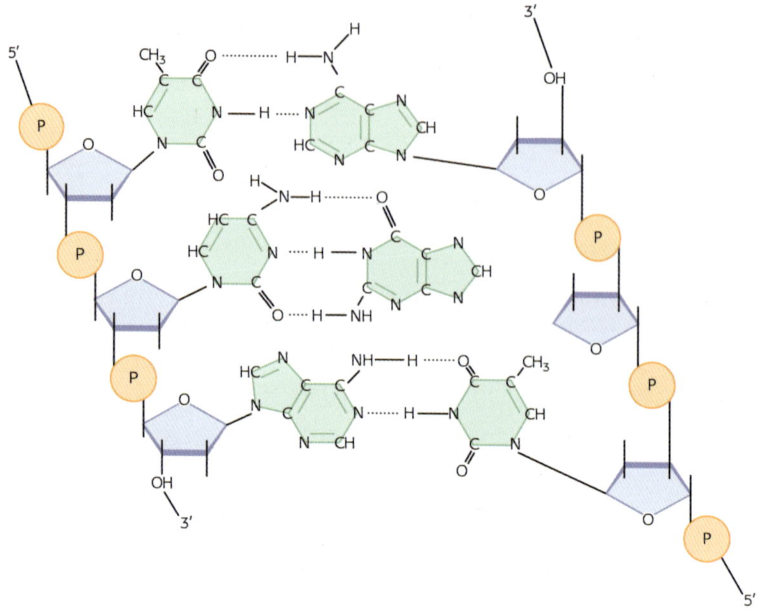

[그림 4-14] 두 줄의 DNA

사람의 DNA

사람의 세포 하나에서 DNA를 꺼내 길게 늘여 뜨린다면 약 2m에 달한다고 한다. 사람의 몸은 약 10^{14}(약 100조)개의 세포로 되어 있으니까 한 사람에게서 나오는 DNA를 전부 연결할 경우 2×10^{11} km에 달하며, 이는 태양과 지구를 왕복하고도 남을 정도의 길이다. 이것만 보더라도 사람이 얼마나 복잡하고 진화된 생물체인지를 충분히 알 수 있다. 이렇게 긴 DNA에서 극히 일부만 잘못 되어도 유전병이나 선천성기형, 암 등에 걸리게 된다. 따라서 건강하다는 것이 얼마나 중한 것이지 새삼 느낄 수 있을 것이다. 아울러 생명의 존엄성도 함께 생각할 수 있어야 한다. "인간게놈프로젝트(Human Genome Project)"는 바로 이 DNA 속에 들어 있는 엄청난 양의 유전정보를 완전히 밝혀서 생명의 기원을 알아내기 위한 작업인 것이다.

기능

DNA는 유전정보를 저장하는 역할을 한다. 일종의 원본 설계도와 같은 것이다. DNA의 유전정보는 앞에서 말했듯이, 단백질을 만들기 위한 것이다. 일단 단백질만 만들면 모든 생리현상이 가능하기 때문이다. DNA는 이러한 단백질을 만들기 위한 생명현상을 총괄하는 작업 설계도 원본에 해당한다. 동식물의 세포는 이 중요한 원본을 핵(nucleus)이라는 장소에 안전하게 보관해 둔다. 대신에 공사현장에 해당하는 세포질에는 mRNA라는 복사본을 만들어 내보낸다. mRNA는 messenger RNA의 약어이다. "messenger"는 전령, 즉, DNA에 들어있는 유전정보를 세포질로 운반하는 RNA란 뜻이다.

mRNA가 복사해 온 유전정보에 따라 세포질에 있는 tRNA와 rRNA가 단백질을 합성한다. tRNA는 transfer RNA의 약자이고, rRNA는 ribosomal RNA의 약어이다. tRNA는 단백질의 재료인 아미노산을 운반해 나르고, rRNA는 이 아미노산들을 연결하는 공장인 리보조옴의 구성성분이다.

DNA는 한 세대에서 다음 세대로 유전정보를 전달해주는 진정한 의미의 유전물질인 동시에, 생물이 살아가는 데 필요한 모든 단백질에 대한 유전암호를 저장하고 있다. RNA는 이 생명현상의 과정에서 DNA를 도와 단백질을 만드는 연장으로서의 역할을 담당하고 있다.

일부 가설에 의하면 유전자도 진화를 하였다고 한다. 이 가설에서는 태초의 유전물질이 단순한 형태의 RNA에서 출발하였다고 한다. 하지만, 외줄로서는 염기를 충분히 보호할 수 없었기 때문에 오랜 시간에 걸쳐 두 줄의 DNA 형태로 변화하였다는 것이다. 실제로 RNA가 DNA로 바뀔 수 있다는 것이 최근에 AIDS(후천성면역결핍증) 바이러스 등에서 확인되었기에 신빙성 있는 가설로 인정받고 있다.

| 연습문제 |

01 유전 현상의 근본이 DNA에서 비롯되는 이유는?

02 중합체 또는 고분자를 정의하시오.

03 유전자 감식을 통해 범죄 사실이 확인된 역사적 사례를 3가지만 조사하시오.

04 생명의 3대 고분자를 말하시오.

05 단백질의 1, 2, 3, 4차 구조를 설명하고, 이 구조들을 결정짓는 결합에 대해 말하시오.

06 산성아미노산과 염기성아미노산을 설명하시오.

07 단백질의 생화학적 기능에 대해 말하시오.

08 유전물질의 대표적인 조건은 중합체이어야 한다는 것이다. 이유는?

09 DNA와 RNA의 생물학적 역할을 간단히 설명하시오.

10 mRNA, tRNA, rRNA의 역할을 간략하게 설명하시오.

PART 2

유전자와 DNA

CONTENTS

Chapter

05 | 유전자의 화학적 성질

모든 과학 분야가 그러하듯이, 유전학 역시 실험과 고찰, 그리고 그 고찰이 새로운 질문으로 이어지면서 발전해 온 학문이다. 물론 유전학의 궁극적인 목표는 사람이고, 사람의 수명과 건강을 증진시키는 것이 목적이지만, 사람은 실험대상이 아니기 때문에 적절한 실험모델을 필요로 한다. 모델의 조건은 수명이 짧아서 관찰이 용이해야 하고, 유전체계가 단순해야 한다는 것이다. 먼저 유전학의 연구대상이 되어온 모델들을 살펴본 다음 유전자의 화학적 성질이 DNA로 판정날 때까지의 역사적 발자취를 따라가 보기로 한다.

유전학 실험모델 및 재료

유전학 연구에 있어서 그 실험동물이 무엇이냐 하는 것은 대단히 중요한 문제이다. DNA의 기능이 유전정보를 다음 세대로 전달하는 것이기 때문에 실험재료의 한 세대가 얼마나 긴지는 것은 연구수행에 있어서 중요한 문제일 수밖에 없기 때문이다. 물론 연구의 궁극적 목표는 "사람에게 이로움을 주기 위한 것"이지만, 그렇다고 사람을 실험재료로 사용할 수는 없는 문제이다. 그 대신에 널리 쓰이는 실험동물로는 쥐, 초파리, 토끼, 닭, 원숭이, 햄스터 등이 있다. 이들의 세포는 사람과 마찬가지로 진핵세포(eukaryotic cell)이기 때문에 연구결과를 사람에게 적용할 수 있다는 장점이 있다. "eu"는 "진짜"라는 뜻이고, "karyo"는 "핵"이므로 진짜로 핵이 있는 세포라는 뜻이며, 동물세포와 식물세포가 여기에 해당한다.

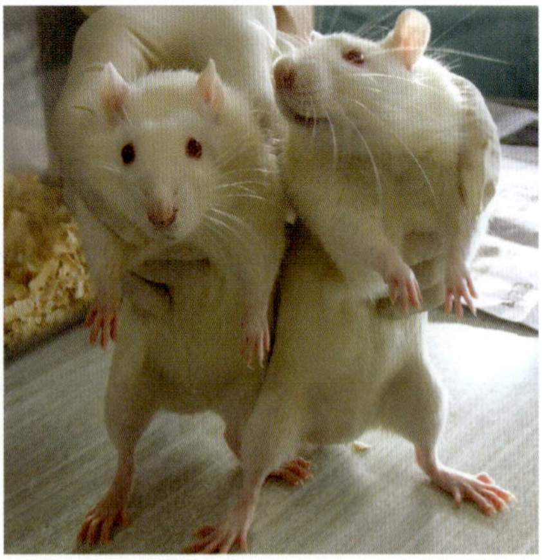

[그림 5-1] 실험동물로서의 흰쥐

실험동물의 크기 또한 문제가 된다. 쥐는 상대적으로 몸집이 작으면서 임신기간도 짧아 널리 애용되는 실험동물이다. 하지만 수백 마리 이상을 키워야 한다면 여전히 공간적 제약이 뒤따르게 마련이다.

유전학에서 많이 쓰이는 또 다른 재료는 세균이다. 특히 대장균은 크게 해롭지 않고 유전자 구조가 잘 알려져 있기에 자주 사용되는 재료이다. 크기가 진핵세포의 1/10도 채 안 되고 핵도 없어 DNA가 세포질에 둥둥 떠 있는 간단한 구조로 되어 있다. 대장균은 크기가 작아 5 cm 길이의 작은 시험관 속에서도 수 억 마리를 쉽사리 키울 수 있다. 또한 세대도 짧아 적절한 온도(37℃)에서 분열하는 데에 20분이 채 안 걸린다. 따라서 하룻밤 사이에도 충분한 양의 DNA를 확보할 수 있고, 몇 가지 기본 영양소만 섞어주면 배양이 간단하게 되므로 예전부터 널리 쓰여 온 재료이다. 그런 만큼 실험 데이터도 이미 많이 확보되어 있다. 우리는 앞으로 설명해 나갈 때 대장균에서 얻은 연구결과를 토대로 하여 설명할 것이다. 그런 다음, 필요에 따라 그 결과를 진핵세포로 확대 해석하는 방법을 취하기로 한다.

초창기 유전학자들의 사고

유전물질(genetic material)이라는 실체가 세포 안에 있다는 것이 알려지자 사람들의 관심은 당연히 그 화학적 성질이 무엇인지에 집중되었다. 다행스러운 것은 Sutton이 이미 "유전자는 염색체 위에 있다"고 주장하였고, 따라서 염색체가 어떤 물질로 되어 있는지를 밝히기만 하면 유전물질의 화학적 본질도 쉽게 알 수 있을 것이라는 것이 당시의 기대였다.

1920년대에 이르러 세포화학적(cytochemistry) 연구들이 이루어졌고, 마침내 염색체가 두 가지 물질로 되어 있음이 밝혀졌다. 한 가지는 단백질이고, 또 다른 하나는 핵산(nucleic acid) 또는 약자로 DNA라 불리던 deoxyribonucleic acid였다.

하나의 유전자가 한 가지 명령을 내린다고 가정할 때 온전한 생물체를 이루기 위해서는 수많은 명령과 그에 따른 유전자들이 필요하게 된다(인간게놈프로젝트 완성 이후 사람의 유전자를 약 25,000~30,000개 정도로 추정하고 있다). 다시 말해 피부색, 눈의 모양, 키, 머리카락의 색, 심장의 위치 등등 모든 것이 유전자 명령에 따라 만들어지는 것이다. 그러다 보면 유전자들이 발현

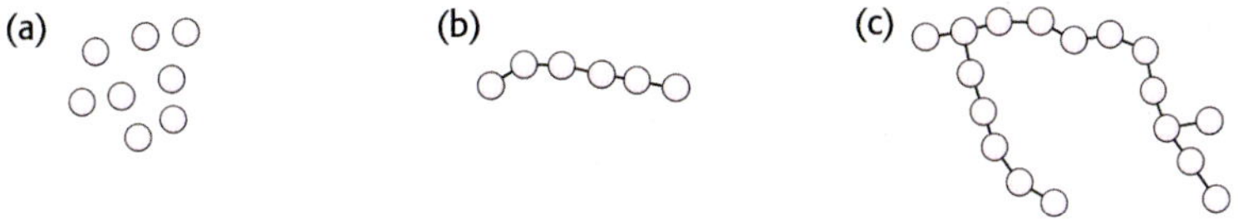

[그림 5-2] monomer와 polymer

(expression) 순서에 따라 긴 사슬처럼 연결되어 있어야 하는데, 워낙 길기 때문에 마치 연줄이 얼레에 감기듯 차곡차곡 지지대에 감겨 있어야만 한다. 즉, 단백질과 DNA 중 하나는 진정한 유전물질이지만 다른 하나는 단순히 얼레와 같은 작용을 하는 지지대일 것이라는 결론이다.

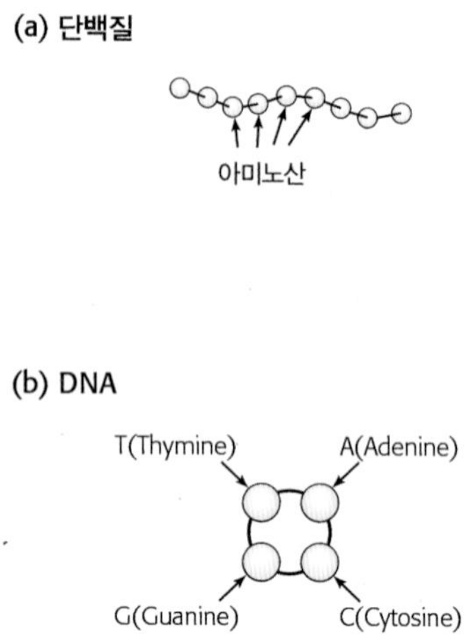

[그림 5-3] 초창기 유전학자들이 생각한 단백질과 DNA의 구조

그렇다면 어느 것이 유전자이고 또 얼레일까? 먼저 유전물질의 필수 조건을 살펴보자. 유전물질이 되려면 무엇보다도 형태가 거의 무한정으로 변화 가능해야 한다. 유전자 하나가 형질 하나를 결정된다고 해도 최소 25,000~30,000가지 이상으로 형태가 변할 수 있어야 하기 때문이다. 그래야 한 생명체가 필요로 하는 모든 형질을 암호화할 수 있기 때문이다. 바로 이 점 때문에 초기 분자생물학자들은 불행하게도 단백질을 유전물질로 인정하고, DNA를 지지대로 착각하는 오류를 범하고 말았다.

단백질이나 DNA는 모두 작은 단위체(monomer)가 이어져서 연결된 고분자(macromolecule)로, 중합체(polymer)라고도 한다. 그러나 초기의 분자생물학자들은 단백질 분석에 더욱 주력하였고, 그 결과 단백질은 20여 개 아미노산이 다양한 순서로 연결된 중합체라고 믿은 반면, DNA는 4종류의 뉴클레오티드가 사각형으로 연결된 변하지 않는 구조라고 생각하였다. 여기서 중합체란 연결 순서와 길이에 따라 무한히 변화가 가능한 구조를 말하는 것이다. 반면에 DNA는 분자량 1,227 Da의 단순한 사각형 구조라서 전혀 변화할 수 없다고 생각하였다. 변화할 수 없는 것은 다양한 형질을 암호화할 수 없으므로 당연히 중합체인 단백질을 유전자로서, 그리고 DNA를 지지대로서 인정한 것이었다.

그러나 이러한 잘못된 결론은 곧 여러 과학자들에 의해 반박되기 시작하였다. 무엇보다도 실험적인 증거가 부족하였기 때문이었다. 단백질이 유전물질이라면 A 세포에서 B 세포로 옮겼을 때 B가 당연히 A의 형질을 나타내야 하겠지만 그러한 결정적 증거가 없었다. 게다가 생화학적 기술들이 발달하면서 DNA도 단순한 사각형 구조가 아닌 중합체라는 주장이 일기 시작하였다. 그렇다면 DNA와 단백질이 모두 기본 조건을 충족시킬 때 과연 어느 쪽이 진정한 유전물질일까? 이에 대한 궁금증은 더욱 증폭되었고, 마침내 1928년 런던의 Frederick Griffith에 의해 처음으로 체계적인 반론이 제기되었다.

Griffith의 실험

유전물질이 단백질이라는 오류에서 벗어나기 위한 과학자들의 노력은 끈질기면서도 시간을 요하는 것이었다. 무엇보다도 문제가 되는 것은 선입견이었다. 대부분의 과학자들이 단백질을 유전물질로 믿고 있던 당시의 상황에서 DNA가 유전물질이라는 실험적 증거를 아무리 들이댈지라도 대부분의 사람들은 이를 관심있게 보려고 조차 하지 않았기 때문이다. 그러나 일부 확신을 가진 과학자들은 어려움 속에서도 더욱 체계적이고 과학적인 실험으로 DNA가 유전물질임을 밝혀나갔으며, 결과적으로 처음에 잘못되었던 생각을 바꾸어놓는 데까지 거의 반세기가 소요되었다. 이들 선구자 중 첫 번째 예가 영국의 Griffith이다.

세균은 같은 종이면서도 여러 가지 형태로 변화할 수 있는 특징이 있다. 예를 들어, 폐렴균인 Diplococcus pneumoniae에는 두 가지 형태가 있다. 독성이 강한 "S균"과 비독성의 "R균"이 바로 그것이다. 세포벽 바깥쪽에 다당류(polysaccharide)로 된 두꺼운 캡슐을 가지고 있는 경우 실험실에서 배양하면 표면이 매끄러운 콜로니(colony)를 형성하기 때문에 "S균(smooth에서 유래함)"이라 부르고, 캡슐이 없는 경우는 표면이 거칠거칠한 콜로니를 형성하기 때문에 "R균(rough에서 유래함)"이라 부른다. S균은 캡슐 때문에 인체에 감염되었을 때 면역작용으로부터 자신을 보호할 수 있어 독성을 나타내는 반면에, R균은 캡슐이 없어 쉽게 퇴치됨으로써 비독성을 나타내는 것이다.

Griffith는 이 폐렴균을 연구하기 위해 쥐를 실험동물로 사용하였는데, 먼저 사람의 폐렴균이 쥐에서도 병을 일으킬 수 있는지 여부를 조사하였다. S균을 주사한 결과, 쥐는 병에 걸렸

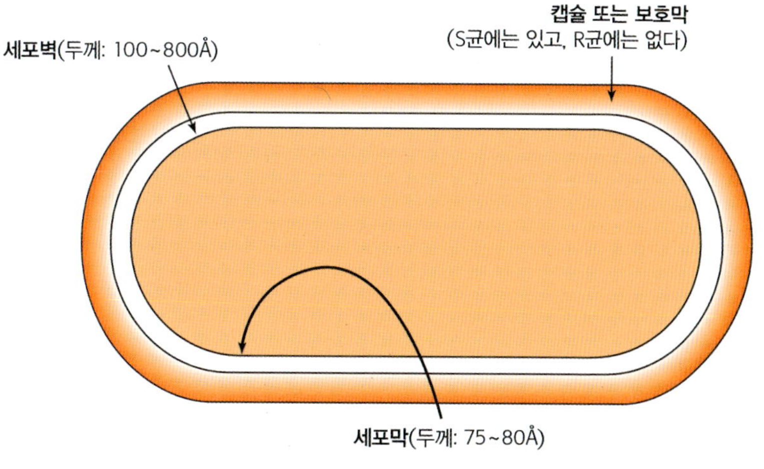

[그림 5-4] D. pneumoniae의 형태

고 결국은 죽고 말았다. 반면에 R균을 주사했을 때는 별다른 증세를 나타내지 않았다. 요약하면 폐렴균에 대해 쥐를 실험동물로 이용할 수 있다는 결론이었다. Griffith는 계속해서 60℃에서 3시간 끓여 소독한 S균을 쥐에 투여하였고, 예상대로 쥐는 별다른 증세를 나타내지 않았다. 그러나 마지막으로 끓인 S균과 R균을 섞어 투여한 실험에서는 예상과 달리 쥐가 죽고 말았다.

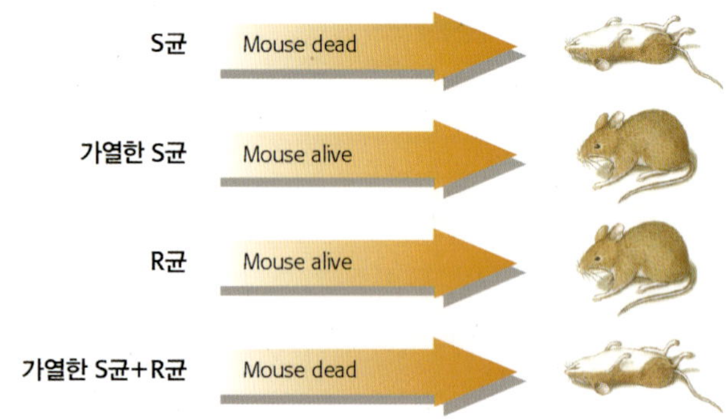

[그림 5-5] 폐렴균을 이용한 Griffith의 실험

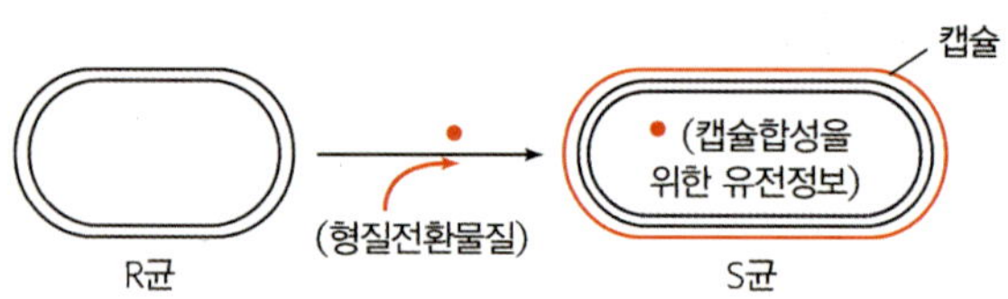

[그림 5-6] 형질전환물질

원칙적으로 끓인 S균(죽은 S균)이나 R균은 쥐에게 아무런 영향을 미칠 수 없는 비독성 세균들이다. 한 가지 신기한 것은 이렇게 죽은 쥐의 혈액에서 살아있는 S균이 엄청나게 많이 발견된 것이다. Griffith는 살아있는 S균을 전혀 주사한 적이 없었음에도, 이들은 과연 어디에서부터 유래된 것일까? 이는 결국 R균이 어떠한 방법을 통해서든지 S균으로 형질전환(transformation) 되었다고 볼 수밖에 없는 결론인 것이다. 끓여서 죽인 S균은 세포막이 터졌을 것이고 흘러나온 내용물 중에 캡슐을 만드는 형질전환물질(transforming principle)이 있어서 이것이 R균으로 흘러 들어갔다는 것이다. 즉, 형질전환물질이 바로 유전물질일 것이라는 결론이다.

오늘날의 지식으로 본다면 끓인 단백질은 쉽게 변성되어 기능을 잃지만 DNA는 잠시 변성되었다가도 다시 이중나선 구조가 회복되므로, Griffith가 언급한 형질전환물질이 곧 DNA라는 해석을 쉽게 내릴 수 있다. 그러나 당시만 해도 DNA의 정확한 구조를 알지 못했으므로 추측만 가능했을 뿐이며, Griffith의 연구결과는 더 이상의 해석이나 실험의 대상이 되지 못하였다.

Avery의 실험

형질전환 물질이 DNA라는 것을 증명하기 위해 실험을 계속 수행한 사람은 Osward Avery였다. Avery는 동료인 Colin MacLeod, Maclyn McCarty와 함께 끓인 S균을 여과시켜 내용

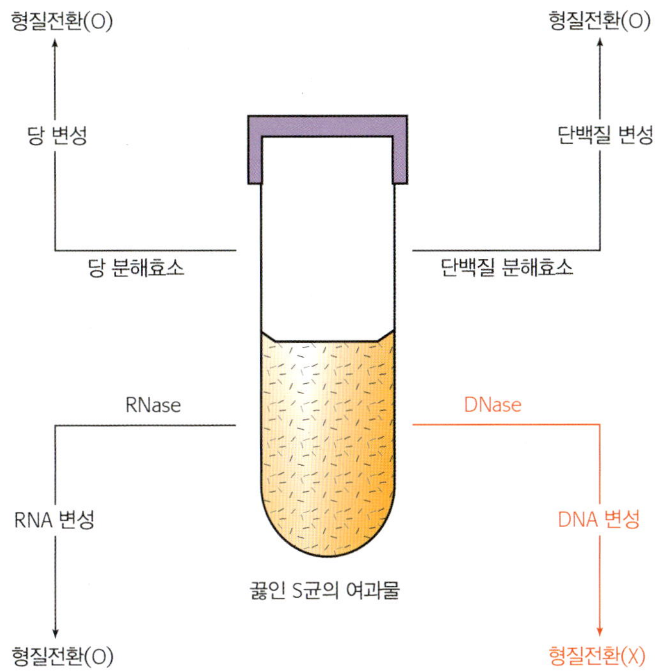

[그림 5-7] Avery의 1차 분해 실험

물을 따로 모은 다음 이를 네 개의 시험관에 나누어 담고 각각 단백질 분해효소인 프로테아제(protease), RNA 분해효소인 리보뉴클레아제(ribonuclease; RNase), DNA 분해효소인 디옥시리보뉴클레아제(deoxyribonuclease; DNase), 당분해효소인 SIII 효소 등으로 처리하였다. 이렇게 처리된 여과물들을 R균과 섞어서 쥐에 주사하였더니 놀랍게도 단백질, RNA, 당을 분해한 경우에는 쥐들이 모두 죽은 반면에(즉, DNA가 분해되지 않는 한 R균이 S균으로 형질전환되었다는 결론), DNA가 분해된 경우에는 별다른 영향을 받지 않았다. 이것은 DNA가 바로 형질전환물질, 즉 유전물질이라는 증거인 셈이다. 이 실험을 Avery의 1차 분해실험이라고 부른다.

그러나 이렇게 명백한 실험결과에도 불구하고 단백질이 유전물질이라는 잘못된 믿음은 쉽게 뒤집혀지지 않았다. 게다가 분해 과정에서 잔여 단백질이 남아 형질전환물질로 작용했을 가능성도 배제할 수 없었기 때문에, Avery는 아예 DNA와 단백질을 따로 따로 순수분리해내기 위한 추가 실험들을 계획하였다. 이를 위해 개발된 방법이 전기영동(electrophoresis)과 원심분리(ultracentrifugation), 그리고 자외선분광법(ultraviolet spectroscopy) 등이다. Avery가 이때 고안한 실험장치들은 지금까지도 대부분의 유전학실험실에서 자주 이용된다.

전기영동이란 작은 아크릴 상자에 완충용액을 부어 넣고서, DNA와 단백질이 섞인 시료를

[그림 5-8] 전기영동의 원리

한 쪽에 위치시킨 다음 전기장을 걸면, 시료의 내용물이 스스로의 극성과 반대쪽으로 이동하는 성질을 이용하는 것이다.

DNA를 "핵산"이라 부르는 이유는 핵에서 발견되는 산성물질이기 때문이다. 산성물질은 (-) 전기를 띠고 있으므로 전기장 속에서 (+)쪽으로 이동하게 된다. 한편, 단백질은 그 구성이 어떠한 성질을 가진 아미노산으로 되어 있느냐에 따라 전체적으로 (-)일 수도 있고, (+)나 중성일 수도 있다. 전기영동실험을 하기에 앞서 먼저 겔(gel)의 네모판을 만들어 놓는다. 겔이란 고체이면서도 마치 두부처럼 흐늘흐늘한 상태이다. 겔은 아가로오스(agarose)라 부르는 일종의 녹말가루를 완충용액(buffer)에 섞어 끓인 다음 네모난 아크릴 주형에 부어 천천히 식히면 굳으면서 만들어진다. 이때 콤(comb)이라 부르는 플라스틱 빗을 살짝 꽂아 같이 굳히면 시료를 얹기 위한 구멍(well)이 겔 판에 뚫리게 된다. 이제 세포에서 추출한 혼합시료를 구멍에 올려놓고서 전기를 양쪽에 걸면 DNA와 단백질은 겔의 작은 격자 구조를 통과하면서 이동을 시작한다.

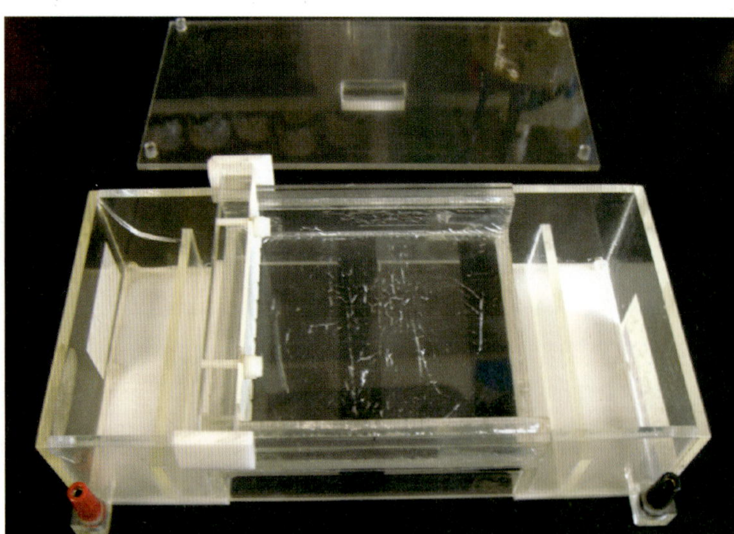

[그림 5-9] 전기영동장치 사진

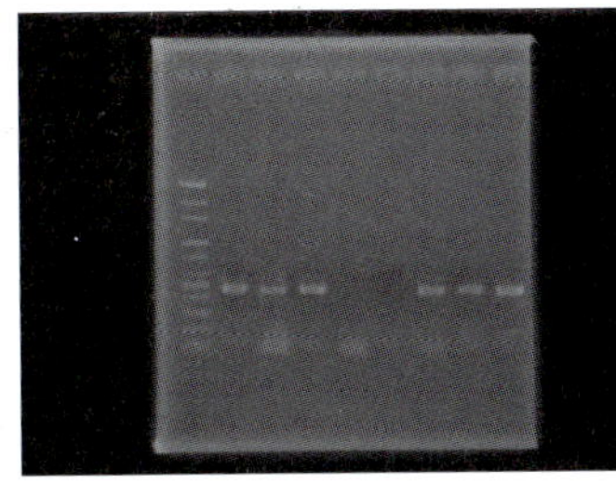

[그림 5-10] 전기영동 실험 결과

물론 DNA와 단백질의 전기적 성질이 다를 경우라면 서로 반대쪽으로 움직이므로 이들을 쉽게 분리할 수 있을 것이다. 같은 DNA나 단백질이라 할지라도 분자량이 작을수록 더 쉽게 격자를 통과하므로 일정 시간 후에는 작은 분자가 더 멀리까지 이동해 있게 된다. 이러한 원리로 전기영동은 DNA와 단백질을 순수하게 분리할 수 있을 뿐만 아니라 같은 DNA라 할지라도 크기별로 분리해낼 수가 있다. 전기영동의 결과는 사진 촬영하여 보관할 수 있다.

원심분리는 강한 회전을 주었을 때 원심력이 바깥쪽으로 쏠리는 원리를 이용한 것이다. 시험관에 용액을 가득 채우고 그 위에 세포에서 추출한 시료를 올려놓으면 크고 무거운 내용물일수록 더 빨리 이동하게 된다. 이때 용액은 보통 설탕물(sucrose)을 이용한다. 이렇게 크기와 무게에 따라 분리하는 방법을 속도침강분석법(velocity sedimentation analysis)이라고 부른다.

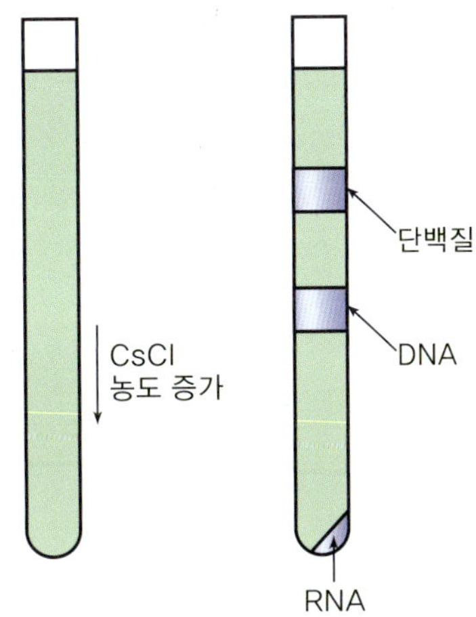

[그림 5-11] 밀도구배 원심분리

이와 비슷하지만 밀도 차이를 이용한 밀도구배분석법(density gradient analysis)이 있다. 이때 시험관에 채우는 용액은 중금속인 CsCl 용액이다. 원심분리를 하면 CsCl 용액 자체가 무겁기 때문에 천천히 가라앉게 되고 일정시간 후에는 원심분리 튜브의 위에서부터 아래까지 CsCl의 밀도구배가 자연스럽게 만들어진다. 이때 DNA와 단백질의 혼합시료를 용액 위에 올려놓고서 초고속으로 계속 회전시키면 시료들이 자기와 밀도가 똑같은 지점까지만 이동하고 그 자리에 멈춰 서게 된다.

속도침강분석으로는 크고 무거운 순서대로(단백질, DNA, RNA 순서) 가라앉지만, 밀도구배분석에 의하면 반대로 RNA가 제일 밑에서 발견이 된다. 왜냐하면, RNA는 외줄이어서 촘촘히 말려 밀도가 높기 때문이다. 그 다음에 DNA, 단백질 순서로 가라앉는데, 이는 단백질은 무겁긴 하지만 부피가 상대적으로 커서 밀도면에서 가장 낮기 때문이다.

이렇게 전기영동과 원심분리방법으로 DNA와 단백질을 분리한 다음에는 그 순수한 정도를 확인할 방법이 있어야 한다. 여기에 사용되는 방법이 바로 자외선분광법이다. 자외선분광법은 DNA가 260 nm의 빛을 흡수하고, 단백질은 280 nm의 빛을 흡수하는 성질을 이용한 기술이다. 이때 사용하는 기기를 UV 스펙트로포토미터(UV spectrophotometer)라고 한다. 어떤 시

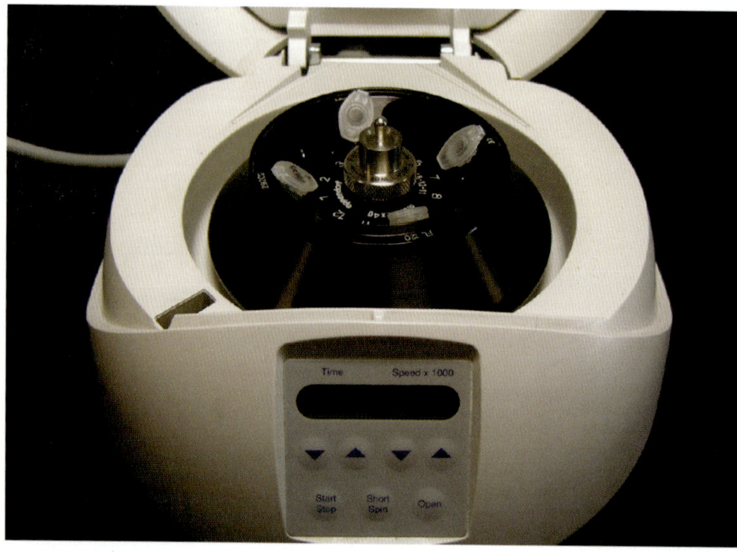

[그림 5-12] 원심분리기 사진

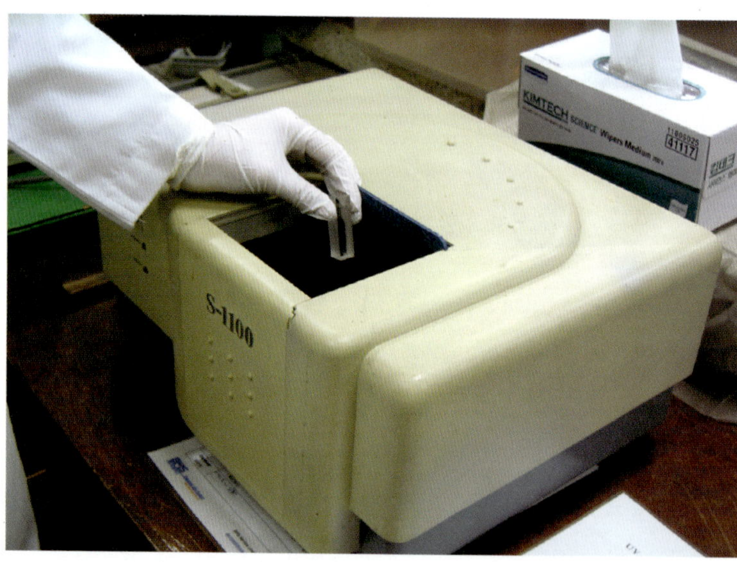

[그림 5-13] UV spectrophotometer

료가 260 nm의 빛을 흡수하는 정도는 그 시료 안에 들어있는 DNA의 양과 정비례하기 때문이다. 쉽게 설명하면 100% 순수한 DNA 시료에 260 nm의 빛을 쪼이면 전부 그대로 흡수되어 버릴 것이다. 90%의 DNA와 10% 단백질이 혼합된 시료라면 260 nm를 90% 만큼만 흡수할 것이다. 마찬가지로 시료 중 DNA 함량이 줄어들수록 그만큼 260 nm에 대한 흡광도도 따라서 줄어들 것이며, 반대로 280 nm에 대한 흡광도가 증가할 것이다. 이러한 결과를 분석함으로써 시료 중 DNA와 단백질의 순수한 정도를 측정해낼 수 있다. 요즈음은 이러한 수치를 디지털화하여 컴퓨터 모니터에 출력할 수 있는 기계들도 개발되어 있다.

이렇게 해서 순수함이 검증된 DNA와 단백질을 갖고서, Avery는 앞서와 마찬가지로 형질전환실험을 되풀이하였다. 그리고 다시 한 번 형질전환물질, 즉 유전물질은 DNA라는 점을 확실히 하였다. 그러나 아쉽게도 Avery가 논문을 발표한 시기는 바로 제2차 세계대전이 한창이던 1944년이었고, 모두의 관심이 과학보다는 전쟁에 쏠려있던 시기였다. 그렇기 때문에 유럽의 과학자들은 대부분 논문이 발표되고도 몇 년이 지날 때까지 이를 읽을 수조차 없었으며, 게다가 아직도 상당수가 DNA가 유전물질이라는 데에 회의를 느끼고 있었다. Avery 역시 Mendel처럼 시대를 앞서가고 있었던 것이다. Avery가 살아있을 때 그 업적을 미처 알아차리지 못했던 노벨상위원회가 훗날 신랄한 비판을 받아야 했음은 너무도 당연하다 하겠다.

Hershey의 실험

DNA가 유전물질임을 증명하기 위한 또 다른 실험은 Alfred Hershey와 Martha Chase에 의해 수행되었다. Hershey는 Delbrück와 함께 "bacteriophage group"의 회원이었기 때문에 박테리오파아지(bacteriophage)의 생활사를 정확하게 알고 있었다. 박테리오파아지는 편의상 파아지(phage)라고도 부르며, 박테리아에 기생하는 DNA 바이러스이다. 대표적인 것에는 대장균에 기생하는 T2 파아지가 있다. 이들은 가장 원시적인 생물체로 분류할 정도로 구조가 단순해서 단백질과 DNA만으로 구성되어 있을 정도이다.

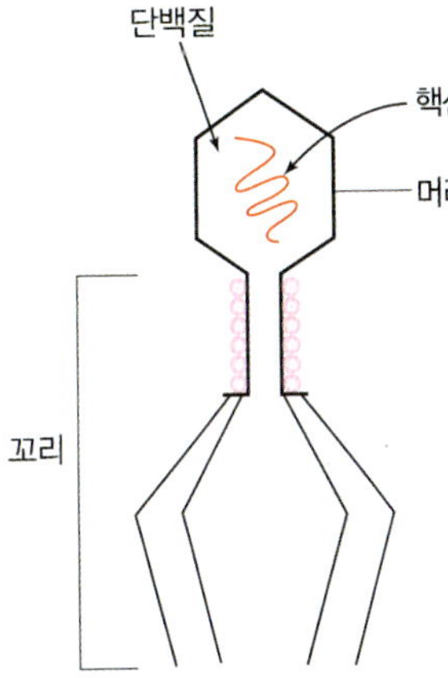

[그림 5-14] bacteriophage

파아지는 박테리아에 달라붙은 뒤 자기의 유전물질을 그 안으로 밀어 넣는다. 그러면 박테리아에 들어간 유전자가 명령을 내려 박테리아를 자기 번식을 위한 공장으로 바꾸어 버린다. 파아지의 껍질과 유전자가 빠른 속도로 복제가 되고 수 백~수 억 마리의 파아지가 만들어지면 박테리아가 용균(lysis)되면서 터져나오게 된다. Hershey의 목적은 단백질과 DNA 중 어느 것이 박테리아 속으로 들어가는 유전물질인지를 추적하려는 것이었다.

Hershey는 이를 위해 방사성동위원소(radioisotope)를 사용하였다. 동위원소(isotope)란 원자번호는 같지만 질량수가 서로 다른 원자들을 지칭하는 용어이다. 예를 들어, 인(phosphate)은 원자번호 15에 질량수 30인 것(^{30}P)이 보통이지만 여기에 중성자를 2개 첨가하면 그만큼 무거운 핵종(^{32}P)이 되어 붕괴하고 만다. 이를 방사성동위원소라고 부르고 붕괴 에너지가 방사선의 형태로 배출된다. 황(sulphur)도 마찬가지로 원래는 원자번호 16에 질량수가 32(^{32}S)이지만 중성자 3개를 더한 ^{35}S는 핵붕괴를 하며 방사선을 낸다. Hershey는 인이 DNA에는 있지만 단백질에 없고, 또 단백질은 메티오닌(methionine)과 시스테인(cysteine)에 황을 갖고 있지만 DNA에는 황이 없는 성질을 이용하여 이들을 각각 다르게 표지(labeling)하였다. 즉, 대장균과 파아지를 함께 섞어 키우면서 배양액에 ^{32}P와 ^{35}S를 넣어 줌으로써, 새로 만들어지는 모든 파아지의 DNA와 단백질이 ^{32}P와 ^{35}S로 각각 표지되게 한 것이다. ^{32}P와 ^{35}S가 만들어 내는 방사선은 에너지가 다르기 때문에 측정용 탐지 기기로 쉽게 구별해 낼 수 있다.

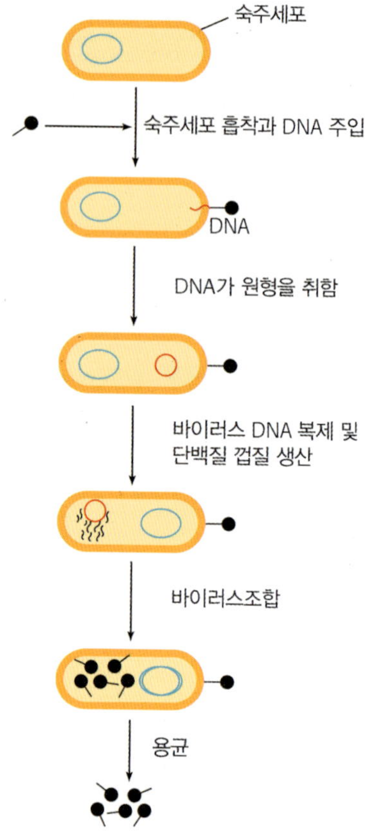

[그림 5-15] 파아지의 생활사

Hershey의 실험을 요약하면 다음과 같다. Hershey는 먼저 시험관에 대장균을 배양하였다. 그런 다음 이 배양액 속에 준비된 ^{32}P와 ^{35}S로 표지된 박테리오파아지를 첨가하였다. 몇 분간 기다려서 파아지가 대장균에 충분히 달라붙고 유전물질을 세균 속으로 밀어 넣도록 기다렸다가 시험관을 강하게 흔들어 주었다. 시험관을 흔들어 준 이유는 대장균 세포벽에 붙어있는 파아지 껍질을 떨어뜨리기 위한 것이었다. 그런 다음 원심분리하여 상층액과 침전물에서 각각 어떤 방사선이 검출되는지를 조사하였다. 상층액에는 대장균에 붙어 있다 떨어져 나온 파아지

[그림 5-16] 방사성동위원소와 labeling 원리

의 껍질들이 들어 있고, 침전물에는 상대적으로 무거운 세균이 가라앉을 것이다. 파아지의 유전물질도 가라앉은 세균과 함께 당연히 침전물에서 발견될 것이다. 실험 결과 상층액에서는 ^{35}S가, 침전물에서는 ^{32}P가 검출되었다. 따라서 Hershey는 이렇게 실험을 통해 세균 속으로 들어간 유전물질은 DNA라는 것을 명백하게 증명해 낼 수 있었다. 그리고 이 실험은 Hershey에게 이 연구에 있어서 최종 승리자로서의 노벨상을 안겨주었다.

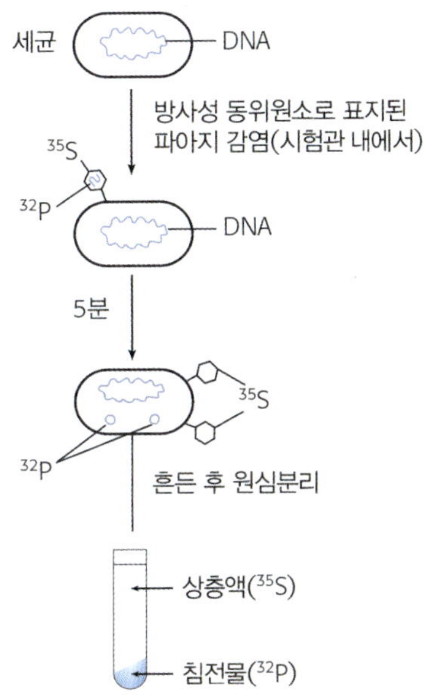

[그림 5-17] Hershey의 실험

사람의 유전물질 역시 DNA이다

Hershey의 실험은 그렇게도 논란이 많던 유전물질의 화학적 성질에 대해 종지부를 찍은 대사건이었다. 이 실험으로 Griffith가 제시했던 형질전환물질도 물론 분명하게 결론지어졌다. Hershey의 보고를 기점으로 이제 유전물질로서의 DNA 구조와 기능에 대한 연구가 본격화될 수 있었고 유전공학의 학문적 기초도 서서히 마련되기 시작하였다. 그럼에도 불구하고 약간의 논란이 여전히 남아 있었다. 왜냐하면, 만물의 영장인 인간이 가장 하등한 파아지처럼 DNA를 유전물질로 갖고 있다는 사실이 쉽게 받아들여질 수 없었기 때문이다. 그러나 유전자재조합기술로 사람의 인슐린 유전자를 대장균에 넣어 대량생산한 당뇨병치료제가 1983년부터 상용화되기 시작하였고, 또 사람의 성장호르몬 유전자를 이식 받은 수퍼새앙쥐가 탄생함으로서 마침내 사람에서도 DNA가 유전물질임이 받아들여지게 되었다. 사람과 쥐의 유전자 체계가 같다는 것이 확인되었기 때문이다. 이제는 RNA를 유전자로 가지고 있는 AIDS 바이러스 등 몇몇 레트로바이러스(retrovirus)의 예외적인 경우를 제외한 지구 상의 모든 생물체가 DNA를 유전물질로 가지고 있다는 것은 보편적으로 확인된 사실이다.

[그림 5-18] 수퍼새앙쥐

연습문제

01 실험동물로서 흰쥐의 중요성을 설명하시오.

02 실험동물로서 개구리의 중요성을 설명하시오.

03 실험모델로서 대장균의 중요성을 설명하시오.

04 초창기의 유전학자들은 DNA 구조에 대하여 어떻게 생각하고 있었는지 말하시오.

05 Griffith의 실험을 요약하고, 그 결과를 정리하시오.

06 Avery의 실험을 요약하고, 그 결과를 정리하시오.

07 밀도구배 원심분리와 속도침강 원심분리를 비교하여 설명하시오.

08 전기영동에 대하여 설명하시오

09 방사성동위원소를 이용한 표지법에 대하여 설명하시오. p나 s 외에 어떤 방사성동위원소가 유전학 실험실에서 사용되는지 조사하시오.

10 Hershey의 실험을 요약하고, 결과를 정리하시오.

Chapter

06 | 뉴클레오티드

DNA는 생명의 근본물질이다. DNA에는 다음 세대로 전해지는 유전정보뿐만 아니라 살아가면서 필요로 하는 효소 등 단백질을 만드는 모든 명령이 들어있기 때문이다. DNA 역시 polymer로서 여러 개의 monomer가 반복적으로 결합된 긴 사슬구조이다. DNA의 구조와 기능에 대해 정리해 본다.

생명의 근본물질인 DNA

DNA는 생명의 근본물질이다. DNA에는 다음 세대로 전해지는 유전정보(inherited information)뿐만 아니라 지금 당장 살아가면서 필요로 하는 명령까지도 모두 들어있기 때문이다. 효소를 만들거나 상처난 자리에 새 살이 돋아나는 일, 그리고 각 사람의 지능이나 수명처럼 당장 살아가는 데 반드시 필요한 모든 생명현상들까지도 DNA에 의해 결정된다는 뜻이다.

미술가들이 초상화를 그리기 전에 눈, 코, 입 등 그 개인의 특징부터 면밀히 관찰하는 것을 본 적이 있을 것이다. 그렇다면 생물학자가 어떤 한 사람을 완벽하게 그려내고자 할 때는 몇 종류나 되는 특징을 이야기해야 할까? 생물학자의 입장에서는 단순히 겉으로 보이는 모습들뿐만 아니라 내장기관의 모습, 위치, 기능, 면역성, 남·녀의 차이, 연령별 차이 등 엄청나게 많은 특징들을 함께 고려해야 할 것이다. 우리는 지금 인간게놈프로젝트(HGP, Human Genome Project)가 완료된 시기에 살고 있다. 이 연구의 결과로 볼 때 한 사람을 결정짓기 위해서 필요한 유전자는 최소 25,000~30,000가지 이상일 거라고 추정하고 있다. 이렇게 복잡한 정보들이 어떻게 그 작은 세포 속에 들어있을 수 있고, 또 DNA는 무한정으로 형태를 변화시킬 수 있는 것일까? 이제부터 그 구조에 대해 알아보기로 한다.

뉴클레오티드

Avery와 Hershey에 의해 DNA가 진정한 유전물질이라는 것이 한 단계씩 증명되어가고 있을 때 또 다른 연구진들이 DNA도 단백질처럼 중합체(polymer) 구조임을 밝혀내었다. 중합체란 여러 종류의 단위체(monomer)가 길게 사슬처럼 모인 것이라는 뜻이다. 이 발견이야말로 DNA 역시 단백질처럼 형태를 변화시킬 수 있다는 것을 보여준 중요한 전환점이 된 사건이었다. 단위체가 2개 연결된 것, 3개 연결된 것, 또 그 이상 연결된 것들은 분명 형태가 다르기 때문이다. 더욱이 각각의 단위체가 무엇이냐에 따라 DNA는 형태를 거의 무한정으로 다양하게 변화시킬 수 있음이 증명된 것이다. 앞에서 염색체를 "연줄을 감는 얼레"라고 표현하였는데, 이제 얼레의 지지대는 단백질이고, 그 얼레에 감겨 있는 실은 DNA임이 실험으로 입증된 셈이다. 그렇기 때문에 DNA의 구조를 이해하려면 먼저 단위체를 살펴본 후에 이들이 서로 어떻게 연결되어 있는지를 살피는 것이 가장 좋은 방법이다.

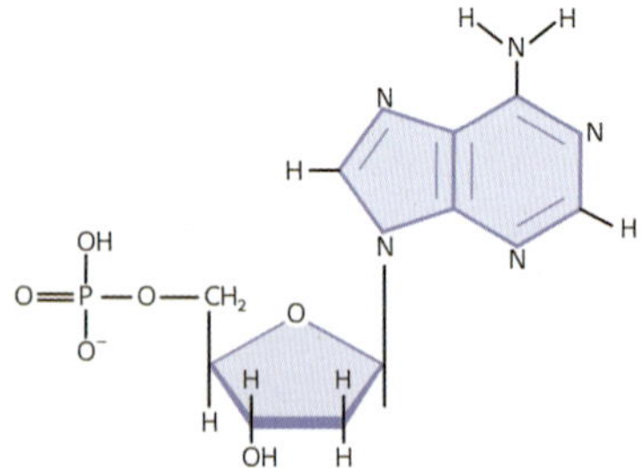

[그림 6-1] 뉴클레오티드의 기본 구조

DNA의 단위체를 뉴클레오티드(nucleotide)라 부른다. 뉴클레오티드는 당(sugar)과 염기(base), 그리고 인산(phosphoric acid)이 서로 결합하여 형성된 구조이다.

먼저 당을 살펴보자. 당은 다섯 개의 탄소가 연결된 5탄당(pentose)으로 그 이름이 2′-디옥시리보오스(2′-deoxyribose)이다. 당에는 두 가지 형태가 있는데, Fischer 구조라 부르는 직선형(straight chain structure)과 Haworth 구조(ring structure)라 부르는 고리형이 그것이다. 뉴클레오티드에서 발견되는 당은 고리 모양을 하고 있는데, 이것이 실제로 우리 세포에서 발견되는 형태이다. 이름에서 알 수 있듯이, 3′ 탄소에는 수산화기(OH)가 붙어 있지만 2′ 탄소에는 수소(H)만 하나 붙어 있다. 즉, 산소(oxygen)가 하나 빠졌다는 의미에서 2′-디옥시리보오스(2′-deoxyribose)라 부르는 것이다. 어떤 사람들은 2′ 탄소에서 산소가 빠진 것이 아니고 3′ 탄소에 산소가 하나 더 붙은 것 아니냐고 반문할 수도 있지만, 이는 DNA의 진화를 나중에 학습하면 자연스럽게 이해하게 될 것이다. 각 탄소에는

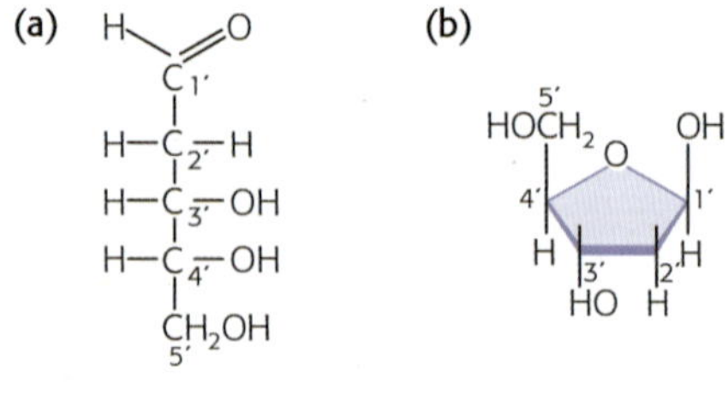

[그림 6-2] deoxyribose. 직선형 구조와 고리형 구조

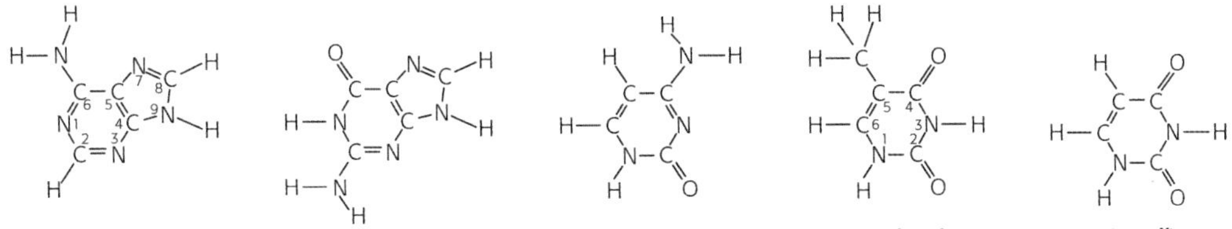

[그림 6-3] 질소염기들

1′, 2′, 3′ 등 시계 방향으로 번호를 붙이되 각각 1차(one-prime), 2차(two-prime), 3차(three-prime) 등으로 읽어 나간다.

염기는 질소염기(nitrogenous base)라고도 부른다. 고리 구조 안에 질소가 여러 개 들어 있기 때문이다. DNA의 염기는 모두 4종류로서 아데닌(adenine), 구아닌(guanine), 시토신(cytosine), 그리고 티민(thymine) 등이 있다.

아데닌과 구아닌은 퓨린(purine)계 염기로서 육각형과 오각형의 고리 두 개가 연결된 구조이다. 반면에 피리미딘(pyrimidine)계에 속하는 시토신과 티민은 육각형 고리 하나만으로 되어있다. 염기에도 번호를 붙여야 하는데, 당에서와 구별하기 위해 1번, 2번, 3번 등으로 붙이고 있다. 당과 염기가 결합하는 방식은 퓨린 염기의 9번 또는 피리미딘 염기의 1번 질소가 당의 1차 탄소와 결합하는 것이다.

이렇게 해서 만들어진 염기와 당의 결합체를 뉴클레오시드(nucleosidc)라 부른다. 뉴클레오시드는 어떤 염기가 당에 결합해 있는가에 따라 2′-디옥시아데노신(2′-deoxyadenosine), 2′-디옥시구아노신(2′-deoxyguanosine), 2′-디옥시시티딘(2′-deoxycytidine), 2′-디옥시티미딘(2′-deoxythymidine) 등으로 구별이 된다. 이름에서 "2′-디옥시(2‘-deoxy)"는 "2′-디옥시리보오스(2′-deoxyribose)"를 줄인 것이다.

뉴클레오시드에 인(phosphate)이 결합함으로써 비로소 뉴클레오티드(nucleotide)가 완성된다. 이때 인이 결합하는 위치는 당의 5′ 탄소이다. 엄밀하게 말해서 인은 인산(PO4-)이다. 그렇기 때문에 수용액 속에서 뉴클레오티드는 (-) 전기를 띠게 된다. 인은 최고 3개까지 붙을 수 있으며, 역시 위치에 따라 이름을 붙이는데 당에서 가까운 순서대로 α, β, γ라고 명명한다. 뉴클레오티드는 DNA와 RNA의 기본 단위이다. 그렇기 때문에 DNA와 RNA도 전기적으로 (-)이고 산성을 띠는 것이다. 이들을 핵산(nucleic acid)이라 부르는 이유도 핵 속에서 발견되는 산성물질이기 때문이다.

뉴클레오티드에 이름을 붙일 때는 뉴클레오시드의 이름을 먼저 부른 다음, 여기에 인이 몇

(a)

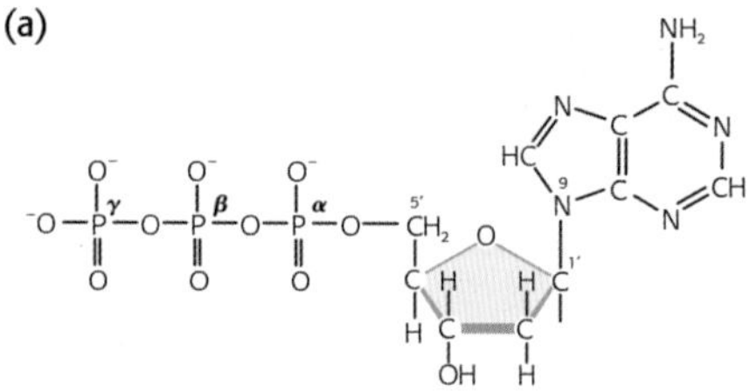

2′-deoxyadenosine 5′-triphosphate

(b)

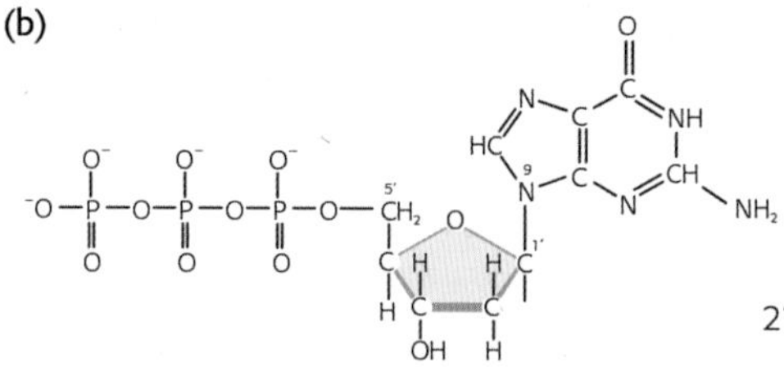

2′-deoxyguanosine 5′-triphosphate

(c)

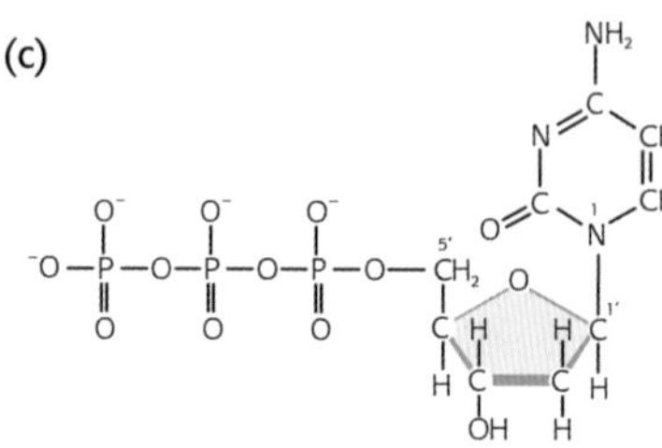

2′-deoxycytidine 5′-triphosphate

(d)

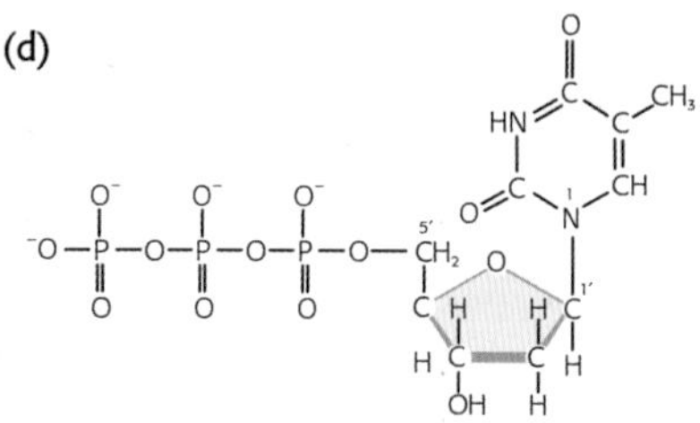

2′-deoxythymidine 5′-triphosphate

[그림 6-4] DNA의 뉴클레오티드 4종류

개 붙어있는지만 밝혀주면 된다. 즉, 2′-디옥시아데노신에 인이 한 개 붙으면 2′-디옥시아데노신 5′-모노포스페이트(2′-deoxyadenosine 5′-monophosphate), 두 개 붙으면 2′-디옥시아데노신 5′-디포스페이트(2′-deoxyadenosine 5′-diphosphate), 세 개 붙으면 2′-디옥시아데노신 5′-트리포스페이트(2′-deoxyadenosine 5′-triphosphate) 등으로 부르면 된다.

뉴클레오티드의 이름을 간략히 줄이는 방법이 있다. 예를 들어 2′-디옥시아데노신 5′-모노포스페이트는 dAMP로 줄여 쓸 수 있다. 인이 두 개라면 dADP, 세 개라면 dATP로 줄일 수 있다. 여기서 d는 디옥시리보오스를, A는 아데닌 염기를, MP, DP, TP 등은 인의 개수를 각각

지칭하는 약어이다. 이처럼 DNA의 뉴클레오티드는 당, 염기, 그리고 인의 순서로 이름을 붙이면 된다. 이름을 줄이게 되면 그냥 A, C, G, T처럼 염기의 첫 번째 문자만으로 표시하기도 한다. 단, 이럴 경우 이름만으로는 DNA와 RNA 중 어느 것을 지칭하는 것인지 구별되지 않으므로 별도로 이를 언급해 줄 필요가 있다.

티민은 DNA에만 존재하기 때문에 dTMP, dTDP, dTTP라 쓰지 않고 그냥 TMP, TDP, TTP라고만 쓰는 경우도 한동안 있었다. 마찬가지로 우라실은 RNA에만 존재하기 때문에 dUMP, dUDP, dUTP라는 명칭은 틀린 것이라 생각하기도 했었다. 그러나 간혹 변형된 RNA에서 티민이 발견될 수도 있다는 사실을 알게 되면서 지금은 다소 번거롭더라도 dTMP, dDP, dTTP 그리고 UMP, UDP, UTP 등으로 정확하게 기재하는 것이 보편적이다.

[표 3-1] 뉴클레오티드의 명칭

BASE	NUCLEOSIDE [=base+sugar]	NUCLEOTIDE (=nucleoside+phosphate)		
	RIBOSE / DEOXYRIBOSE	MONO-PHOSPHATE	DI-PHOSPHATE	TRI-PHOSPHATE
PURINES				
Adenine	Adenosine	AMP	ADP	ATP
	Deoxyadenosine	dAMP	dADP	dATP
Guanine	Guanosine	GMP	GDP	GTP
	Deoxyguanosine	dGMP	dGDP	dGTP
PYRIMIDINES				
Cytosine	Cytidine	CMP	CDP	CTP
	Deoxycytidine	dCMP	dCDP	dCTP
Thymine	[Thymidine]	[TMP]	[TDP]	[TTP]
	Deoxythymidine	dTMP	dTDP	dTTP
Uracil	Uridine	UMP	UDP	UTP
	[Deoxyuridine]	[dUMP]	[dUDP]	[dUTP]

[ ]는 보통 DNA 또는 RNA에서만 발견이 됨.

RNA와 DNA

RNA는 DNA와 비슷한 구조의 또 다른 핵산이다. 일부 하등한 바이러스는 DNA 대신 RNA를 유전물질로 가지고 있기도 하다. RNA는 몇 가지 면에서 DNA와 구조적 차이를 보인다. 첫째, 아데닌, 구아닌, 시토신은 DNA와 RNA 모두에서 발견되지만 RNA에서는 티민 대신 우라실(uracil)이 발견된다. 우라실은 티민과 매우 유사하지만 5번 탄소의 메틸기(CH3)가 빠진 구조이다. 둘째, RNA의 당은 리보오스(ribose)이다. 즉 2′ 탄소에도 수소가 아닌 수산화기(OH)가 결합되어 있다. 셋째, RNA는 보통 외줄이지만 DNA는 두 줄이 서로 꼬여 감긴 이중나선(double helix) 구조를 하고 있다.

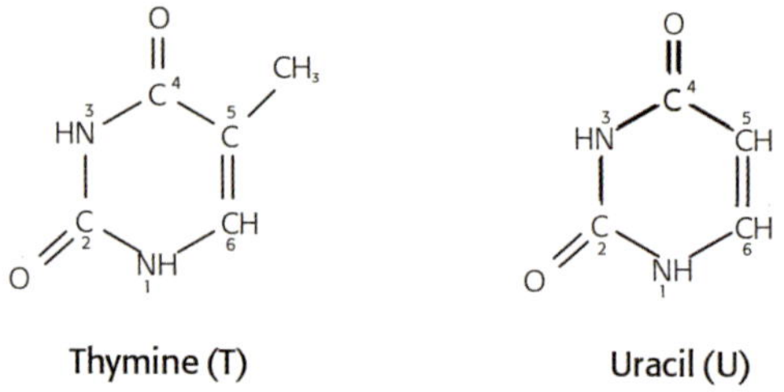

[그림 6-5] 티민과 우라실

RNA는 앞에 말한 대로 당에 OH기가 하나 더 있어 그만큼 반응성도 높다. 반응성이 높다는 말은 주변 환경과 반응할 경향이 높아 변성되기 쉽다는 뜻이다. 게다가 외줄이라서 물리적으로도 쉽게 부서지는 경향이 있다. 무엇보다도 외줄의 RNA에서는 유전암호인 염기들이 모두 바깥으로 노출되어 있어 대단히 불안정한 구조일 수밖에 없다. 그래서 유전정보의 장기적인 저장 및 다음 세대로의 전달이라는 임무는 안정한 DNA가 맡고 있고, RNA는 유전자를 발현하여 단백질을 합성하는 짧은 기간에만 주로 사용이 된다. 물론 앞서 말한대로 일부 하등한 바이러스에서는 RNA가 유전물질이고, 또 간혹 티민이 RNA에서 발견되기도 하지만 이런 것들은 극히 예외적인 경우이다.

[그림 6-6] deoxyribose와 ribose

| 연습문제 |

01 뉴클레오티드의 구조와 종류에 대해 설명하시오.

02 deoxyribose와 ribose를 비교하여 설명하시오.

03 뉴클레오티드들의 이름을 약어로 말하시오. 약어 이름을 보고 구조를 간단히 그리는 연습도 해 보시오.

04 질소염기들의 종류를 말하시오.

05 DNA와 RNA의 공통점 및 차이점을 각각 5개씩 말하시오.

06 뉴클레오티드의 인(phosphate)들은 이름을 각각 어떻게 붙이는지 말하시오.

07 질소염기의 번호는 어떻게 붙이는지 말하시오.

08 당의 번호는 어떻게 붙이는지 말하시오.

09 DNA와 RNA를 유전물질로 가지고 있는 바이러스들을 조사하시오.

10 RNA와 DNA의 화학적 반응성을 비교하시오. 반응성이 높다는 뜻은 무엇인가?

Chapter

07 | 폴리뉴클레오티드와 DNA

DNA의 기본 구조인 뉴클레오티드들이 서로 연결된 중합체를 폴리뉴클레오티드라고 부른다. 이 때의 결합은 어떤 방식이며, 결합 결과 나타나는 특성들은 무엇인지 살펴보기로 한다. 한 발 더 나아가 폴리뉴클레오티드 2줄이 서로 결합하면 DNA 이중나선 구조를 형성하게 된다. 이중나선 구조의 특징 또한 살펴보도록 한다.

폴리뉴클레오티드

단위체인 뉴클레오티드들이 순서에 따라 결합을 하면 긴 폴리뉴클레오티드(polynucleotide)가 만들어진다. 이때 두 개의 뉴클레오티드를 서로 연결하는 것은 에스테르 결합(ester bond)이다. 에스테르 결합이란 산과 알코올의 결합(C−O−P)이다. 결합은 첫 번째 뉴클레오티드의 3′ 수산화기(OH)와 두 번째 뉴클레오티드의 α−인(α−phosphate) 사이에서 일어난다. 여기서 인은 사실상 인산(PO_4)이고 3′ 탄소의 수산화기가 알코올에 해당하므로 이 둘 사이의 결합은 에스테르 결합이다.

한편, α−인은 당의 5′ 탄소와도 결합하는데, 이 역시 에스테르 결합이다. 5′ 탄소(CH_2OH)의 OH기가 인과 결합하고 있기 때문이다. 결국 *α*인이 가운데 서서 3′ 와 5′ 두 개의 에스테르 결합을 통해 뉴클레오티드를 서로 연결시키고 있는 것이다. 요약하면, 두 개의 뉴클레오티드는 3′−5′ 포스포디에스테르 결합(3′−5′ phosphodiester bond)으로 연결된 것이다. 그리고 이 결합 과정에서 *β*−인과 *Υ*−인은 떨어져 나간다.

두 개의 뉴클레오티드가 결합하면 디뉴클레오티드(dinucleotide), 세 개가 결합하면 트리뉴클레오티드(trinucleotide)라 부른다. 그 이상 길어지면 폴리뉴클레오티드(polynucleotide)라는 용어를 사용한다. 폴리뉴클레오티드의 길이에는 제한이 없다.

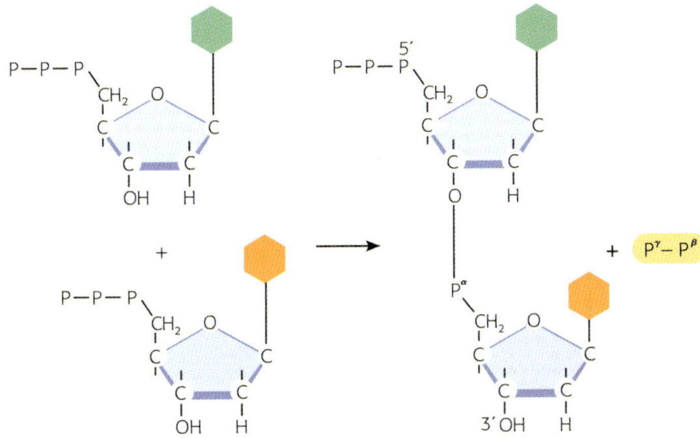

[그림 7-1] phosphodiester 결합

폴리뉴클레오티드는 화학적으로 양 끝이 구별되기 때문에 극성이 있다. 5′와 3′ 말단이 서로 다르기 때문이다. 5′ 말단(5′-terminus)에는 인이, 3′ 말단(3′-terminus)에는 수산화기(OH)가 붙어있다. 또 이 극성 때문에 폴리뉴클레오티드에는 방향성이 있다. 그래서 새로운 뉴클레오티드는 3′ 쪽으로만 연결될 수 있다. 우리는 이 방향성을 DNA가 5′에서 3′로 달린다(run), 또는 내려간다(down), 또는 합성된다(synthesis)라고 표현한다. 반대로 3′에서 5′로 거슬러 방향을 표시할 필요가 있을 때에는 올라간다(up)는 표현을 사용한다.

폴리뉴클레오티드의 염기 변화

폴리뉴클레오티드에서 변할 수 있는 부분은 염기의 서열(sequence)이다. 당과 인은 모든 뉴클레오티드에서 공통이기 때문에 변화가 없는 대신 전체 구조를 지지해 주는 뼈대 또는 골격(backbone)과 같은 역할을 한다. 즉, 폴리뉴클레오티드는 당과 인으로 구성된 긴 골격 위에 염기라는 가변 구조가 주기적으로 되풀이되는 형태이다.

10개의 뉴클레오티드로 된 폴리뉴클레오티드의 경우를 생각해 보자. 첫 번째 뉴클레오티드의 염기는 분명 A, C, G, T 4개 중 어느 하나일 것이다. 마찬가지로 두 번째 뉴클레오티드

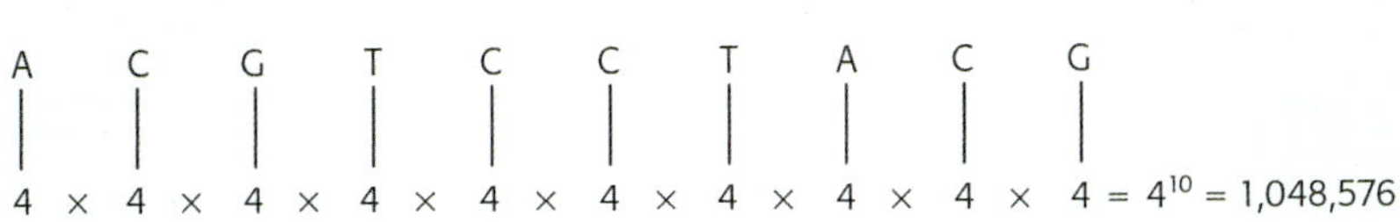

[그림 7-2] 10개 염기로 구성된 polynucleotide의 유전자 배열 가능성

의 염기도 가능성이 4종류이고, 세 번째, 네 번째도 계속해서 항상 4종류의 가능성이 있게 마련이다. 결국 이 폴리뉴클레오티드가 만들어낼 수 있는 조합은 4^{10}, 즉 1,048,576이라는 엄청난 수에 달하게 된다. 다시 말해서, 이처럼 짧은 폴리뉴클레오티드만으로도 한 사람에게 필요한 30,000여 유전정보를 충분히 암호화할 수 있는 것이다. 이 다양성이 바로 DNA가 왜 우수한 유전물질인지를 설명해 주는 이유이다. 연구에 의하면 사람의 DNA는 약 6×10^9개나 되는 뉴클레오티드로 된 긴 사슬이다. 이것은 우리가 필요로 하는 유전정보의 양을 훨씬 웃돌기 때문에 이 중 10%만이 실제 유전자로서의 기능이 있고 나머지는 기능이 없는 일종의 쓰레기 DNA(junk DNA)로 알려져 있다. 가장 진화된 인간의 유전자가 필요도 없는 DNA 부분을 매우 많이 포함하고 있다는 것이 믿어지지 않기에 이 부분에 대해서는 앞으로도 연구가 필요하다.

DNA 이중나선 구조

DNA는 세포 내에서 두 줄로 되어 있다. DNA가 만일 외줄이라면 대단히 불안정할 것이다. 왜냐하면, 중요한 염기들이 모두 바깥쪽으로 향해 외부 충격에 노출될 수밖에 없기 때문이다. 그러나 두 줄의 폴리뉴클레오티드가 나선구조로 결합함으로써 염기들 역시 쌍(base pair)을 이루게 되었고, 당과 인으로 된 바깥쪽의 뼈대에 의해 보호받을 수 있는 것이다. DNA의 이중나선 구조는 모든 방향으로부터 염기, 즉 유전정보를 철저하게 보호할 수 있는 완벽한 구조이다.

비록 Watson과 Crick 두 사람의 공로로 DNA 이중나선 구조가 1953년 세상에 공표되었지만, 그 이전에 여러 과학자들이 그 기초를 마련하고 있었음을 간과해서는 안 될 것이다. 여기 대표적인 사람들이 미국의 Erwin Chargaff와 영국의 Rosalind Franklin이다.

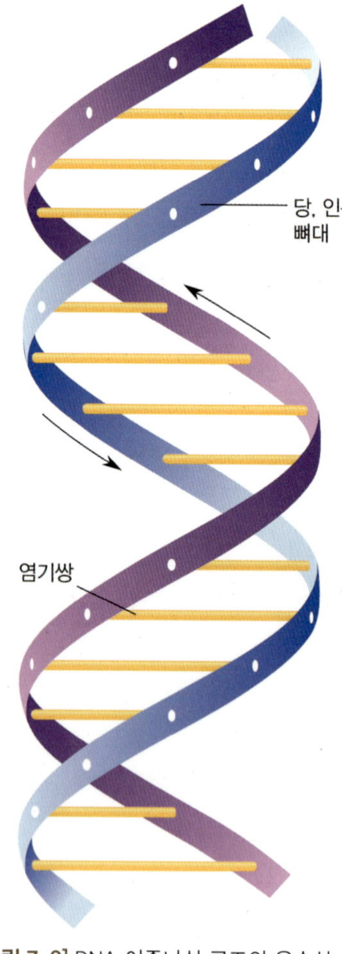

[그림 7-3] DNA 이중나선 구조의 우수성

Chargaff의 실험

먼저 Chargaff의 실험을 살펴보자. Chargaff는 크로마토그래피(chromatography)라는 실험으로 DNA가 두 줄이라는 것을 밝혀내었다. 크로마토그래피란 종이처럼 단단한 매질을 준비하고 그 위에 여러 가지가 섞인 샘플을 올려놓은 다음, 한쪽 끝부터 천천히 용액을 흡수시키면서 용액과 함께 샘플의 내용물들이 이동하는 거리를 측정하는 방법이다. 샘플의 내용물들은 매질과의 친화력이 각기 조금씩 다르므로, 친화력이 낮을수록 더 빠르게 용액에 밀려 이동할 수 있다.

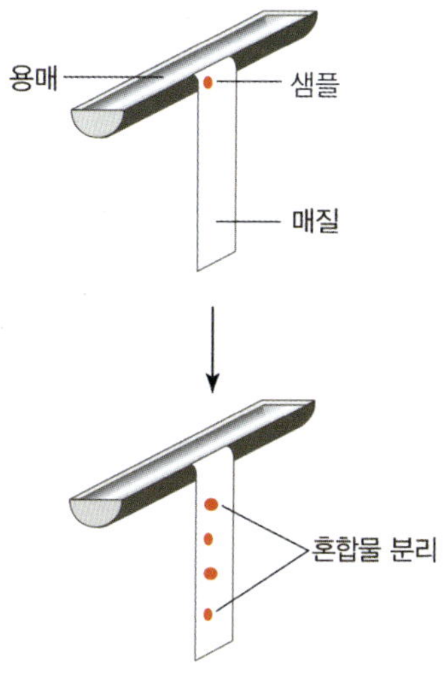

[그림 7-4] 크로마토그래피

세포를 터뜨려 DNA를 추출한 후 강한 산성 용액을 섞어 가열하면 염기들이 당과 인의 뼈대에서 따로 떨어져 나온다. 이들을 모아 크로마토그래피로 이동시키면 각각의 염기들이 매질 위에서 서로 다른 속도로 서서히 이동을 한다. 일정한 시간이 지나면 A, C, G, T 4종류의 염기를 완전히 분리할 수 있게 되고, 그 양에 따라 나타나는 점의 크기도 다르게 된다. Chargaff는 다양한 생물체에서 A:T와 G:C의 비율을 비교하였다. 그 결과 모든 생물체의 DNA가 거의 1:1의 비율을 나타낸다는 사실을 확인하였다.

[표 7-1] 생물체들의 A:T 및 G:C의 비율 예시

유기체	염기의 양 비율	
	Adenine : Thymine	Guanine : Cytosine
Cow	1.04	1.00
Man	1.00	1.00
Salmon	1.02	1.02
E.coli	1.09	0.99

이 결과는 너무나도 명백하게 DNA가 두 줄(two strand)일 수밖에 없음을 말해주고 있다. 즉 A와 T, 그리고 G와 C의 양이 항상 같기 위해서는 이들이 서로 결합하고 있어야만 하는데, 그러기 위해서는 DNA가 당연히 두 줄이라는 것이다. 공식으로 표현하면 A=T, G=C 또는 A+G = T+C라 할 수 있다. 결국 DNA에 들어있는 퓨린 염기의 양은 피리미딘 염기의 양과 동일하다는 해석이다. 두 줄의 폴리뉴클레오티드 사이에는 항상 3개의 고리가 존재함으로써(퓨린의 이중고리 + 피리미딘의 단일고리) DNA는 전체적으로 넓이(직경)가 균일한 규칙적인 모습(안정한

구조)을 유지할 수 있다는 것이다. 한 가지 주의할 점은 A=T, G=C일지라도 A+T ≠ G+C라는 것이다.

GC 함량

GC 함량(GC content)이란 전체 DNA 구성에서 G와 C의 염기쌍이 차지하는 비율을 이야기한다. 예를 들어, 어떤 생물체의 DNA가 100개 염기쌍으로 되어 있다고 가정할 때 이 중 GC 염기쌍이 70개라면 GC 함량은 70%가 되는 것이다. 물론 이 생물체의 AT 함량은 전체에서 GC 함량을 제외한 나머지인 30%가 된다. 지구 상의 모든 생물은 각 종(species)마다 유전정보가 다르기 때문에 고유한 GC 함량치를 가지고 있다. 따라서 GC 함량을 유전자 차원에서 생물종을 분류하기 위한 지표로 사용하기도 한다.

[표 7-2] GC content의 예시

유전체	GC(%)
plasmodium falciparum(malaria parasite)	19.0
Slime mould	23.0
Sea urchin	35.4
Man	40.3
Wheat	45.8
E.coli	51.0
Mycobacterium tuberculosis	65.0
Streptomyces griseolus	72.4

Franklin의 실험

DNA가 나선구조(helix)임을 증명한 사람은 영국 런던의 Rosalind Franklin이다. Franklin은 X-선 결정학(X-ray crystallography)라는 실험방법을 이용하였다. 이 실험은 분석하고자 하는 물질을 먼저 결정으로 만든 다음 여기에 X-ray를 쬐여서 여러 각도로 산란되어 퍼져나가는 빛이 뒤에 놓인 필름에 비추어내는 평면적인 영상으로부터 입체적 모형을 추정하는 기술이다. 이 기술은 빛의 회절에 의해 물질의 구조를 추정한다는 뜻에서 X-ray 산란 분석법(X-ray diffraction analysis)이라고도 한다.

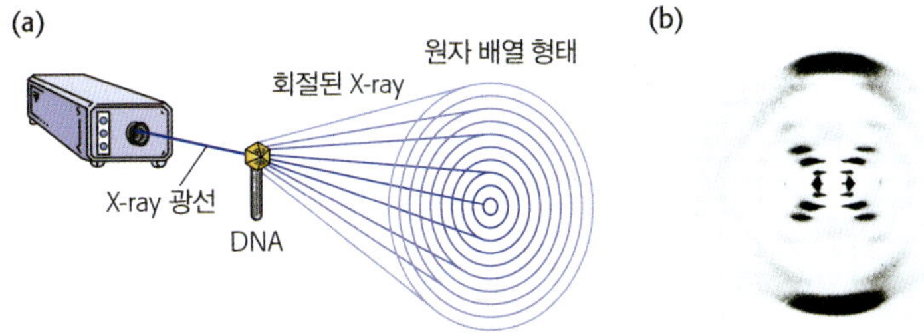

[그림 7-5] X-선 결정학

이 방법의 장점은 전자현미경으로도 관찰할 수 없는 아주 미세한 분자의 형태까지도 추정해 알 수 있다는 것이다. 1952년 여름 Franklin은 DNA가 3.4Å의 주기를 가진 규칙적인 나선구조라는 것을 사진으로 확인하였지만, 아쉽게도 정작 이듬해에 이중나선(double helix) 모델을 확정 발표한 사람들은 Watson과 Crick이었다. Watson과 Crick은 Chargaff나 Franklin과 달리 직접 DNA 분자 구조를 조립해 나가는 방법으로 실험하였다. 즉, 탄소, 수소 등 원자에 해당하는 구슬을 실제로 만들어 이를 하나씩 조립해 가면서 어떤 모델이 DNA 구조로 가장 적합할까를 검토하였다. 여기서 얻은 결론이 DNA는 두 줄의 나선구조일 수밖에 없다는 것이었다. 이렇게 Watson과 Crick이 만들어낸 DNA 모델을 공간구조 모델(space-filling model)이라고 부른다.

Watson과 Crick의 DNA 구조

DNA의 이중나선 구조는 대단히 중요한 의미를 지니고 있다. 이 구조는 DNA가 어떻게 스스로 복제할 수 있고, 또 그 많고 복잡한 유전정보를 암호화할 수 있느냐는 근본적인 질문에 해답을 제시하기 때문이다. 한편, DNA가 어떻게 복제되어 다음 세대로 전달되는지에 대한 유전의 법칙도 설명될 수 있다. DNA 이중나선 구조의 특징은 다음과 같이 여섯 가지로 나누어 요약될 수 있다.

첫째, DNA는 두 줄의 폴리뉴클레오티드로 구성되어 있다. 각 염기쌍 사이의 거리는 0.34 nm이며 나선축의 주위를 따라 36° 간격으로 회전하고 있다. Watson과 Crick의 DNA 모델을 따르면 1회전 주기마다 10개의 염기쌍이 있으며(360°/10 = 36°), 회전 높이는 3.4 nm가 된다. 이중나선의 지름은 2.0 nm이다.

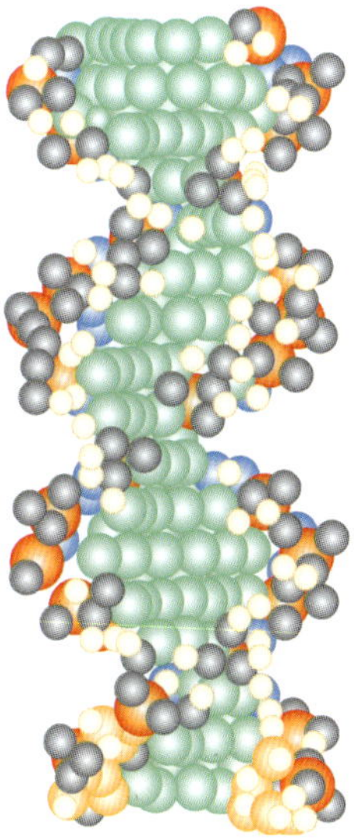

[그림 7-6] DNA의 공간구조 모델

둘째, DNA의 바깥쪽에는 당과 인이 골격(backbone)처럼 연결되어 있고 염기들은 쌍을 이루어 그 안쪽에 위치함으로써 보호를 받고 있다. 당과 인의 골격은 친수성(hydrophilic)이라서 바깥쪽을 향하지만, 염기는 소수성(hydrophobic)이므로 자연스럽게 안쪽으로 배열이 된다. 이러한 구조 때문에 DNA는 마치 사다리에 발판이 차곡차곡 놓인 것 같은 모습을 하고 있다. 염기쌍(base pair)을 약어로 bp라 표시한다. "bp"는 DNA의 길이를 표시하는 단위이다. 사람의 DNA는 3×10^9 bp, 세균의 DNA는 약 3×10^6 bp라고 알려져 있다. 사람의 DNA 길이를 간혹 6×10^9 bp라 하기도 하는데, 이는 46개의 염색체에 감겨 있는 DNA를 모두 합친 길이이다. 보통은 상동염색체를 감안해서 그 절반인 3×10^9 bp라고 한다. 1,000 bp는 1 kb에 해당하는데, 이때 kbp가 아닌 kb로 표시함에 주의해야 한다.

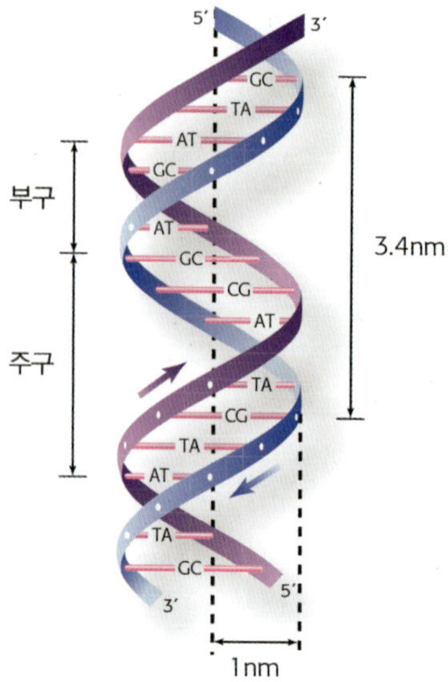

[그림 7-7] DNA의 이중나선 구조

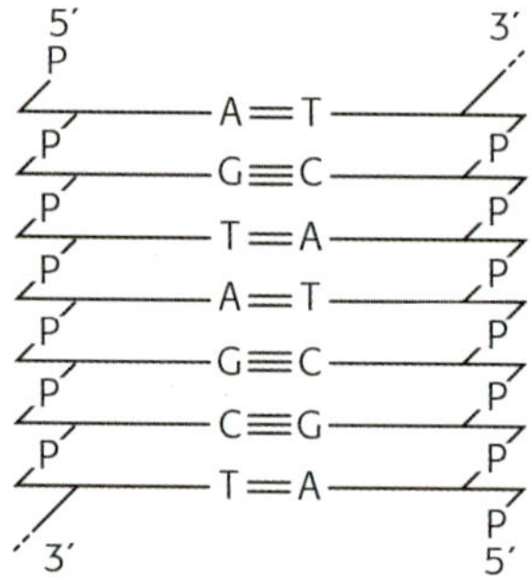

[그림 7-8] DNA 염기 사이의 상보적 결합

셋째, 염기 사이의 결합은 서로 상보적(complementary)이다. 즉, 앞에서 Chargaff의 법칙으로 설명한 것처럼 아데닌은 항상 티민과, 또 시토신은 항상 구아닌과 결합한다.

그러므로 DNA에서는 한 쪽의 염기서열을 알고 있으면 어렵지 않게 반대편 폴리뉴클레오티드의 염기서열을 유추해낼 수가 있다. 상보적 결합은 곧 DNA의 자기 복제를 암시하는 것이다. DNA를 가열하면 두 줄이 일단 풀렸다가도(이것을 녹는다고 표현한다) 서서히 냉각하면 다시 상보성 가닥과 만나 이중나선 구조를 재형성할 수 있다. 앞에서 Griffith가 S균을 60℃ 이상으로 가열해 모든 단백질과 DNA를 변성시켰는데도 R균으로의 형질전환이 가능했던 이유는 DNA의 이런 상보적 재생 능력 때문으로 판단된다. 심지어는 서로 다른 두 종으로부터 온 폴리뉴클레오티드 가닥일지라도 염기서열만 유사하면 잡종분자(hybrid)를 형성할 수 있다. 잡종분자는 DNA와 RNA 사이에서도 가능하며, DNA-DNA보다 사실상 DNA-RNA 결합이 더욱 강하다. DNA와 RNA의 상보적 결합에서 아데닌은 티민 대신에 우라실과 결합을 한다. 두 염기 사이의 결합은 수소결합이다. A와 T 사이에는 두 개, C와 G 사이에는 세 개의 수소결합이 있다. DNA가 녹는 온도를 Tm(melting temperature)이라 하는데, GC %가 높을수록 Tm 값도 높은 이유가 여기에 있다.

원래 수소결합은 개별적으로 볼 때 대단히 약한 결합이다. 그렇지만 DNA가 워낙 길기 때문에 모여서 전체적으로 강한 결합력을 나타내는 것이다. 이때문에 DNA는 충분히 안정될 만큼 강하면서도 필요할 때는 일부분만 쉽게 벌어져서 유전정보를 발현할 수 있는 것이다. DNA의 일부분이 풀려 그 부분의 유전자가 발현되고 나면 양쪽에서 지퍼처럼 밀어 올리는 관성 때문에 DNA는 곧바로 다시 이중나선을 회복하게 된다.

넷째, 두 줄의 폴리뉴클레오티드는 서로 역방향(antiparallel)으로 달리고 있다. 만일 한쪽이 5′→3′로 달리고 있다면 반대쪽은 3′→5′로 달리게 된다. 관례상 별도의 표시가 없으면 폴리뉴

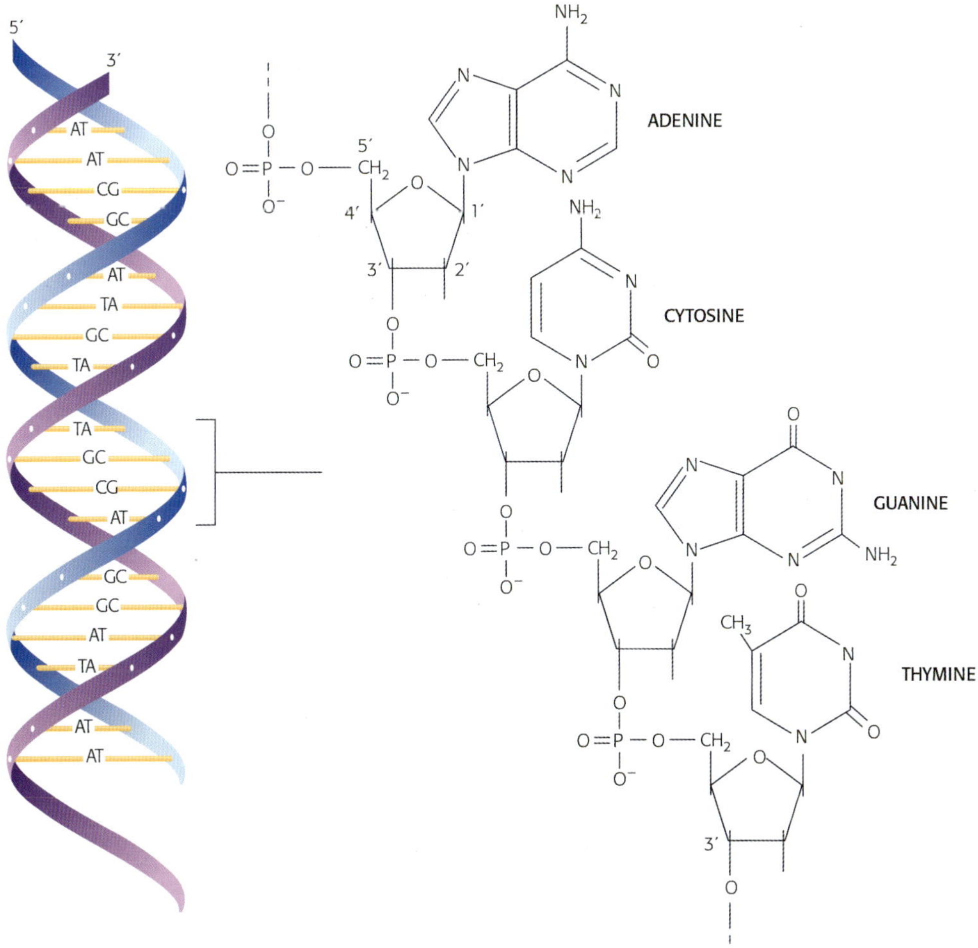

[그림 7-9] DNA의 염기 사이의 수소 결합

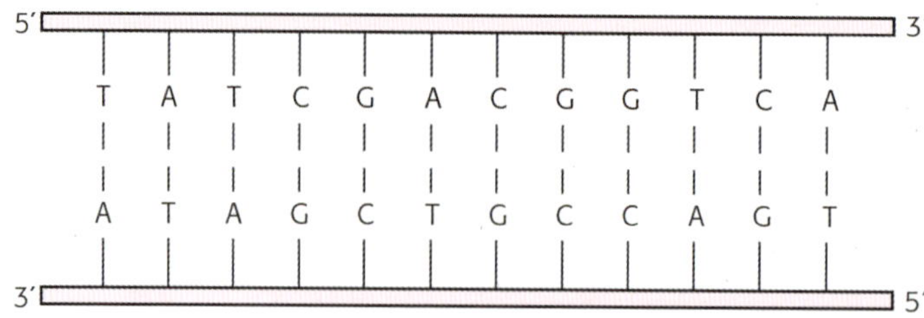

[그림 7-10] DNA의 방향성

클레오티드의 왼쪽 그리고 이중나선의 좌측 상단이 5′이다.

다섯째, DNA는 오른쪽 감김(right-handed)이다. 오른쪽 감김이란 높은 건물의 나선형 계단을 오른다고 가정할 때 오른손으로 난간을 붙잡고 올라가는 모습이다. 또는 위에서 아래로 내려가면서 시계 방향으로 감기며 나선이 멀어져가는 구조이다.

여섯째, 지금까지의 설명은 Watson과 Crick이 제시한 B형 DNA를 기준으로 한 것이다. B형 DNA는 실제로 세포에서 발견되는 형태이다. DNA에는 B형 외에도 A, C, Z 등 다양한 형태가 존재한다. A, C 등의 DNA들은 실험실에서 수분을 제거해 갈 때 변형되어 만들어지는 형태이다. B형 DNA가 수분이 가장 많을 때, 즉 세포 내 환경에 가장 적합한 구조이다.

[표 7-3] 다양한 형태의 DNA

DNA 형태	나선 방향	bp/회전	bp간 거리(Å)	직경(Å)
A	오른쪽	11	2.6	23
B	오른쪽	10	3.4	19
C	오른쪽	9.3	3.3	19
Z	왼쪽	12	3.7	18

대부분의 DNA는 오른쪽 감김이지만, Z형 DNA은 왼쪽으로 감겨 있다. Z형 DNA는 특정한 퓨린과 피리미딘이 반복될 때(예를 들면, GCGCGCGCGC) 만들어진다. Z형 DNA 구조는 아직까지 실험실에서 인위적으로 만들 때에만 확인되어 있는데, 만약 세포내에서 실제로 발견된다면 유전자 발현과 밀접한 관련이 있을 것으로 추정된다.

일곱째, 이중나선 축을 따라 두 개의 커다란 움푹 들어간 부분이 있다. 이들은 그 정도에 따라 주구(major groove)와 부구(minor groove)로 나눈다. 아직 이들이 어떤 역할을 하는지 정확하게 밝혀져 있지는 않지만 특정한 신호전달 단백질과 결합함으로써 유전자의 발현을 조절한다고 믿어진다. 즉, 어떤 신호가 세포막까지 오면 세포내 단백질이 이를 받아 DNA로 전달하는데, 이 단백질의 구조가 목표로 하는 유전자의 주구 내지는 부구들의 모습과 일치한다는 것이다.

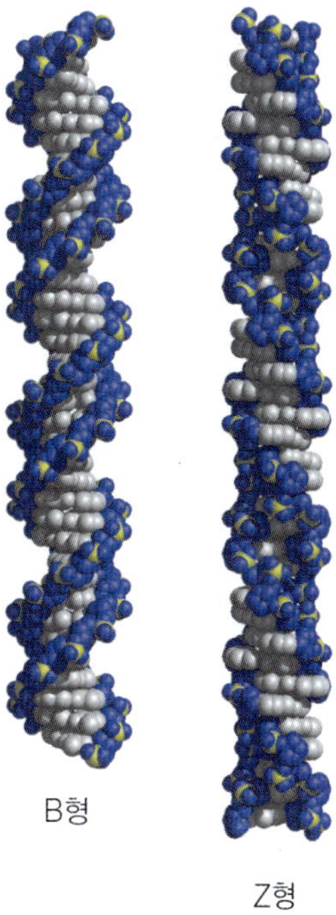

[그림 7-11] Z-DNA의 모형

| 연습문제 |

01 뉴클레오티드의 화학적 결합에 대하여 설명하시오.

02 폴리뉴클레오티드의 방향성을 설명하시오.

03 DNA backbone이란 무엇을 말하는지 설명하시오.

04 5′–ACGACCTGU–3′라는 폴리뉴클레오티드의 상보적 염기서열은 무엇인가?

05 Junk DNA란 무엇인지 설명하시오.

06 Chromatography에 대하여 설명하시오.

07 Chargaff의 실험 결과를 말하고, 그 의미를 설명하시오.

08 X–선 결정법에 대하여 설명하시오.

09 Rosalind Franklin의 생애와 업적을 조사하시오.

10 Watson과 Crick이 제시한 DNA 이중나선 구조의 특징들을 설명하시오

Chapter

08 | 염색체

DNA는 연줄이 얼레에 감기듯 단백질 지지대에 감겨져 있다. 그러나 이 형태는 원핵세포와 진핵세포가 다를 수밖에 없다. 진핵세포에는 핵 속에 염색체가 들어 있지만 원핵세포의 DNA는 세포질에 그냥 퍼져 있기 때문이다. 염색체의 구조를 살펴보도록 한다.

원핵세포의 DNA

일반적으로 진핵세포의 구조를 원핵세포의 그것과 비교했을 때 크고 복잡한 것처럼 유전자 체계 역시 진핵세포가 훨씬 복잡하게 구성되어 있다. 원핵세포와 진핵세포의 가장 큰 차이점은 핵막의 유무이다. 진핵세포에서는 유전물질인 DNA가 다른 세포소기관으로부터 격리되어(핵막에 둘러싸여) 보호받는 한편, 원핵세포에서는 핵이 없어 DNA가 세포질에 그냥 노출되어 있을 수밖에 없다.

그러나 전자현미경으로 자세히 관찰하면 원핵세포에도 뉴클레오이드(nucleoid)라 부르는 특수한 구조가 있는데, 여기에 DNA가 위치해 있다. 대장균의 경우 99% 이상의 DNA가 뉴클레오이드에서 하나로 뭉쳐 발견된다. 즉, 대장균은 한 개의 염색체만을 가지고 있다. 이 외에 뉴클레오이드에서는 산성 단백질도 많이 발견된다.

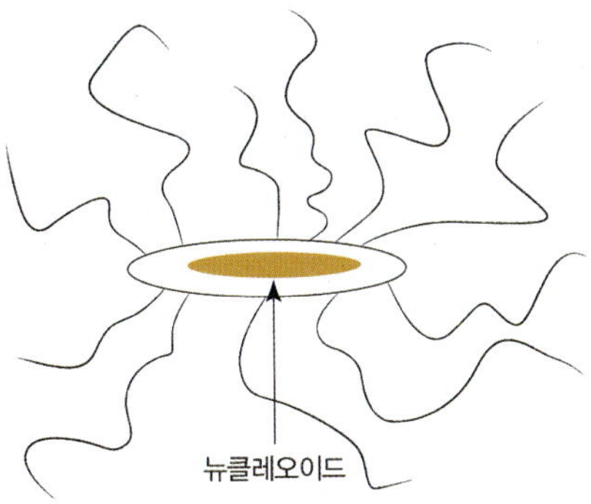

[그림 8-1] 뉴클레오이드

대장균의 DNA는 펼쳐졌을 때 전체 길이가 1 mm 정도인 데에 비해서, 세포의 크기는 그 1/1000 정

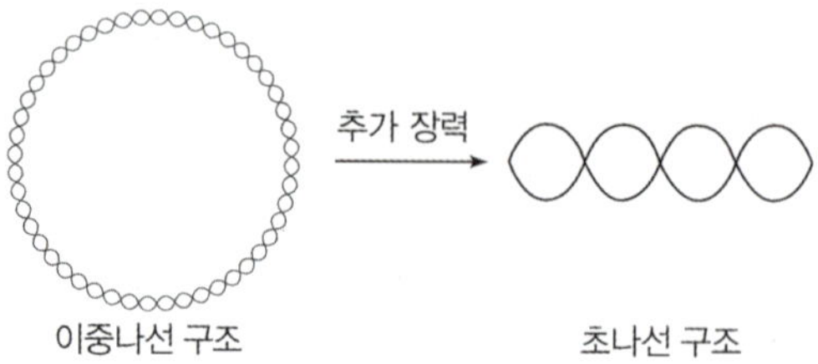

[그림 8-2] 초나선 구조(supercoiling)

도인 1~2 μm 밖에 되지 않는다. 따라서 DNA는 뉴클레오이드 안에 아주 촘촘히 감겨 있어야 한다. 그러면서도 유전자가 발현되거나 복제될 때는 필요한 부분들이 질서있게 풀려 나올 수 있어야 한다. 이러한 이중적인 조건을 충족시키기 위해 대장균의 DNA는 초나선(supercoiling) 구조를 취하고 있다. 초나선 구조란 이중나선의 감김 방향(positive coiling) 또는 반대방향(negative coiling)으로 추가 회전을 주어 비틀림 장력을 더해줌으로써 DNA가 비틀려 꼬인 구조이다. 원래 대장균 DNA는 양 끝이 세포막에서 만난 동그란 환상(circular) 구조이다. 그러나 초나선 형태를 취해 사방으로 삐져나옴으로써 DNA의 전체 용적을 효율적으로 줄이고 있다.

또한 원핵세포에서는 플라스미드(plasmid)라고 불리는 염색체 외 DNA(extrachromosomal DNA)가 종종 발견된다. 크기가 작아서 전체 DNA의 1% 미만 밖에 되지 않지만 유전공학에 이용되므로 중요한 구조라 할 수 있다. 플라스미드도 원래는 환상(circular)이지만 세포 안에서는 초나선 형태를 취하고 있다.

보통 환경에서는 플라스미드가 없어도 세균이 살아가는 데 아무런 문제가 없다. 그러나 항생제가 있는 환경에서는 플라스미드가 있는 세균만 살아남을 수 있다. 플라스미드에는 항생제내성(antibiotic-resistance) 유전자가 있기 때문이다. 게다가 플라스미드는 세포에서 쉽게 빼내고 또 다시 집어넣을 수 있다. 플라스미드를 꺼내어 절단한 뒤 이 자리에 우리가 원하는 유

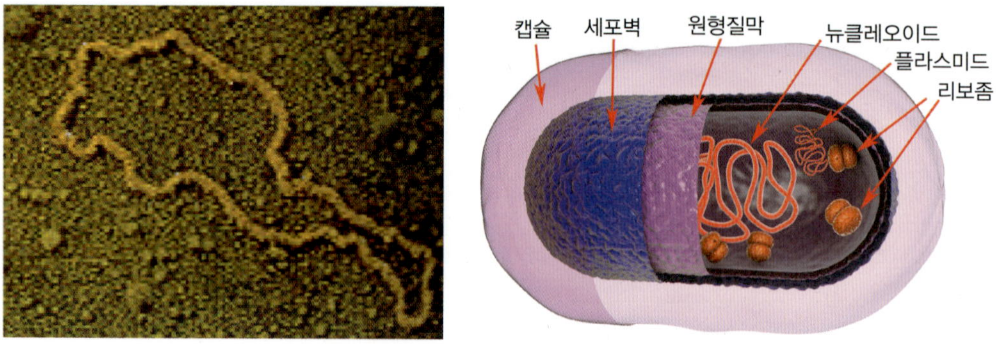

[그림 8-3] 염색체와 플라스미드

전자(예를 들어, 당뇨병 치료제인 인슐린의 유전자)를 재조합하여 대장균에 다시 넣어 주면 대장균은 분열을 거듭하면서 인슐린을 대량 생산하기 시작한다. 대장균은 20여 분마다 한 번씩 분열할 정도로 번식 속도가 빠르기 때문이다. 특히 염색체 복제와 상관없이 스스로 빠르게 분열할 수 있는 이완형 플라스미드(relaxed plasmid)는 한 마리의 대장균 안에서 수천 개까지 늘어날 수 있기 때문에 대량 생산을 목표로 하는 유전공학에 대단히 중요한 도구이다. 참고로 세포가 분열할 때만 하나씩 복제될 수 있는 플라스미드를 엄격제어 플라스미드(stringent plasmid)라 부른다. 드문 경우이지만, 플라스미드가 염색체 안으로 끼어 들어가기도 한다. 이런 경우를 따로 에피좀(episome)이라 부르는데, 세포분열과 함께 염색체에 끼인 채로 다음 세대로 계속 전달되다가 어느 시점에서는 다시 빠져나오게 된다.

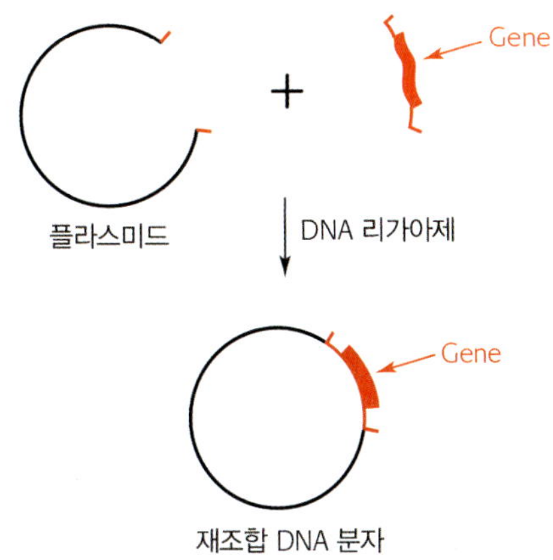

[그림 8-4] 유전자 재조합의 원리

진핵세포의 DNA

사람의 세포에서 46개 염색체에 감겨 있는 DNA를 분리해 연결하면 거의 2m나 될 정도로 길다. 원핵세포와 비교해서 엄청나게 거대한 DNA 분자가 현미경으로 관찰이 가능한 세포핵 속으로 어떻게 차곡차곡 들어갈 수 있는지 불가사의한 일이 아닐 수 없다. 그에 대한 해답은 바로 진핵세포의 염색체 구조에 있다. 19세기 말까지는 진핵세포의 염색체를 크로마틴(chromatin)이라고 불렀다. 이는 특수 시약에 강하게 염색되는 성질을 보였기 때문이다. 염색체는 화학적으로 DNA와 단백질이 각각 50% 정도 섞여 있다. 즉, 유전정보인 DNA가 마치 연줄이 얼레에 감기듯이 단백질 지지대에 질서정연하게 감

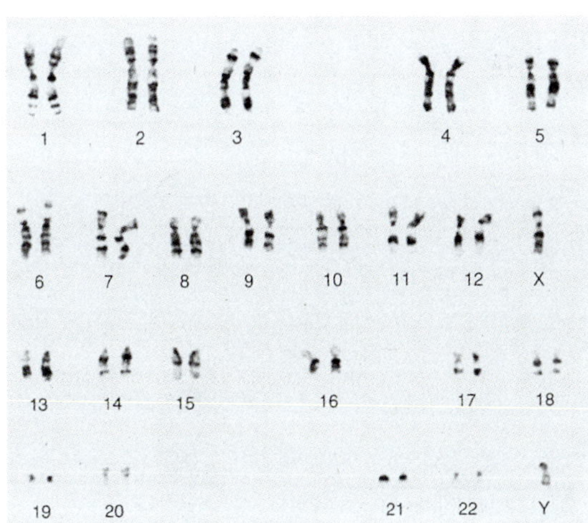

[그림 8-5] 사람의 46개 염색체

겨 있는 구조이다.

진핵세포의 DNA는 원핵세포와 비교할 때 몇 가지 차이가 있다. 첫째, DNA가 여러 개 토막으로 나누어져 있다는 것이다. 사람의 경우에도 전체 DNA가 46개의 염색체에 나눠서 감겨 있다.

둘째, 이들 DNA 토막은 원핵세포의 것과 달리 선상구조(linear structure)라는 것이다. 그리고 각 염색체의 양쪽 끝은 텔로미어(telomere) 또는 말단소체라 불리는 특수 구조가 감싸고 있다. 텔로미어가 없으면 DNA는 서로 달라붙고 만다.

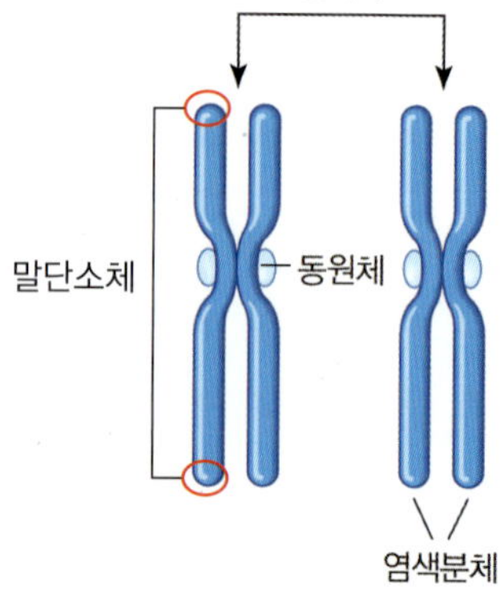

[그림 8-6] 말단소체

셋째, 진핵세포의 염색체는 두 개가 한 쌍을 이루고 있다. 동일한 종류의 유전자가 들어있기 때문이다. 이들을 상동염색체(homologous chromosome)라 부른다. 사람의 체세포에는 46개의 염색체가 모두 들어있기 때문에 이배체(diploid)라 부른다. 반면 정자와 난자 같은 생식세포에는 각 쌍 중 한쪽만 들어있기에 반수체(haploid)라 부른다. 상동염색체 중 하나는 아버지로부터, 다른 하나는 어머니로부터 물려받는다.

넷째, 진핵세포에서도 염색체 외 DNA(extrachromosomal DNA)가 발견된다. 이들 DNA는 미토콘드리아(mitochondria)와 엽록체(chloroplast)에 들어있다. 원래 이들은 진핵세포와 별개로 진화한 박테리아지만 공생설(symbiosis)에 의해 한 세포 안에 공존하게 된 것이다. 그러므로 유전암호의 체계가 핵 DNA(nuclear DNA)와는 상당한 차이가 있다.

다섯째, 진핵세포의 DNA를 살펴보면 필요 이상으로 그 양이 많은 것을 알 수 있다. 가장 하등한 진핵세포인 효모(Sacccharomyces cerevisiae)의 경우에도 DNA가 무려 20,000 kb에 달한다. 사람의 DNA는 이보다 훨씬 커서 반수체 세포만 해도 3×10^6 kb이고, 심지어 개구리나 어떤 식물의 경우에는 사람의 수백 배나 되는 유전체(gonome)를 가진 경우가 있다. 게놈(genome)은 우리말로 유전체라 번역하는데, 한 세포 안에 들어있는 전체 유전물질을 뜻하는 용어이다. 게놈의 크기와 염색체 수는 그 생물의 진화 정도와는 무관한 것으로 파악된다. 그렇다면 과연 무엇 때문에 이렇게 복잡하고, 심지어는 필요 없는 DNA까지 게놈 안에 들어 있는 것일까? 이에 대한 해답은 앞으로의 연구를 통해 밝혀져야 할 것이다.

염색체의 구조

진핵세포 염색체에 DNase를 처리하면, 200 bp, 400 bp, 600 bp 등 약 200 bp의 배수로

DNA가 절단되는 것을 관찰할 수 있다. 이런 실험을 DNase 보호분석실험(DNase protection assay)이라고 한다. 이 실험 결과는 DNA가 단백질에 규칙적으로 감겨 있음을 말해주는 결과이다. 즉, DNA가 200 bp 주기로 단백질에 감겨 있으면서 효소 공격으로부터 보호된다는 것이다. 거꾸로 표현하면 매 200 bp마다 주기적으로 효소 공격에 노출되어 있다는 의미이다.

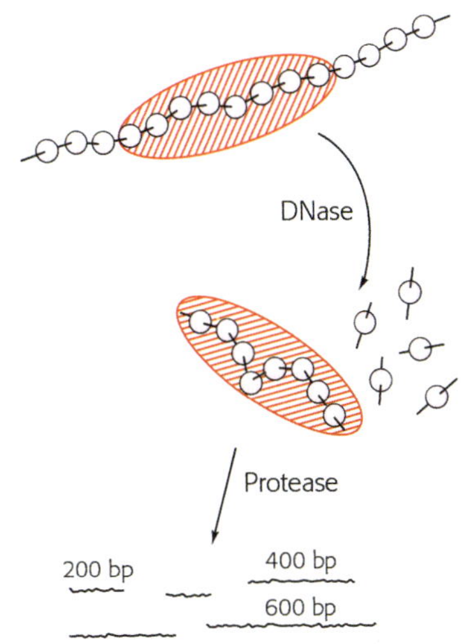

[그림 8-7] DNA protection assay

전자현미경으로 DNA를 들여다보면, 마치 동그란 구슬들이 실에 꿰여 있는 것 같은 구조(beads on a string)가 관찰된다.

이 개개의 구슬 같은 구조를 뉴클레오좀(nucleosome)이라 부른다. 1975년 Robert Konberg는 뉴클레오좀을 여러 종류의 히스톤(histone) 단백질이 동량으로 모여 만들어진 복합체라고 발표하였다. 히스톤은 종류별로 H1, H2A, H2B, H3, H4 등이 있다.

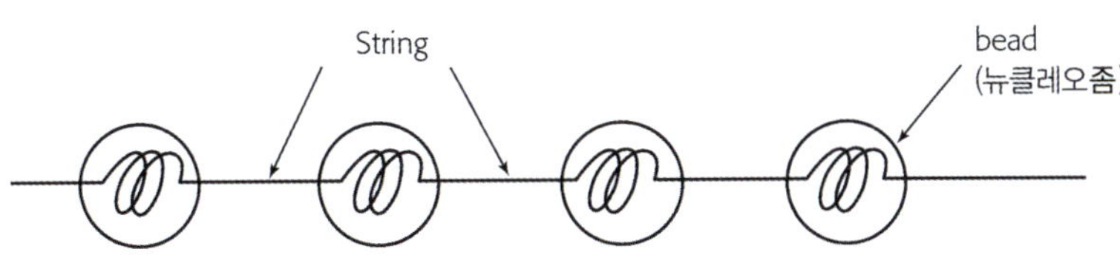

[그림 8-8] beads on a string

[표 8-1] 히스톤의 종류

히스톤 종류	분자량(dalton)	염기성 아미노산 함량* (전체 아미노산 중%)
H1	23,000	30
H2A	13,960	20
H2B	13,774	22
H3	15,332	23
H4	11,282	25

* 염기성 아미노산이란 His, Lys, Arg을 뜻한다.

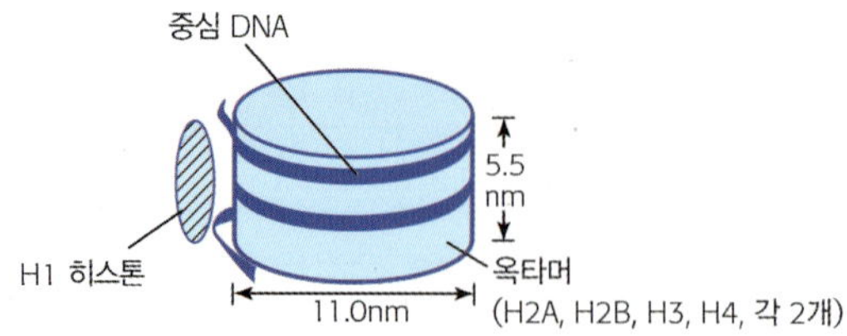

[그림 8-9] 옥타머의 구조

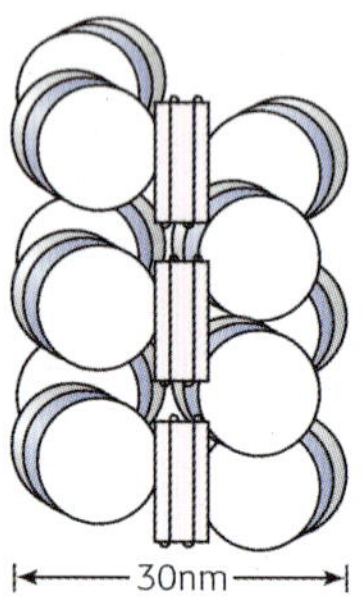

[그림 8-10] 염색체의 솔레노이드 구조

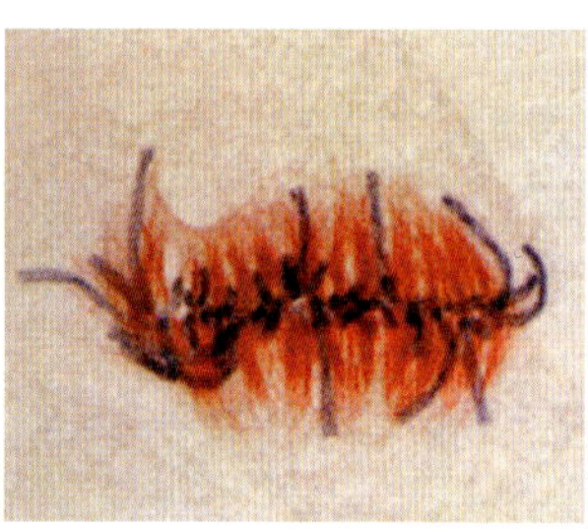

[그림 8-11] 세포분열 중기의 염색체

한 개의 뉴클레오좀은 H1을 제외한 H2A, H2B, H3, H4가 각각 두 개씩 모여 만들어진다. 뉴클레오좀을 옥타머(octamer)라고도 부르는 이유는 이렇게 8개의 단백질이 모여 만들어진 복합체이기 때문이다. 옥타머에는 정확하게 146 bp의 DNA가 감겨 있다. 이 DNA를 "중심 DNA(core DNA)"라 부른다.

한편, 히스톤 H1은 두 개의 뉴클레오좀을 연결해 주는 "연결 DNA(linker DNA)" 부분과 결합하고 있다. 연결 DNA는 약 50~70 bp에 해당한다. 상기한 DNase 보호분석실험에서 200 bp 단위로 DNA가 끊어진 이유는 바로 이 연결 DNA 부분이 DNase에 노출되어 있기 때문이다. 이렇게 뉴클레오좀에 감김으로써 전체 DNA의 길이는 약 1/6 정도로 응축된다. 1980년경 Aaron Klug에 의하면 뉴클레오좀들이 다시 촘촘하게 배열되어 마치 잘 쌓아올린 벽돌담처럼 되는데, 이런 구조를 솔레노이드(solenoid)라 부른다. 솔레노이드 상태가 되면 그만큼 DNA가 더 응축되게 된다.

세포가 분열하지 않고 있을 때, 솔레노이드 구조가 최고로 응축된 형태라고 믿어진다. 그러나 솔레노이드 구조도 아직까지는 육안으로 관찰하기가 어려운 형태이다. 세포가 분열하게 되면 염색체들이 중기(metaphase)에 적도판으로 모이게 된다. 이때는 솔레노이드에서 한 단계 더 나아가 몇 번을 더 접히고 또 초나선 구조로 응축되었기 때문에 광학현미경으로도 관찰이 가능하다.

염색체의 형태

세포분열은 전기(prophase), 중기(metaphase), 후기(anaphase), 말기(telophase)의 순서로 진행된다. 물론 염색체를 가장 선명하게 관찰할 수 있는 시기는 중기이다. 중기의 염색체는 이미 복제된 상태이기 때문에 동원체(centromere)에 의해 두 개의 염색체가 붙어있는 것처럼 보인다. 염색체의 각 팔들을 염색분체(chromatid)라 부른다. 어떤 생물에서 전체 염색체를 개별적으로 구별하는 과정을 핵형분석(karyotype analysis)이라고 한다.

[표 8-2] 다양한 생물의 염색체 숫자

집파리	12	개구리	26
노랑초파리	8	생쥐	40
양파	16	토끼	44
담배	48	고양이	38
완두콩	14	침팬지	48
강낭콩	22	사람	46
옥수수	20	말	64
목화	52	개	78
흰쥐	42	밀	24
햄스터	44	대장균	1
누에	56	이끼	7
감자	48	토마토	24

염색체를 구별하는 기준은 크게 3가지이다. 첫째는 길이에 의한 구분이다. 예를 들어, 사람의 염색체는 46개인데(여성 44+XX, 남성 44+XY), 가장 긴 것부터 1번으로 번호를 붙여 나간다. X와 Y는 성염색체이다. 단, 거의 구분이 안 될 정도로 비슷한 크기인 21번과 22번 중에 실제로는 21번이 더 작음에도 잘못 붙여진 번호이지만 관습에 의해 그대로 사용되고 있다. 각 번호에 해당하는 염색체는 두 개씩이며, 이들의 관계를 상동염색체(homologous chromosome)라 부른다. 즉, 상동염색체란 같은 형질에 관여하는 유전자들로 구성된 한 쌍의 염색체이다. 상동염색체의 유전자는 비록 같은 형질에 관여할 지라도 한쪽이 우성, 또 다른 쪽이 열성일 수 있다.

두 번째 기준은 동원체의 위치이다. 동원체가 정가운데 위치하면 중부동원체(metacentric), 약간 중앙에서 벗어나면 차중부동원체(submetacentric), 거의 끝부분에 위치하면 선단동원체

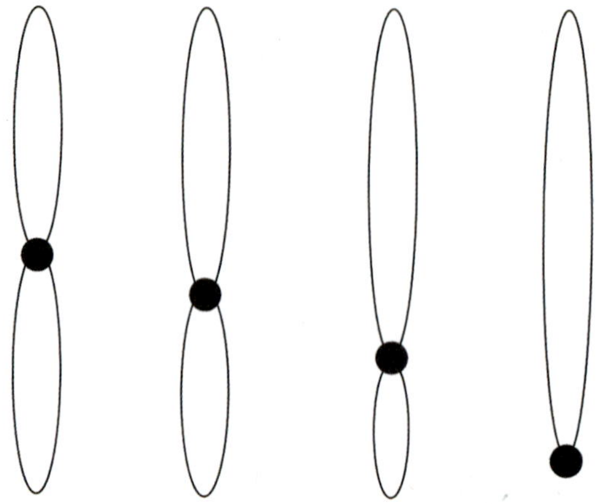

[그림 8-12] 동원체의 위치

(acrocentric), 완전히 말단에 위치하면 말단동원체(telocentric)라 이름 붙인다. 동원체는 염색체가 분열할 때 방추사가 붙어 양극으로 이끌어 가는 역할을 하는 부분인 만큼 대단히 중요한 구조이다.

마지막 기준은 특수시약(chromosome-specific stain)에 염색되는 패턴이다. 널리 쓰이는 방법은 G-banding 기술이다. 이에 따르면 아데닌과 티민이 상대적으로 많은 부분에서 염색이 더 밝게 나타난다. 따라서 염색체마다 특이한 염색 띠 형태를 보이게 된다.

텔로미어

염색체의 양쪽 끝에는 텔로미어(telomere)라는 특수 구조가 감싸고 있다. 이 부분은 동일한 염기서열이 반복적으로 되풀이되는 것이 특징이다. 사람 염색체에서도 5′-AGGGTT-3′의 염기가 수천 번 이상 되풀이되어 있다. 텔로미어에는 비록 유전자가 들어있지 않지만 몇 가지 면에서 중요한 구조이다. 첫째, 텔로미어가 양 끝에 있으므로 해서 그 안쪽에 위치한 중요 유전자들을 핵산가수분해효소(nuclease)로부터 보호해 준다. 둘째, 텔로미어가 없으면 염색체의 양끝은 굉장히 반응성이 높아 서로 붙어버리고 말 것이다. 이런 상태를 우리는 점성이 높다(sticky)라고 표현하는데, 결국 텔로미어 때문에 개개의 염색체가 유지될 수 있는 것이다. 셋째, 이론으로만 본다면 DNA가 매번 복제될 때마다 텔로미어는 조금씩 짧아져야만 한다. 뒤에서 언급하겠지만, DNA가 선상(linear)이기 때문에 5′ 끝에 RNA primer(primer)가 그대로 남아있게 되는데, 세포는 어떻게 해서든지 이를 제거해야 한다. 그러나 실제로는 세포분열 후에도 텔로미어의 길이는 전혀 변하지 않는 것으로 확인되었다. 그렇다면 어떻게 이런 일이 가능한 것일까?

1985년 California 대학교의 Elizabeth Blackburn과 Carol Greider는 원생동물인 Tetrahymena에서 텔로머라아제(telomerase)라는 효소를 발견하였다. 이 효소는 RNA와 단백질의 복합체인 리보자임(ribozyme)으로서 RNA 염기서열의 일부가 텔로미어와 상보적이었다. 텔로머라아제는 이 상보적 성질을 이용해 텔로미어 부분에 달라붙은 다음 자신의 RNA를 주형(template)으로 역전사(reverse transcription)함으로써, 복제 때마다 소실되는 끝 부분을 재연장시킬 수 있다는 것이 증명되었다. 이 연구는 암 치료에 획기적인 발전을 불러 왔으며, 이들은 공로를 인정받아 노벨상을 수상하였다.

이 뿐만 아니라 텔로머라아제의 기능을 강화시켰을 때 생쥐 모델에서 노화가 거꾸로 진행되어 회춘하는 경우도 발견되었다는 보고가 있다. 이처럼 아직도 염색체 구조에 대해 연구되어야 할 주제들이 많이 남아 있다.

| 연습문제 |

01 수소결합, 공유결합, 이온결합을 비교하여 설명하시오.

02 대장균의 뉴클레오이드란 무엇인지 설명하시오.

03 플라스미드의 항생제 내성 유전자들을 조사하시오.

04 Episome에 대하여 설명하시오.

05 여성은 XX, 남성은 XY의 성염색체를 가지기 때문에 여성의 유전자 양(gene dosage)이 상대적으로 많게 된다. 이를 어떻게 극복하고 있는지 유전자 차원에서 설명하시오.

06 유전학 실험재료로서 효모(yeast)가 왜 중요한지 말하시오.

07 유전자의 양(dosage)과 진화의 정도는 무관하다고 말한다. 그 이유는?

08 게놈(genome)을 정의하고, 게놈프로젝트의 목표가 무엇인지 말하시오.

09 사람의 염색체 중 가장 작은 것은?

10 동원체와 텔로미어에 대하여 설명하시오.

Chapter 09 | 세포분열과 세포주기

세포는 생명의 최소 기본 단위로서 스스로의 삶을 유지하기 위해 필요한 물질대사를 수행한다. 이 과정에서 세포 역시 노화를 겪게 되므로, 생명의 영속성을 위해서는 세포분열이 꼭 필요하다. 그리고 이러한 일들은 일정한 주기를 거쳐서 진행된다. 세포분열은 핵분열과 세포질분열의 두 단계로 나뉘어진다. 이번 장에서는 세포주기와 세포분열에 대해 구체적으로 살펴보도록 한다.

세포분열

진핵세포의 세포분열(cell division)은 새로운 유전자의 합성(synthesis)과 복제(replication)를 수반하는 주기적인 사건이다. 사람의 세포 수는 거의 100조 개를 육박하는데, 이는 수정란으로부터 40여 세대를 분열한 결과이다. 대부분의 세포는 조직특이적인 기능(tissue-specific function)을 수행하기 위해 잘 분화(differentiation)되어 있다. 이렇게 기능적으로 분화되면 될수록 세포의 분열 능력은 오히려 떨어지게 된다. 예를 들어, 뇌세포는 극도로 분화된 세포로서 신호 전달 외에는 아무 것도 수행하지 않는 분열 능력을 완전히 상실한 경우이다. 하지만 대부분의 조직은 상처가 난다든지 위기 상황에 닥치면 정도에 차이는 있지만 다시 재생될 수 있게 마련이다. 사람의 세포를 실험실에서 배양해 보면 한 번 분열하는 데에 약 24시간이 소요된다. 실제 체내에서는 이보다 오래 걸릴 것이지만 전체적인 분열 순서는 실험실에서 관찰되는 것과 당연히 동일하다. 세포분열은 분열 후에 딸세포의 염색체 수가 모세포와 동일한 체세포분열(mitosis)과 염색체 수가 반으로 줄어드는 감수분열(meiosis) 2종류가 있다. 감수분열은 정자와 난자 같은 생식세포에서 발견되는 분열 방법이다.

세포주기

사람이 살아가면서 노화의 주기를 겪듯이, 세포의 일생 역시 일정한 주기를 겪게 된다. 세포분열도 이러한 주기의 한 부분이다. 흔히 세포분열을 언급할 때 핵과 염색체의 분열만을 강조하고 있지만, 세포분열은 엄연히 핵의 분열과 세포질의 분열이 조화를 이루어야 하는 공정이다. 세포주기는 편의상 간기(interphase)와 핵분열기(mitosis와 meiosis) 그리고 세포질분열(cytokinesis) 시기의 3단계로 나누어 설명하는 것이 보통이다. 여기서 간기는 또 다시 시기별로 G1, S, G2로 세분화된다.

간기는 세포분열이 끝난 직후부터 다음 번 세포분열까지의 중간 단계를 말한다. 핵에서는 염색체가 분열을 막 마쳤기 때문에 길고 가늘어져 관찰이 어려운 시기이다. 간기 중 첫 단계는 G1기이다. G1기는 "첫 번째(1) 공백기(Gap)"이다. 지금 막 분열한 어린 세포가 리보조옴 등 세포소기관 및 필요한 효소들을 충분히 합성하고 정상 크기로 다시 회복되는 시기이다. 공백이라는 용어 때문에 세포가 전혀 일을 하지 않는 시기로 착각할 수 있지만, 실제로는 세포 나름대로의 주어진 기능을 발휘하고 성장과 물질대사를 묵묵히 수행하는 시기이다. G1기는 세포에 따라서 수주에서 수년까지도 될 수 있는 세포주기의 가장 긴 시기이다.

두 번째인 S기는 DNA(염색체의 형태로)가 분열을 앞두고서, 복제, 합성(synthesis)되는 시기이다. 이때 복제된 염색분체(chromatid)들은 동원체(centromere)라는 구조에 서로 묶여 있게 된다. DNA의 복제 속도는 분당 2~4 kb 정도로서 6~8 시간 정도 지속된다.

G2기는 용어의 의미상 "두 번째(2) 공백기(Gap)"로, 유전물질인 DNA가 정확하게 복제되었는지를 점검하는 시기이다. 만약 새로 합성된 DNA에 잘못된 부분이나 실수가 있으면 G2기에 수리를 완료한다. 이미 염색체가 복제되었기 때문에 G2기 세포에는 DNA 분자가 두 개 들어있게 된다. G2기가 3~4시간 정도 지속된 후에 염색체가 응축되면서 세포분열(mitosis)을 준비하게 된다.

핵분열기는 이렇게 합성된 DNA가 두 개의 핵 속으로 나뉘어 들어가는 과정이다. 핵분열에는 체세포분열(mitosis)과 감수분열(meiosis)의 두 가지 양상이 있다. 핵분열은 빠르게 진행되기 때문에 전체적으로 한 시간이 채 걸리지 않는다. 핵분열의 마지막 단계에서 세포질도 함께 분열하기 시작한다.

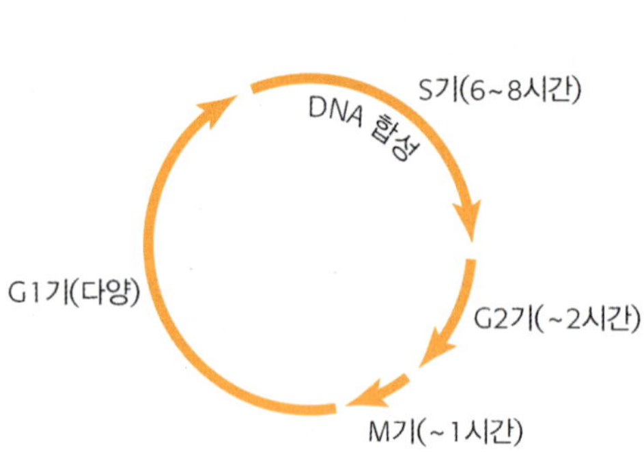

[그림 9-1] 세포주기

체세포분열과 감수분열에 대해서 조금 더 자세히 알아보기로 하자. 흔히 "mitosis"를 유사분열이라 번역하는데, 이는 엄밀한 의미에서 옳지 않은 해석이다. 유사분열이라는 뜻은 세포가 분열할 때 방추사(spindle)가 나타난다는 뜻이지만 감수분열에서도 방추사는 관찰되기 때문이다. 체세포분열의 결과는 유전적으로나 형태적으로 완전히 동일한 두 개의 세포이다. 이러한 분열 방법은 상처 난 피부가 재생되거나 암세포가 분열할 때 볼 수 있다. 감수분열은 정자와 난자 같은 생식세포를 만들기 위한 분열이다. 감수분열을 거치고 나면 염색체의 수가 절반으로 감소된다. 감수분열은 정자와 난자의 결합, 즉 수정을 해야 하는 생물들이 염색체 수를 일정하게 유지하기 위한 수단이다. 감수분열이 없다면 염색체는 세대를 거듭하면서 무한정 늘어날 것이기 때문이다. 우리 몸을 구성하고 있는 체세포는 특수한 경우 외에는 대부분 분열하지 않는다. 만약, 분열할 경우 평균 소요 시간은 약 24시간 정도이다

체세포분열

체세포분열(mitosis)은 다시 전기(prophase), 중기(metaphase), 후기(anaphase), 말기(telophase)의 4단계로 나누어진다.

전기에는 염색체가 응축되고 핵막이 소실되며 방추사(spindle)가 형성된다. 중기에는 복제된 염색체들이 적도판에 배열되고, 후기에는 복제된 염색분체(chromatid)들이 각각 방추사에 이끌려 양극으로 이동한다. 말기에는 핵막이 다시 재생되고, 방추사가 소실되게 된다.

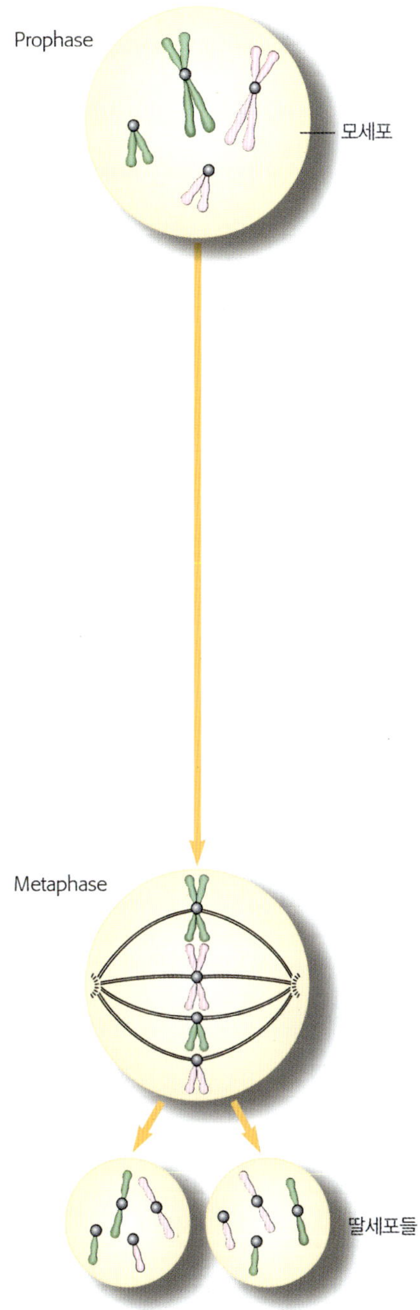

[그림 9-2] 체세포분열

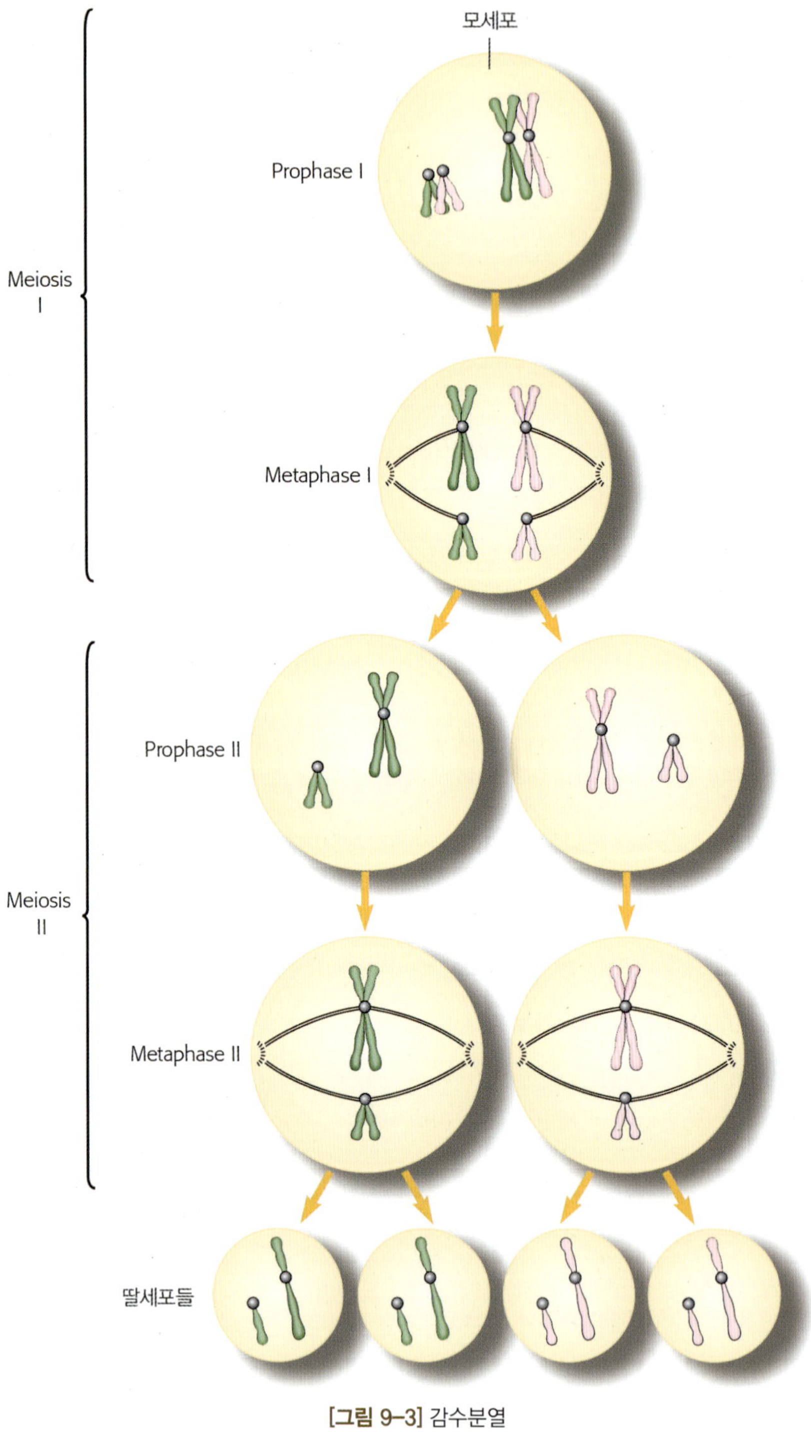
모세포
Prophase I
Meiosis
I
Metaphase I
Prophase II
Meiosis
II
Metaphase II
딸세포들

[그림 9-3] 감수분열

감수분열

감수분열(meiosis)은 1기와 2기로 나뉘어진다. 즉, 두 번에 걸친 세포분열이다. 따라서 감수분열의 결과로 모두 4개의 딸세포(daughter cell)가 만들어진다. 남자의 경우에는 이 4개가 모두 정자가 되는 반면, 여자의 경우에는 이 중 1개만이 정상적인 난자로 발생한다. 나머지 3개는 모두 극체(polar body)로서 퇴화해 버린다.

감수분열의 1기는 체세포분열과 매우 유사하다. 차이점은 전기에서 상동염색체 간에 유전자 교환이 일어난다는 점이다. 즉, 염색체 교차(crossing over)에 의해서 상동염색체에 있는 우성, 또는 열성 유전자 조합이 달라지게 되는 것이다. 이렇게 유전자의 재배열이 일어나기 때문에 다음 세대로 다양한 형질이 전해질 수 있게 된다. 또 다른 특징은 중기에 염색체들이 상동염색체별로 쌍을 이루어 적도판에 배열된다는 것이다. 이때문에 염색체 수가 반감되는 것이다. 체세포분열에서는 염색체들이 쌍을 이루지 않은 채 일렬로 배열을 했었다.

제2기 분열은 염색체의 복제가 없는 체세포분열과 같다. 이미 염색체들은 복제되어 있는 상태이므로 각각의 염색분체가 그대로 양극으로 끌려감으로써 분열되게 된다.

감수분열이 정상적으로 일어나지 못할 경우, 사람에서는 염색체가 22개 또는 24개인 비정상적인 정자와 난자가 만들어지는데, 이런 것들이 정상적인(염색체 23개) 난자나 정자와 수정(fertilization)하게 되면 염색체 45개의 터너증후군(Turner syndrome), 또는 47개의 다운증후군(Down syndrome) 등이 나타난다.

| 연습문제 |

01 세포분열의 중요성을 설명하시오.

02 체세포분열과 감수분열의 공통점 및 차이점을 설명하시오.

03 세포주기를 단계별로 설명하시오.

04 체세포분열의 각 단계를 구체적으로 설명하시오.

05 감수분열의 각 단계를 구체적으로 설명하시오.

06 염색체 교차(cross over)가 종의 연속성을 위해 꼭 필요한 이유를 말하시오.

07 터너증후군과 다운증후군의 원인을 간단하게 설명하시오.

08 우리 몸에 있는 세포들은 대부분 G1 시기에 머무르고 있다. 예외적인 경우는?

09 극체(polar body)가 여성에게서만 발견되는 이유를 말하시오.

10 상동염색체를 정확히 정의하시오.

Chapter

10 중심설

Watson과 Crick의 업적은 단순히 DNA가 이중나선 구조라는 것을 밝힌 데에 그치지 않고 그 DNA 모델이 생명현상을 어떻게 조절하는지에 관해 상세하게 설명하였다는 데에 있다. Crick이 세운 가설이 바로 중심설이다. 중심설에 의하면 DNA는 스스로 복제를 할 수 있으므로 딸세포에 유전정보를 전해줄 수 있으며, 동시에 유전자를 발현시켜 생명현상에 필요한 모든 단백질을 만들어낼 수 있다. 중심설에 대해 살펴보기로 하자.

중심설

만약 여러분이 집을 짓는다면 설계도가 필요할 것이다. 그러나 훼손될 우려가 있으므로 설계도 원본을 건축 현장에 들고 다니는 일은 없을 것이다. 그렇기 때문에 설계도 원본은 캐비넷에 깊숙이 보관해 두고 대신 복사한 청사진을 가지고 다닐 것이다. 이는 원본을 간직하고 있는 한 청사진이 훼손되어도 새로 복사해 낼 수 있기 때문이다.

DNA도 생명현상의 원본 설계도와 마찬가지이기 때문에 세포의 캐비넷에 해당하는 핵 속에 깊숙이 감추어져 있다. 그리고 이 정보는 RNA라는 청사진으로 복사가 되어 세포질로 이동한 다음 리보조옴 등에 의해 단백질이라는 집을 짓는데 이용되는 것이다.

RNA는 2′ 탄소에 붙어 있는 수산화기(OH)에 의해 다른 물질과 쉽게 반응을 할 수 있다. 이것은 다른 말로 자기 자신이 불안정하다는 표현도 된다. 이론에 따르면 최초의 유전물질은 RNA이었다고 믿어진다. 왜냐하면, 구조가 간단하면서도 반응성이 좋아 원시 환경 속에서 쉽게 만들어질 수 있었으리라 보기 때문이다. 그러나 생물체가 진화하고 유전자 체계가 복잡해지면서 보다 안정된 구조가 필요하게 되었고, 염기를 보호하기 위해 두 줄로, 그리고 나선구조로 진화하였다고 믿고 있다. 유전자가 RNA에서 DNA로 점차 진화하였다는 증거는 여러 생명현상에서 나타나고 있다. 대표적으로 AIDS를 일으키는 HIV 바이러스(human immunodeficiency virus)와 같은 레트로바이러스(retrovirus)의 경우에는 유전물질로 RNA를 가지고 있지만, 이것이 숙주세포 내에서 DNA로 바뀌는 것을 볼 수가 있다. 이는 RNA가 DNA로 진화할 수 있다는 실제적인 보기인 것이다.

DNA를 처음 사진으로 찍은 사람은 앞서 말한대로 Rosalin Franklin이었다. 그러나 최종적으로 DNA가 두 줄의 나선구조라는 것을 완성한 것은 Watson과 Crick이다. Crick은 1958년에 “단백질 합성에 관하여(On the Protein Synthesis)”라는 강연에서 DNA가 생명현상을 어떻게 조절하는 지에 관한 가설을 밝혔는데, 그것이 바로 중심설(Central Dogma)이다. 이에 의하면 DNA는 스스로 복제를 할 수 있기 때문에 딸세포에 유전정보를 전해줄 수 있으며, 동시에 유전자 발현하여 살아가는 데 필요한 모든 단백질을 만들어낼 수 있다.

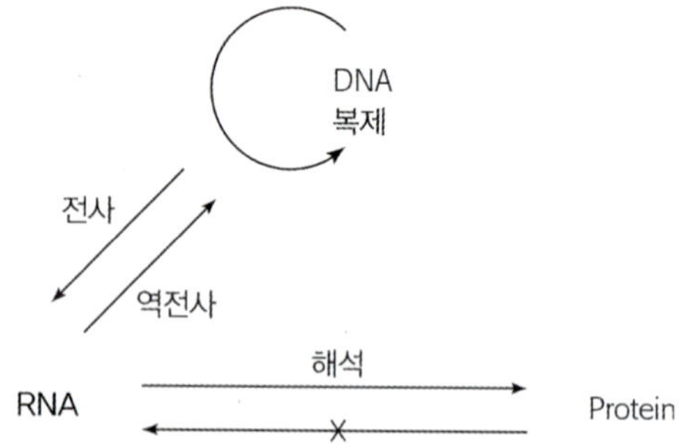

[그림 10-1] 중심설

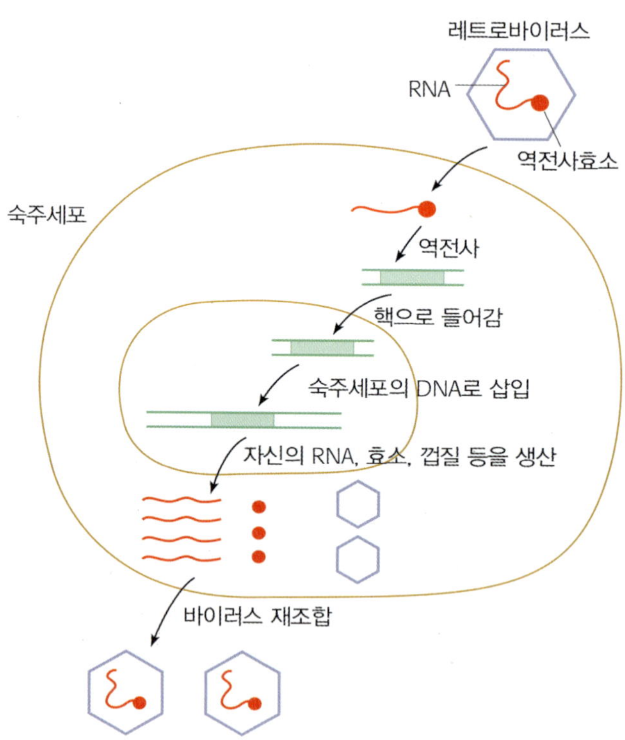

[그림 10-2] 레트로바이러스의 생활사

단백질은 생명현상을 조절한다. 왜냐하면 단백질은 다양한 효소로 작용해서 물질대사를 조절할 수도 있고, 액틴(actin)이나 미오신(myosin)처럼 근육의 주성분으로서 수축운동을 일으킬 수도 있으며, 인슐린(insulin) 같은 호르몬 작용으로 체내의 생리현상을 조절해 주고, 헤모글로빈(hemoglobin)처럼 운반작용도 해주기 때문이다. 이밖에도 단백질은 에너지원이 될 수 있고, 항체로서 면역작용을 해주는 등 살아가면서 필요한 모든 생화학 반응의 주체이기 때문이다. 그러나 단백질은 DNA에 들어있는 유전정보에 따라서 만들어지기 때문에 DNA야말로 생명의 근본 물질이라고 말하는 것이다.

DNA의 유전정보에 따라 단백질이 만들어지는 과정을 유전자 발현(gene expression)이라 하며, 두 단계로 이루어진다. 첫 번째는 유전정보가 RNA로 복사되어 나오는 전사(transcription) 과정이고, 두 번째 단계는 전사된 RNA를 기초로 단백질이 만들어지는 해석(translation) 과정이다. 때때로 해석을 번역이라고도 표현한다.

Crick은 원래 DNA에 들어 있는 유전 정보가 한쪽 방향으로만 흐른다고 하였다. 즉, DNA → RNA → Protein으로만 정보가 발형되고, 반대 방향으로의 흐름은 불가능하다는 견해였다. 그러나 Crick이 발표한 중심설은 1970년에 들어와서 Temin과 Baltimore에 의해 다소 수정되었다. 앞에서 언급한 AIDS 바이러스에서처럼 RNA의 정보가 거꾸로 DNA로 바뀔 수 있다는 것이 밝혀졌기 때문이다. 이를 역전사(reverse transcription)라고 부른다. 그러나 아직까지도 역해석(reverse translation)에 대한 증거는 없다.

AIDS 바이러스처럼 역전사를 할 수 있는 바이러스들을 레트로바이러스(retrovirus)라 부르는데, 숙주세포(host cell)의 DNA 속으로 끼어 들어갈 수 있는 성질 때문에 유전공학에 중요한 도구로 사용된다.

Retrovirus의 생활사(life cycle)를 구체적으로 살펴보면 다음과 같다. 먼저 레트로바이러스는 숙주세포에 접근해서 자기의 RNA 유전자를 집어넣게 된다. 이때 역전사효소(reverse transcriptase)도 함께 들어가게 된다. 숙주세포의 세포질에서 RNA는 두 줄의 DNA로 바뀌게 되며, 이를 cDNA(complementary DNA 또는 copy DNA)라고 부른다. 이렇게 만들어진 cDNA는 핵 속으로 침투해 숙주세포의 DNA로 끼어 들어가서 일정한 잠복기를 거치게 된다. 잠복기는 수일에서 수년까지 바이러스의 종류와 숙주세포의 상태에 따라 다양하다. 잠복기를 마치면 다시 발현

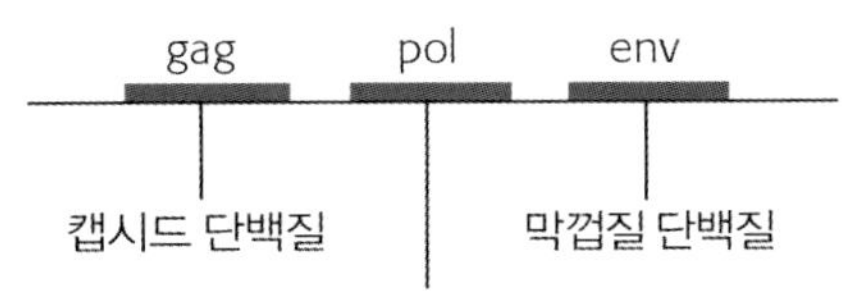

[그림 10-3] 레트로바이러스의 유전자 구조

되어서 RNA를 복사해내고, 또 필요한 단백질 껍질들이 만들어져 재조합된 후 숙주세포를 용해시키고 터져 나오게 된다.

레트로바이러스에는 Gag와 pol, 그리고 env라 불리는 3가지 중요한 유전자가 있다. 가장 중요한 것은 pol인데, 왜냐하면 역전사효소를 만들어서 바이러스가 복제할 수 있게 해주는 유전자이기 때문이다.

만약에 pol을 항암유전자로 바꾸어 유전자 재조합한 다음 숙주세포에 넣어주면 cDNA가 숙주세포의 염색체로 끼어 들어갈 것이다. 그러나 pol이 없어서 재조합 바이러스가 복제되지 못하고 대신에 항암제를 생산해 내게 될 것이다. 이때 사용한 숙주세포가 백혈구라면 면역작용에 의해 체내 어딘가에서 자라고 있는 암세포를 찾아갈 것이고, 그 위에 항암제를 뿌리면서 암을 치료할 수 있을 것이다. 이것이 바로 유전자치료(gene therapy)의 기본 전략이다.

| 연습문제 |

01 DNA는 집을 짓는 원본 설계도와 같다고 한다. 그 의미는 무엇인가?

02 RNA는 DNA보다 불안정하다고 한다. 그 이유는 무엇인가?

03 유전자는 RNA에서 DNA로 진화하였다고 믿어진다. 그 진화 과정을 간단히 말하시오.

04 단백질이 우리 몸에서 실행하는 생화학적 기능들을 말하시오.

05 중심설에 대하여 설명하시오.

06 Temin과 Baltimore의 업적을 설명하시오.

07 Retrovirus의 생활사를 설명하시오.

08 광우병의 원인인 프리온(prion)이 역해석(reverse translation)의 증거가 될 수 있는지 말하시오.

09 cDNA란 무엇인지 설명하시오.

10 레트로바이러스를 이용한 유전자 치료의 기본 전략을 간단히 설명하시오.

Chapter

11 DNA와 유전자

DNA는 유전자가 길게 이어진 실 같은 구조이다. 그리고 유전자는 유전암호가 들어있는 구조 부위와 발현을 조절하는 조절 부위로 나누어진다. 재미있는 현상은 전체 DNA 중 실제 유전암호가 있는 부분은 극히 적다는 것이다. DNA와 유전자에 대해 구체적으로 살펴보자.

유전자의 배열

개개의 유전자란 간단히 말해 긴 DNA 분자의 각 부분 부분을 말한다. 인간게놈프로젝트에 의하면 사람의 DNA에는 적어도 25,000~30,000여 종류의 유전자가 있다고 밝혀져 있다. 또한 길이도 다양해서 어떤 유전자는 수십 bp 밖에 되지 않는 반면에, 1,000 kb가 넘는 복잡한 유전자도 간혹 발견이 된다. 물론 유전자의 구조에서 가장 중요한 것은 뉴클레오티드의 서열, 즉 염기서열이다. 이 안에 유전정보가 들어있기 때문이다. 유전정보 없이 그저 두 개의 유전자를 연결해 주는 역할을 하는 DNA 부분도 있는데, 이를 "유전자 간 DNA(intergenic DNA) 또는 공간 DNA(spacer DNA)"라 부른다. 하등한 생물일수록 유전자들이 촘촘히 배열되어 있어 유전자 간 DNA가 적은 반면에, 고등생물의 유전자들은 펼쳐져 있어 유전자 간 DNA가 상대적으로 길다. 사람의 DNA 중 10% 미만만이 실제로 유전정보를 가지고 있다고 여겨진다.

그렇다면 염색체 위에 유전자가 배열되는 데에는 특별한 질서가 있는 것일까? 이에 대해 조사해보면 대부분의 유전자들은 특별한 순서 없이 여기저기에 펼쳐져 있는 것처럼 나타난다. 그렇지만 유사한 기능을 가졌거나 같은 생화학 대사에 관여하는 유전자들이 한데 뭉쳐서 발견되는 경우도 적지 않게 찾아볼 수 있다. 이렇게 유전자가 집단을 이루고 있으면 발현을 조절하기 용이하다는 이점이 있다. 즉, 특별한 대사작용이 특정한 시간에만 수행될 필요가 있을 때

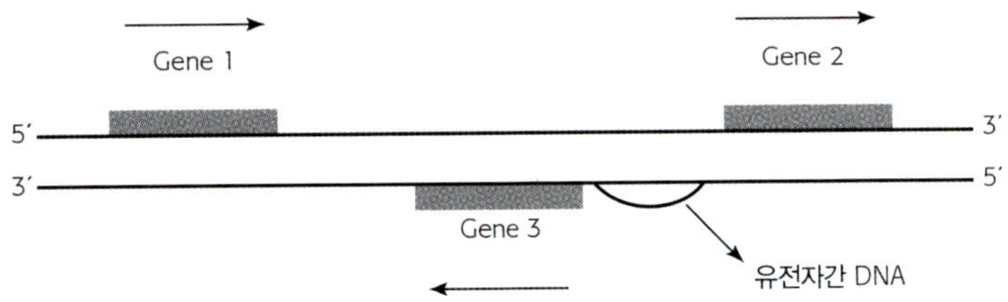

[그림 11-1] 유전자의 배열

관련된 유전자들을 한꺼번에 발현시키거나 스위치를 꺼줌으로써 필요 없는 에너지 소모를 줄일 수 있기 때문이다. 이런 유전자 그룹이 세균에서 발견되는 예가 오페론(operon)이고, 사람을 비롯한 고등생물에는 오페론보다 다유전자군(multigene family)의 형태로 발견된다.

오페론과 다유전자군

여러 종류의 오페론 중 가장 연구가 많이 된 것은 젖당(lactose) 분해에 필요한 유전자들이 모인 대장균의 lac operon이다. lac operon에는 투과효소(permease), β-갈락토시다아제(β-galactosidase), 아세틸기전달효소(transacetylase) 등 3 개의 유전자가 나란히 모여 있다. 투

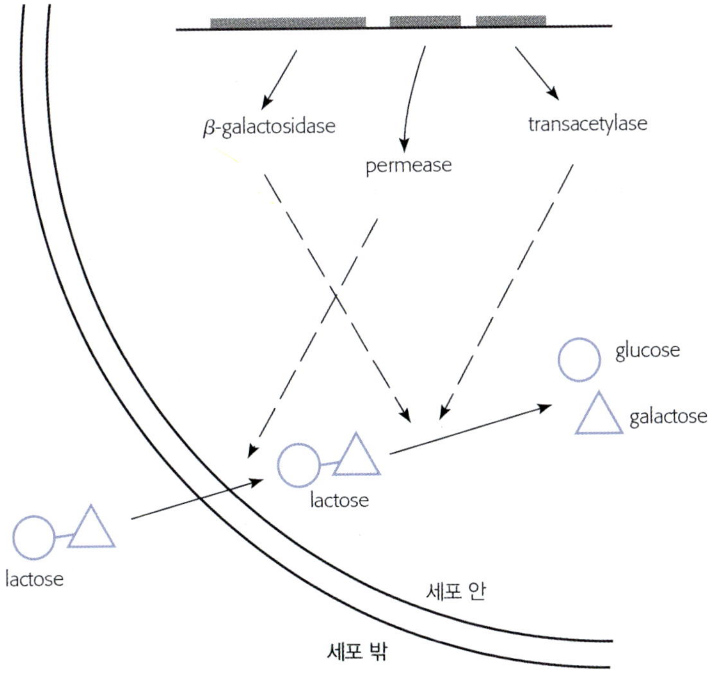

[그림 11-2] lac operon

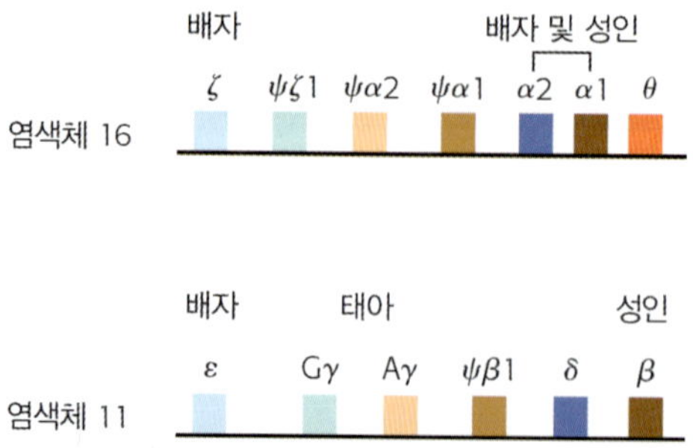

[그림 11-3] 헤모글로빈 multigene family

과효소인 permease는 젖당을 세포 안으로 투과시켜 주는 역할을 하고, β-galactosidase와 transacetylase는 이당류인 젖당을 단당류인 포도당(glucose)과 갈락토오스(galactose)로 분해해 주는 효소이다. 이들은 항상 발현되어야 하는 유전자는 아니다. 단지 젖당이라는 영양분이 주어졌을 때에만 필요한 유전자들이다. 그렇기 때문에 필요할 때에는 동시에 발현되었다가 또 동시에 중지될 수 있는 오페론 구조를 취하고 있는 것이다.

한편, 진핵세포에서는 다유전자군이 발견된다. 원핵세포의 오페론과 달리 다유전자군은 기능적으로 모이기보다는 염기서열이 비슷한(90% 이상) 유전자들이 모여 있는 경우가 대부분이다. 이런 것들을 동질유전자(isogene)라 부른다. 대표적인 예가 헤모글로빈 유전자군이다. 사람의 헤모글로빈(hemoglobin)은 2개의 α-글로빈(α-globin)과 2개의 β-글로빈(β-globin)이 모인 복합체이다. α-글로빈 유전자는 염색체 16번에 위치하는데, 주위에 ζ라는 유사한 유전자가 또

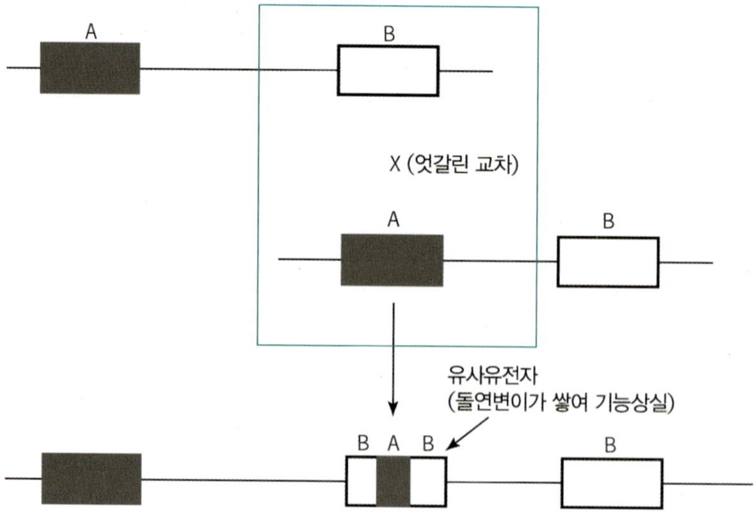

[그림 11-4] multigene family가 만들어지는 과정

하나 있다. β–글로빈도 비슷해서 염색체 11번에 위치하는데, ε, γ, δ 등 유사한 유전자들이 그 주변에 위치해 있다. 이들 헤모글로빈의 유전자들은 발생 단계별로 발현이 된다. 예를 들어, 발생 중인 태아 때에는 ζ와 ε이 발현되다가 점차 꺼지면서 순차적으로 α 및 γ, α의 발현이 시작된다는 것이다.

다유전자군이 만들어지는 과정은 그림과 같다. 원래는 상동염색체 상에 A, B 각각 하나씩의 유전자만이 들어 있는데, 어떤 이유로 엇갈린 교차가 일어나면서 한 염색체에 또 한 개의 유전자가 추가되어 오게 된다. 그러면서 점차 진화 과정 중 변이가 쌓이게 되면서 다유전자군이 만들어지는 것이다.

유사유전자

헤모글로빈의 유전자 체계를 살펴보면, α, β 외에도 $\psi\zeta 1$, $\alpha\psi\alpha 1$, $\psi\alpha 2$, $\psi\beta 1$ 등의 유전자가 추가적으로 발견된다. 유사유전자(pseudogene)라고 부르는 이들은 언뜻 보기에는 정상적인 유전자와 차이가 없지만 염기서열이 뒤죽박죽으로 깨어져 있어서 유전자로서의 기능을 상실한 것들이다. 유사유전자가 어떻게 해서 생겨나는지에 대한 뚜렷한 이론은 아직 없다. 그러나 엇갈린 교차로 인해 새로운 유전자가 하나 추가되면 전체적인 유전자량(gene dosage)을 맞추기 위해 추가된 것의 유전정보를 깨뜨림으로써 발현되지 못하게 만드는 것이라고 보고 있다. 일단 작은 돌연변이로 인해 유전자가 기능을 상실하면 여기에 추가적으로 여러 돌연변이가 쌓이게 되고 결과적으로 완전히 기능을 상실한 유사유전자로 변한다고 믿어진다. 특정 단백질의 유사유전자 변이 정도를 계산하여 그 단백질이 언제부터 이 세상에 나타났는지를 연구하기도 한다.

엑손과 인트론

언뜻 이해하기 어렵지만, 진핵세포(eukaryote)의 유전자에서 볼 수 있는 또 하나의 특징은 엑손(exon)이라 부르는 부분과 인트론(intron)이라 부르는 부분으로 나뉘어져 있다는 것이다. 보

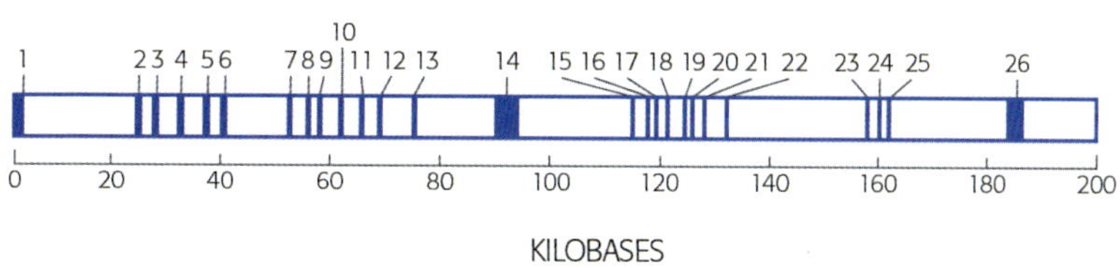

[그림 11–5] 헤모글로빈 유전자의 exon과 intron

편적으로 exon은 유전정보가 들어있는 부분을, intron은 유전정보는 없지만 두 개의 exon을 이어주는 부분을 지칭한다. 나중에 다시 언급하겠지만, 엄밀하게 말하면 mRNA에 최종적으로 나타나는 부분을 exon, 전사 과정에서 제거되어 없어지는 부분을 intron이라 한다. 원핵세포에는 exm만 주로 있고, intron은 거의 발견되지 않았다.

결국 진핵세포는 "유전자간 DNA"뿐만 아니라, 하나의 유전자 안에서도 intron이라는 연결 DNA를 가지고 있는 셈이다. 진핵세포의 유전자가 원핵세포와 달리, 왜 intron에 의해 토막이 나있는지 설명할 수 있는 정확한 근거는 아직 없다. 사람의 전체 DNA 중 약 90% 이상이 유전자 간 DNA이거나 intron, pseudogene에 해당하기 때문에 실제 암호를 가진 유전자는 10% 미만일 것으로 추정을 한다.

고생미생물

그러면 intron은 어떻게 해서 생겨난 것일까? 세포의 진화 단계로 보면 분명 원핵세포에서 진핵세포로 발전했을 것이다. 그런데 원핵세포에는 intron이 없으므로, 결국 진화의 어떤 시점에서 만들어진 intron이 나중에 유전자 안으로 끼어 들어왔다 봐야할 것이다. 재미있는 것은 이와 상반된 연구 보고가 있다는 것이다. 고생미생물(archaebacteria)이라 불리는 집단에서도 intron이 발견되었기 때문이다. 고생미생물은 태초의 지구환경과 유사한 지역, 즉 염분이 많고 온도가 높으며 메탄가스가 풍부한 곳에서 주로 발견되기 때문에 지구 상에 최초로 출현했던 미생물들로 믿어지고 있다. 그렇다면 고생미생물의 intron이 시사하는 바는 무엇일까? 그것은 intron은 처음부터 존재를 했고 그것이 세대를 거듭하면서 조금씩 제거되어 가는 중이라는 것이다. 원핵세포는 세포분열이 빠르기 때문에 그만큼 DNA를 복제할 기회가 많았고 그때마다 intron을 조금씩 잃음으로써 지금은 모두 제거한 상태인 반면에, 진핵세포는 분열이 느려서 아직도 intron을 완전히 제거하지 못했다는 것이다. 이처럼 일반적인 원핵세포와 유전자 체계가 다른 고생미생물의 출현으로 그동안 통용되던 진화 계통수에 다소 수정이 필요하게 되었다. 즉, 태초부터 고생미생물과 원핵세포가 따로 존재했었을 것이고, 진핵세포는 아마 고생미

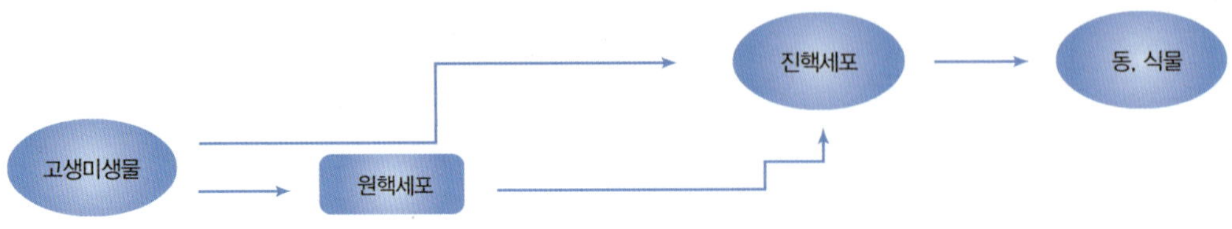

[그림 11-6] 고생미생물과 진화 계보

생물에서 진화하였을 거라는 이론이다.

게놈팽창설과 게놈수축설

그렇다면 과연 게놈(genome)은 팽창하는 것일까? 아니면 수축하는 것일까? 최초의 유전자는 어떤 경로로 만들어질 수 있었으며 어떤 모습을 하고 있었을까? 오늘날 과학자들은 그 해답을 RNA에서 찾으려고 한다. 앞에서 설명했던 것처럼, RNA는 2′와 3′ 탄소 모두에 OH기를 가지고 있기 때문에 상대적으로 반응성이 높다. 반응성이 높다는 말은 자연적인 합성도 그만큼 용이하다는 뜻이다. 그렇기 때문에 지구의 원시 환경 속에서 RNA와 DNA 중 먼저 만들어진 것도 RNA이었을 것이다. 그러나 초기의 RNA는 불과 몇 개만의 뉴클레오티드가 연결된 짧은 폴리뉴클레오티드였을 것이고 유전정보도 아주 소규모의 단편적인 것이었을 것이다. 과학자들은 이런 원시형태의 유전자를 미니유전자(minigene)라고 부르고 있다.

시간이 점차 흐르고 생물들이 진화하면서 보다 많은 양의 유전정보를 내포한 유전자를 요구하게 되었고, 미니유전자들이 서로 연결되면서 복합적인 기능을 갖추게 되었다. 이때 두 미니유전자들을 서로 연결한 RNA 부분이 바로 intron이라는 것이다. 미니유전자들이 오늘날 각각의 exon에 해당한다는 증거 역시 여러 효소들의 유전자 구조가 밝혀지면서 명료해지고 있다. 효소에는 기질결합부위(substrate binding domain)와 기타 여러 반응부위들이 연결되어 있는데, 조사에 의하면 각각이 별개의 exon에 해당하기 때문이다.

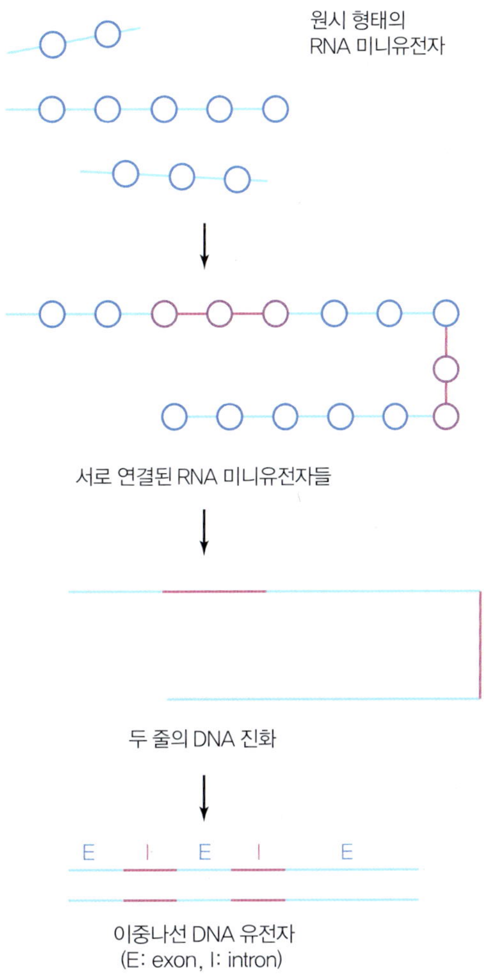

[그림 11-7] 유전자의 진화 과정

그러나 초기의 RNA 유전자는 구조적으로 불안정했을 것이다. 왜냐하면, 외줄인 데다가 반응성이 높기 때문이다. 결국 RNA를 주형으로 한 역전사반응이 일어나 DNA가 합성되었고, 이 과정에서 intron이 그대로 게놈 속에 끼어 들어가게 되었을 것이다. 계속해서 DNA는 사방에서 오는 효소 등의 물리적인 공격을 피하기 위해 나선구조를 취하게 되었을 것이고, 이것이 이중나선 구조의 탄생으로 이어졌을 것이다. 오늘날 고등생물에서 볼 수 있는 게놈이 최종적으로 완성된 것이다. 역전사에 의한 유전자 진화 이론은 Temin 등이 원시생명체인 바이러스에서 역전사가 실제로 가능함을 입증함으로써 더욱 큰 힘을 얻게 되었다.

연습문제

01 사람과 대장균의 유전자 구조의 근본적인 차이를 조사하시오.

02 "operon"에 대하여 간단히 설명하시오.

03 "multigene family"를 간단히 설명하시오.

04 헤모글로빈의 a-globin과 b-globin은 다양한 유전자군으로 되어 있다. 발생 과정을 통해 이들이 어떤 순서로 발현되는지 조사하시오.

05 Pseundogene은 무엇이며, 어떻게 만들어지는지 말하시오.

06 하나의 유전자에서 Exon과 intron이란 정확하게 어떤 구조를 말하는지 설명하시오.

07 게놈팽창설과 게놈수축설을 설명하시오.

08 Minigene에 대하여 설명하시오.

09 isogene이란 무엇인지 말하고, 그 예를 3개 조사하시오.

10 고생미생물은 어떤 곳 또는 상황에서 발견되는지 조사하시오.

PART 3

유전자 복제와 발현

CONTENTS

Chapter

12 | DNA 복제

우리 몸은 약 100조 개의 세포로 이루어져 있다. 그리고 모든 세포는 하나의 수정란에서 출발한 것이다. 즉, 수정란이 40여 대에 걸쳐 분열하면서 머리와 팔, 다리 등 신체 각 부위의 조직으로 분화된 결과가 우리 신체이다. 세포분열을 통해 모세포(parent cell)는 자신의 DNA를 똑같이 복제해서 딸세포(daughter cell)에 물려준다. 이를 통해 유전형질을 정확하게 이어 나갈 수 있다. DNA의 복제는 대단히 정교한 과정을 거쳐 일어나게 된다. 생명의 모든 암호가 들어있는 만큼 0.001%의 오차도 허용할 수 없기 때문이다. DNA의 이중나선 구조가 중요한 이유는 이처럼 정교한 복제가 어떻게 해서 가능한지를 설명할 수 있기 때문이다. DNA 복제의 전체 과정을 살펴보기로 한다.

DNA 복제의 세 가지 측면

DNA 복제(replication)를 학습하기 위해 생각해야 할 세 가지 포인트는 첫째, DNA가 어떤 모델에 의해 복제가 되느냐는 것, 둘째, DNA 복제에 필요한 효소들은 어떤 것들인가 하는 것, 셋째, 복제모델과 효소들은 모든 세포, 즉 원핵세포나 진핵세포에서 공통인가 하는 것이다.

DNA 복제 모델

먼저 DNA 복제의 전체적인 모습을 살펴보자. 이중나선의 DNA가 복제될 수 있는 모델은 이론상 세 가지로 국한된다.

첫 번째가 보존 모델(conservative model)이다. 즉, 모세포의 DNA 분자(parent DNA molecule) 두 가닥은 그대로 있고 새로 복제된 DNA 분자(daughter DNA molecule)가 딸세포로 전해지는 모델이다. 모세포 DNA 분자가 아무런 변화 없이 보존되므로 보존 모델이라고 불린다. 두 번째는 반보존 모델(semiconservative model)이다. 모세포의 DNA 두 가닥이 풀려 나오고 이들을 각각의 주형(template)으로 하여 새로운 가닥이 합성됨으로써 이전의 것과 새 것의 잡종 DNA(hybrid DNA)가 만들어지는 모델이다. 세 번째는 분산 모델(dispersive model)이다. 모세포

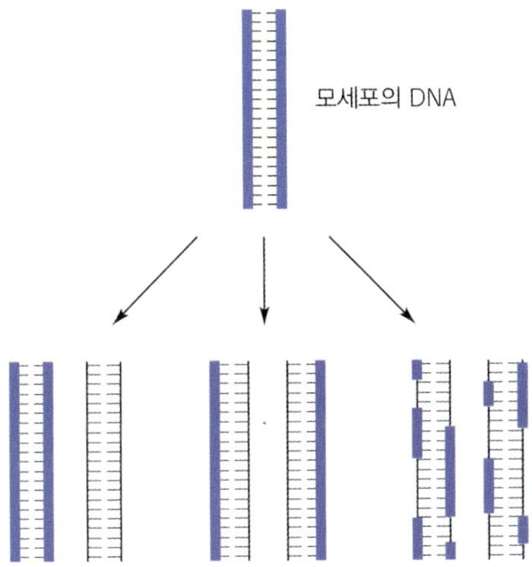

[그림 12-1] DNA의 세 가지 복제 모델

의 DNA와 새로 합성된 DNA가 불규칙하게 깨어져 재조합되는 모델이다. 이 모델에 의하면, 모세포에 남거나 딸세포에 전달되는 DNA 모두 조각조각 누더기처럼 덧붙여진 형태이다. 확률적으로는 이전의 것과 새 것이 50%씩 섞이게 될 것이다.

Meselson과 Stahl의 실험

그렇다면 세 가지 모델 중 어느 것이 DNA 복제의 실제 모습을 제대로 반영한 것일까? 그 해답은 Meselson과 Stahl의 실험으로부터 왔다. Meselson과 Stahl은 실험재료로 대장균을 선택하였다. 대장균의 한 세대는 불과 20여 분으로 다른 어느 생물체보다도 짧고, DNA 게놈의 체계가 간단하며, 개체별 크기도 작아서 수억 마리를 배양하더라도 작은 시험관 안에서 모든 것이 해결될 수 있기 때문이다. 실험을 이해하기에 앞서 먼저 동위원소 표지방법과 밀도구배 원심분리를 간단히 살펴보기로 한다.

동위원소 표지란 영양소에 동위원소를 붙여서 섭취시킨 다음, 이것이 세포 안에서 어느 고분자 속으로 끼어 들어가는지 경로를 추적하는 방법이다. 예를 들어, ^{14}C으로 표지된 탄소를 대장균에 주면 이것은 단백질, 지질, 탄수화물 등 탄소를 골격으로 하는 모든 세포 내 물질들에 끼어 들어가 축적되게 된다. 비슷한 원리로 중성자가 하나 더 많아서 무거운 질소인 ^{15}N를 섭취시키면, 이는 곧 DNA의 질소염기 속으로 끼어 들어가고 그만큼 전체 DNA가 무거워지게 될 것이다. 무거운 DNA는 밀도가 높기 때문에 보통 DNA와 섞여 있어도 원심분리로 쉽게 구

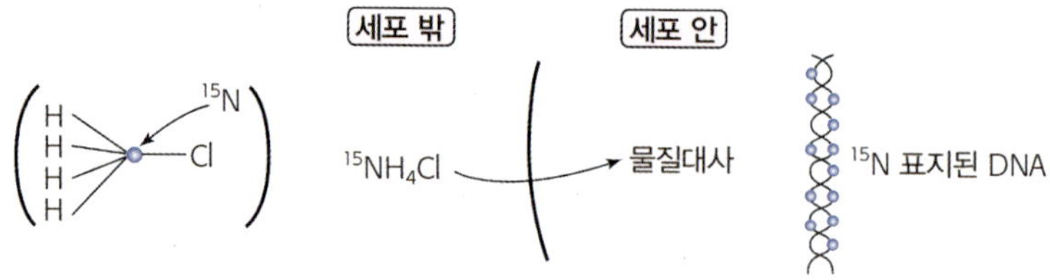

[그림 12-2] 동위원소 표지 방법

별될 수 있다.

밀도구배 원심분리는 무거운 중금속인 CsCl 용액을 튜브에 넣고 그 위에 2종류의 DNA를 섞어 올려놓은 다음 원심분리하는 방법이다. CsCl은 그 자체가 무겁기 때문에 서서히 밑으로 가라앉으며, 일정한 시간이 지난 뒤에는 튜브 전체에 걸쳐 밀도의 구배를 만들게 된다. DNA 샘플 역시 원심력 때문에 가라앉지만 무한정 이동할 수는 없고 자기의 밀도와 CsCl의 밀도가 일치하는 지점까지만 이동을 한다. 밀도구배 원심분리를 하면 ^{15}N으로 인해 무거운 DNA는 당연히 제일 멀리(아래쪽)까지 이동할 것이고, 가벼운 ^{14}N DNA는 그보다 가깝게(위쪽), 그리고 잡종 DNA, 즉 한 가닥은 가볍고 다른 한 가닥은 무거운 DNA는 이 둘의 이동거리 중간 위치에 원심분리될 것이다.

Meselson과 Stahl의 실험 과정을 요약하면 다음과 같다. 먼저 배양액에 ^{15}N로 표지(labelling)된 $^{15}NH_4Cl$을 첨가하였다. 그런 다음 여기에 대장균을 접종하여 24시간 배양하였다. 그럼으로써 모든 세균의 DNA를 전부 ^{15}N로 무겁게 표지한 다음 다시 배지를 $^{14}NH_4Cl$로 바꾸어 주었다. 여기까지가 실험의 시작을 위한 준비 과정이다. 이제 정확하게 20분(1세대) 동안 배양한 다음 시험관을 곧바로 얼음에 꽂아 냉각시킴으로써 균의 성장을 멈추게 하였다. 그런 후에 일부 균액을 채취해서 DNA를 추출하였으며, 원심분리로 DNA가 이동하는 위치를 확인하였다. 그러고 나서 남은 균액을 다시 37℃에 옮겨 20분 동안 추가 배양(2세대)하였고, 역시 DNA를 추출하여 원심분리하여 확인하였다. 실험의 결과는 그림과 같다.

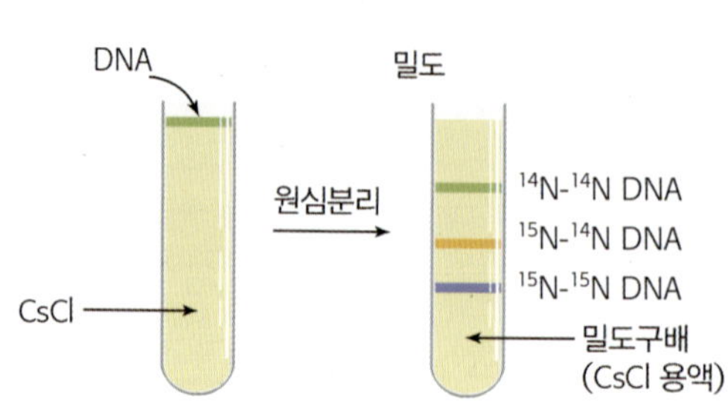

[그림 12-3] 동위원소를 이용한 밀도구배 원심분리

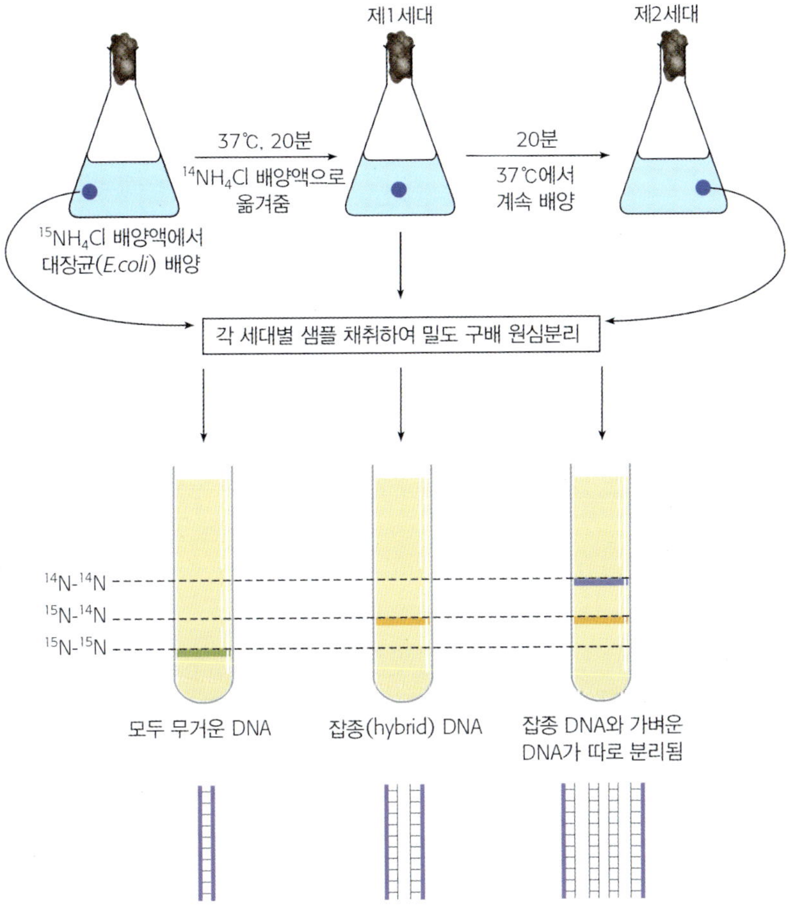

[그림 12-4] Meselson과 Stahl의 실험

준비된 모세포의 DNA는 모두 무겁게 표지되었으므로 $^{15}N-^{15}N$였다. 이 무거운 DNA는 원심분리를 하게 되면 시험관의 아래쪽까지 이동해 내려간다. 그러나 1세대 후에 딸세포에서 추출한 DNA는 무겁지도 가볍지도 않은 중간지점까지만 이동하였다. 이것은 딸세포의 DNA 분자가 절반은 ^{15}N로, 나머지 절반은 ^{14}N로 표지되어 있음(잡종 DNA)을 의미하는 것이었다. 즉, 적어도 보존 모델은 이 실험을 통해 맞지 않음이 판명되었다. 계속해서 진행된 2세대 실험에서는 잡종 DNA와 함께 가벼운 DNA가 원심분리에서 관찰되었다. 이것은 위의 그림에서 반보존 모델을 위해 예상했던 것과 정확하게 일치하는 결과이다. 분산 모델이 틀린 이유는 세대가 거듭되면서 전체적인 ^{15}N의 비율은 줄어들겠지만, 항상 이전 세대의 DNA와 새로 만들어진 DNA가 섞이므로 해서 무거운 DNA와 가벼운 DNA가 완전히 분리될 수 없기 때문이다. Meselson과 Stahl의 실험은 정교하게 고안된 것으로써 Watson과 Crick의 DNA 모델이 실제

로 상보적 결합에 의해 복제할 수 있다는 것을 증명해 주었다.

DNA 복제에 필요한 효소들

DNA 복제는 복잡한 생화학 반응들이 연속적으로 이루어짐으로써 가능한 것이다. 우리는 먼저 유전자 체계가 단순한 대장균의 DNA 복제 효소들을 살펴본 후, 진핵세포와 어떤 차이가 있는지를 비교한다.

헬리카아제와 SSB

복제를 위해 제일 먼저 필요한 효소는 DNA를 나선의 반대 방향으로 휘감아 풀어주는 효소이다. 이 효소가 헬리카아제(helicase)이다. 헬리카아제가 앞으로 진행하면서 DNA의 두 줄을 풀어나가면 두 가닥의 DNA 주형(template)이 노출되어 드러나게 된다.

이렇게 헬리카아제가 나선구조를 풀어 DNA 복제를 시작하는 지점을 DNA의 복제개시점(replication origin)이라 부른다. 일단 복제개시점이 열리면 좌우로 두 개의 복제분기점(replication fork)이 생긴다.

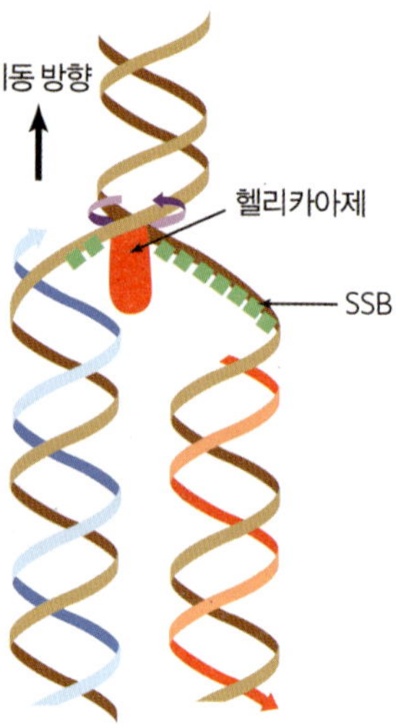

[그림 12-5] DNA 복제 효소들

헬리카아제가 DNA를 조금씩 벌려 나가더라도 언제나 원래의 이중나선 구조로 되돌아가려는 장력이 작용하기 마련이다. 그렇기 때문에 풀린 DNA 주형을 그대로 두고 헬리카아제가 떨어져 나온다면 이들은 곧 다시 휘감겨 버리고 말 것이다. 이를 막기 위한 방법 중 하나는 무거운 단백질 덩어리를 마치 돌덩어리 붙이듯 각 주형에 붙여 놓는 것이다. 헬리카아제가 풀고 지나간 자리에 달라붙어서 되감기려는 장력으로부터 풀린 외가닥 주형을 보호하는 이 단백질을 SSB(single-strand binding protein)라고 부른다.

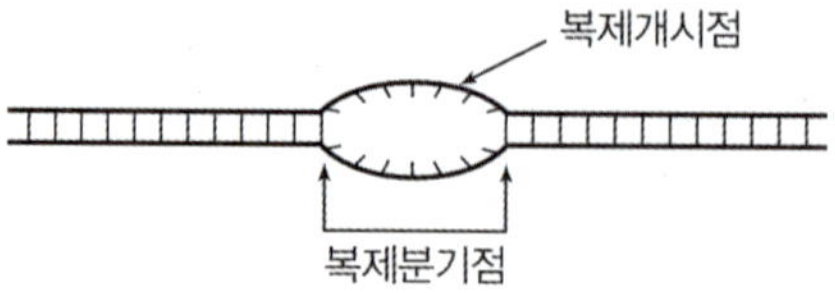

[그림 12-6] 복제개시점과 복제분기점

DNA polymerase

주형이 노출되면 이제 중합효소인 DNA polymerase가 상보적인 염기결합 원리에 따라 새로운 DNA 가닥을 합성해 나갈 차례이다. DNA polymerase에는 세 가지 종류(I, II, III)가 있다. 이들의 이름은 발견된 순서대로 붙여진 것인데, 1957년에 Arthur Kornberg 박사에 의해 처음으로 그 실체가 분리되었다. DNA polymerase I과 III의 구체적인 역할은 잘 밝혀져 있지만 DNA polymerase II에 대해서는 아직도 논란이 많다. 이들을 간략하게 줄여 Dpol I, Dpol II, Dpol III라 약칭한다.

[표 12-1] DNA polymerase들

	분자량(Da)	기능
Dpol I	109,000	DNA 복제 및 수리
Dpol II	120,000	알려져 있지 않음
Dpol III	250,000	DNA 복제

DNA polymerase는 문자 그대로 중합 반응(polymerization)을 촉진하는 효소이다. 중합이란 미리 존재하는 DNA 또는 RNA 끝에 새로운 뉴클레오티드를 더해 나가는 반응을 말한다. 다시 말해서 비록 DNA의 주형이 열려있다 하더라도 무언가 그 위에 작은 핵산 조각이 미리 붙어 있어야 여기서부터 새로운 DNA의 중합이 가능하다는 뜻이다. 이렇게 새로운 DNA 합성에 앞서 미리 주형에 달라붙어 있어야 하는 작은 핵산 조각을 프라이머(primer)라고 부른다. 일반적으로 프라이머는 DNA나 RNA 중 어느 것이라도 상관이 없다. 그러나 DNA 복제에는 RNA primer가 사용된다.

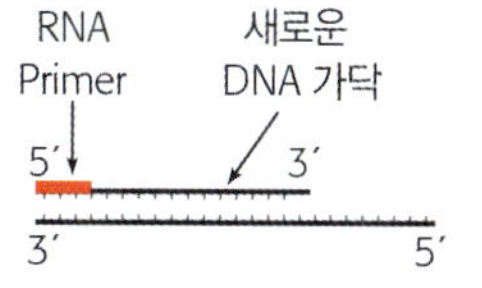

[그림 12-7] primer

RNA primer

한 가지 흥미로운 것은 DNA의 복제 과정임에도 불구하고 여기에 사용되는 프라이머가 RNA라는 것이다. RNA primer는 6~30개 정도의 뉴클레오티드가 연결된 짧은 폴리뉴클레오티드로서, RNA polymerase에 의해 만들어진다. RNA primer가 사용되는 이유는 RNA polymerase의 경우 DNA polymerase와 달리 프라이머 없이도 아무 곳에서나 뉴클레오티드를 붙여나갈 수 있기 때문이다. 물론 세포내에는 primer RNA 외에도 mRNA, tRNA, rRNA 등

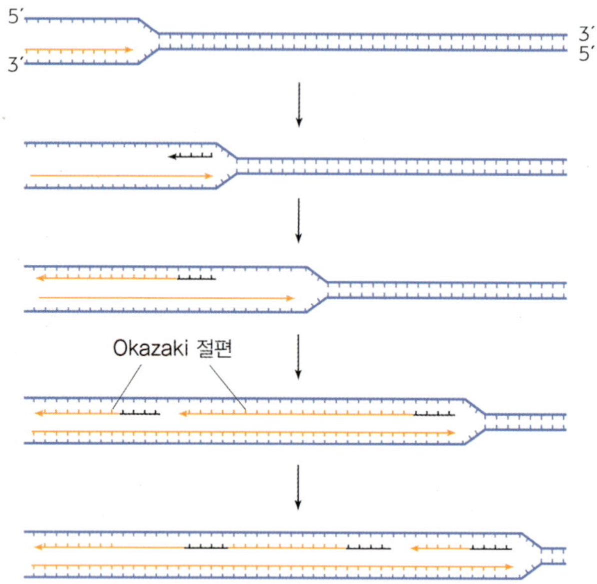

[그림 12-8] DNA의 합성

여러 종류의 RNA가 있다. 그러므로 대장균에는 적어도 2종류의 RNA polymerase가 있을 것으로 믿어진다. 이 중 특별히 프라이머를 만드는 RNA polymerase를 프리마아제(primase)라고 구별해 부르기도 한다. 일단 프라이머가 만들어지면 DNA의 합성이 본격적으로 시작된다. 즉, RNA primer의 3′ 끝에 DNA 뉴클레오티드가 연이어 붙어 나가는 것이다.

DNA polymerase의 속도는 세포 환경에 따라 조금씩 차이가 있겠지만, 실험실에서 측정한 바에 의하면 1초당 약 100개의 뉴클레오티드를 중합하는 것으로 알려져 있다. DNA polymerase I, II, III번 중 가장 빠른 효소는 III번이다. 그리고 Dpol III가 실제로 DNA 복제를 담당한다.

Okazaki 절편과 DNA 리가아제

DNA 복제에서 중요한 문제는 방향성이다. DNA 합성은 반드시 5′에서 3′ 방향으로만 진행되기 때문이다. 따라서 3′→5′ 주형을 이용한 복제는 아무런 문제없이 진행될 수 있는 반면에, 5′→3′ 주형을 이용한 복제는 helicase가 DNA를 조금씩 풀어낼 때마다 토막으로 만들어져 나올 수밖에 없다. 이렇게 계속적으로 이어져 만들어지는 가닥을 선도가닥(leading strand)이라 부르고, 조금씩 토막으로 만들어지기에 시간이 지체되는 가닥을 지연가닥(lagging strand)이라 부른다. 이때 만들어지는 DNA 절편(DNA fragment)을 Okazaki 절편(Okazaki fragment)이라 한다.

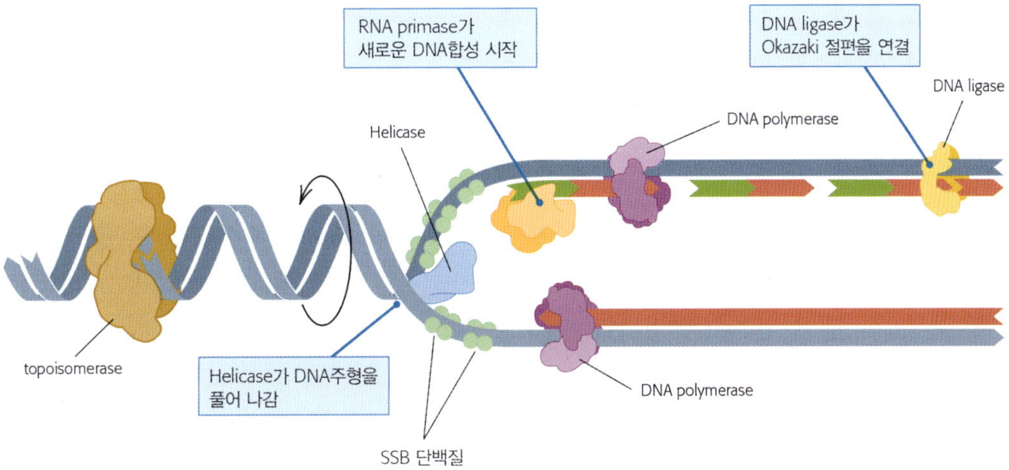

[그림 12-9] Okazaki 절편과 DNA 합성

Okazaki가 처음으로 DNA 합성이 불연속적이라는 것을 실험으로 밝혔기 때문이다.

[표 12-2] polymerase 활성과 핵산말단가수분해 능력의 비교

	Exonuclease		Polymerase	
	5′ → 3′	3′ → 5′	5′ → 3′	3′ →5′
Dpol I	○	○	○	×
Dpol III	×	○	○	×

지연가닥에서 만들어지는 Okazaki 절편들 끝에는 RNA primer가 붙어있다. 따라서 절편들을 서로 연결하기 전에 RNA primer의 제거 작업이 선행되어야 한다. 그리고 이를 위해서 필요한 효소 활성은 5′→3′ 핵산말단가수분해능(5′→3′exonuclease activity)이다. 그러나 한 가지 문제점은 DNA polymerase III에는 이러한 활성이 없다는 것이다. 그렇기 때문에 DNA polymerase III는 지연가닥의 주형이 풀려나올 때마다 Okazaki 절편을 중합해 나가지만 앞서 만들어진 절편의 5′쪽 RNA primer에 부딪히면 이를 제거해 나갈 방법이 없다. 이때 그 역할을 대신 떠맡는 것이 DNA polymerase I이다. DNA polymerase I이 5′→3′exonuclease activity를 가지고 있기 때문이다. DNA polymerase I이 RNA primer를 제거한 다음 그 자리를 다시 DNA로 메꾸어 주면, 연결 효소인 DNA ligase가 절편들을 서로 이어 주게 되어 지연가닥의 전체 DNA 합성이 완료될 수 있다.

DNA 교정

DNA의 복제는 상상을 초월할 수 없을 정도로 정교해야만 한다. 단 한 개의 잘못된 뉴클레오티드에 의해서도 선천성 기형이나 암 발생 같은 치명적인 문제가 야기될 수 있기 때문이다. 앞에서 언급한 것처럼, 실험실에서 측정한 평균 합성 속도는 1초당 100여 개 정도로 보고 있다. 실제로 세포 내에서는 이보다도 훨씬 빠를 것으로 생각된다. 이처럼 빠른 생합성 과정이기 때문에 DNA polymerase도 실수를 저지를 가능성이 당연히 있다. 관찰에 의하면 DNA polymerasee의 실수율은 100개 뉴클레오티드 합성당 1개 정도라고 한다. 이 수치는 사람 세포의 DNA가 약 3×10^9 bp임을 감안할 때 3,000만 개나 되는 실수가 있을 수 있다는 것이며, 이를 그대로 방치한다면 그 세포는 당연히 살아남을 수가 없을 것이다.

그렇기 때문에 교정작업(proofreading)이 필요한 것이다. 교정은 잘못된 뉴클레오티드를 DNA polymerase가 감지하고 5′ 쪽으로 되돌아가서 제거함으로써 이루어진다. 이때 되돌아가서 제거해 주는 효소능은 3′→5′ 핵산말단가수분해활성(3′→5′exonuclease activity)이다. 전체 과정은 다음 순서로 이루어진다. 먼저 5′→3′polymerase activity에 의해 DNA를 합성하던 중 잘못이 있다는 것을 효소가 감지하면 3′→5′exonuclease activity에 의해 되돌아가서 잘못된 염기를 제거하고, 다시 5′→3′polymerase activity에 의해 올바른 뉴클레오티드로 바꾸어 준다.

교정을 거치고 나면 잘못될 확률이 $1/5 \times 10^9$ 미만으로 줄어들게 된다. 사람의 전체 게놈을 약 6×10^9으로 간주하면 교정 이후의 오류 확률은 "0"인 셈이다. DNA polymerase I과 III 둘

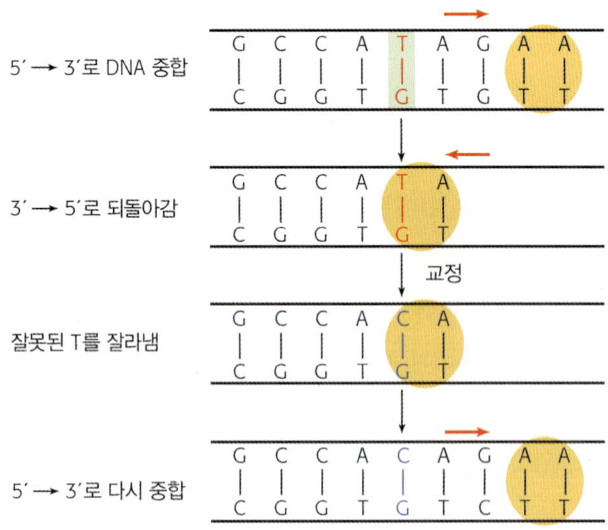

[그림 12-10] 교정순서

다 5′→3′polymerase activity와 3′→5′exonuclease activity를 모두 가지고 있으므로 DNA를 만들다가 잘못되어도 교정하는 데에 아무런 문제가 없다.

토포이소머라아제

또 다른 문제점은 helicase가 DNA 나선을 반대 방향으로 풀어준다는 것이다. 즉, 나선을 반대로 풀어나갈 때마다 다시 원래대로 돌리려는 장력이 작용하게 마련인데, 이것이 계속 축적되면서 DNA의 전체 구조가 뒤틀릴 수도 있다는 것이다. 대장균의 염색체를 3×10^6 bp라 가정하고 한 세대를 20분으로 보면, DNA는 1분당 약 1.5×10^5 bp만큼 복제되어야 한다. DNA의 한 바퀴가 10 bp에 해당하므로 결국 1분에 약 15,000바퀴를 회전해야 한다는 결론이다. 바로 이때문에 엄청난 장력이 쌓일 수밖에 없는 것이다.

이것은 마치 한 번 꼬인 고무줄을 같은 방향으로 한 번 더 꼬았을 때 뒤틀려버리는 것과 같은 현상이다. 이렇게 꼬이는 현상을 초나선현상(supercoil)이라 한다. 초나선구조는 대장균처럼 작은 용적 내에 염색체 DNA를 접어서 넣을 때 꼭 필요한 구조이기도 하다. 하지만 DNA 복제

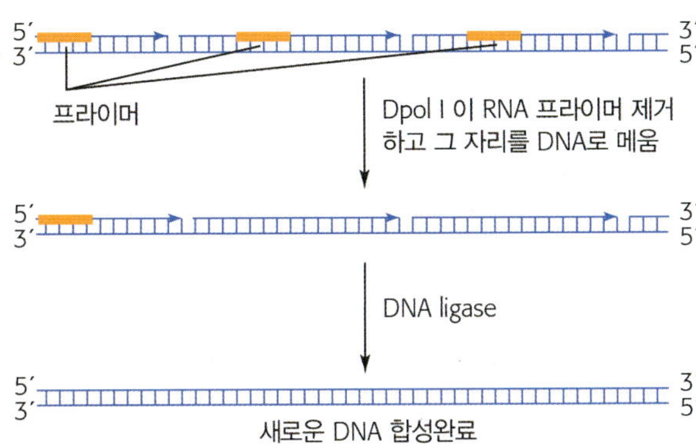

[그림 12-11] RNA primer 제거와 DNA 복제 완료

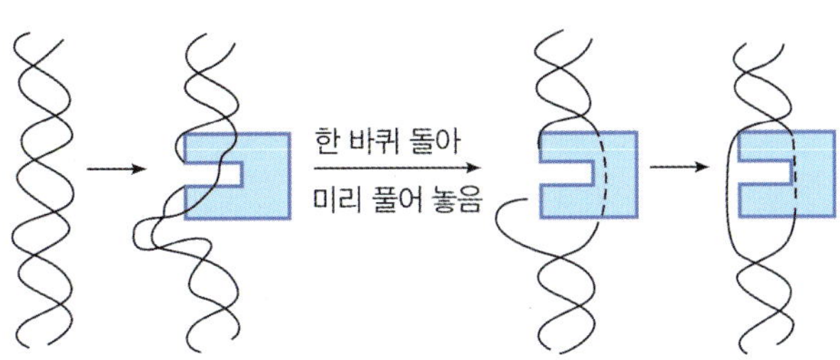

[그림 12-12] topoisomerase

때의 뒤틀림 현상은 전체 구조를 파괴시킬 수도 있으므로 반드시 해결되어야 한다. 이때의 장력을 해소하는 것이 토포이소머라아제(topoisomerase)이다. 토포이소머라아제는 helicase의 진행 방향보다 더 윗부분에 미리 달라붙어서 장력이 밀고 올라올 때쯤이면, 멀찌감치 DNA의 한 줄을 미리 끊고서 한 바퀴 돌려 장력을 풀어 놓는 역할을 한다. 물론 이렇게 끊은 DNA 가닥은 토포이소머라아제가 붙잡고 있다가 이 부분까지의 DNA 합성이 완료되면 다시 붙여주고 더 위로 올라가 또 다른 부분을 끊어주는 일을 반복한다

θ 모델

대장균과 같은 세균에서는 커다란 염색체 한 개가 세포벽에 붙어서 발견된다. 이 염색체는 잘 펼쳐보면 원형(circular)인 것을 알 수 있다. 원형의 염색체에서는 일단 어느 한 곳에서 복제가 시작되면 좌, 우로 두 개의 복제분기점이 포오크(fork) 모양으로 벌어지게 되는데, 이것이 원을 따라 양쪽으로 점차 진행되어 나가게 된다. 복제가 진행되면서 포오크 모양은 점점 더 크게 벌어지는데, 이것을 위에서 내려다보면 마치 편평한 큰 원 속에 작은 원이 하나 더 있어 이를 위로 들어올리는 것 같은 모습이 된다. 작은 원이 절반쯤 들어 올려졌을 때 내려다보면 마치 로마글자 θ처럼 보이기 때문에 이러한 DNA의 복제 모습을 θ 모델이라고 부른다.

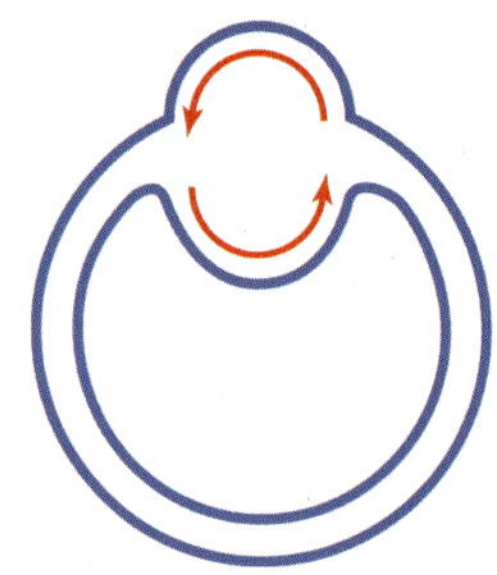

[그림 12-13] θ 모델

회전환복제

바이러스의 DNA 역시 원형이다. 바이러스는 워낙 그 분열 속도가 빠르기 때문에 DNA의 복제 역시 빠른 시간 내에 일어나야만 한다. 복제시에는 DNA의 두 가닥 중 한쪽이 끊어지면서 틈(nick)이 생기게 되고 여기서 5′→3′방향으로 DNA가 합성되게 된다. 이때 안쪽의 DNA 가닥이 DNA 복제를 위한 주형으로 사용된다. 한편, 새로 합성되는 DNA는 원래의 DNA를 치환해 내면서 계속 안으로 파고들게 된다.

이 방식에 의하면 DNA가 마치 굴렁쇠처럼 돌면서 연속적으로 새로운 분자를 뽑아낼 수 있으므로 그만큼 빠르다는 장점이 있다. 다만 이처럼 빠르게 회전하면서 만들어지는 DNA 분자들은 처음에는 여러 개가 서로 연결된 연쇄체(concatemer) 형태로 만들어지게 되지만, 곧 개개의 분자로 분리된 다음 다시 양끝이 연결되면서 고리 형태를 복원하게 된다. 이러한 복제 방식

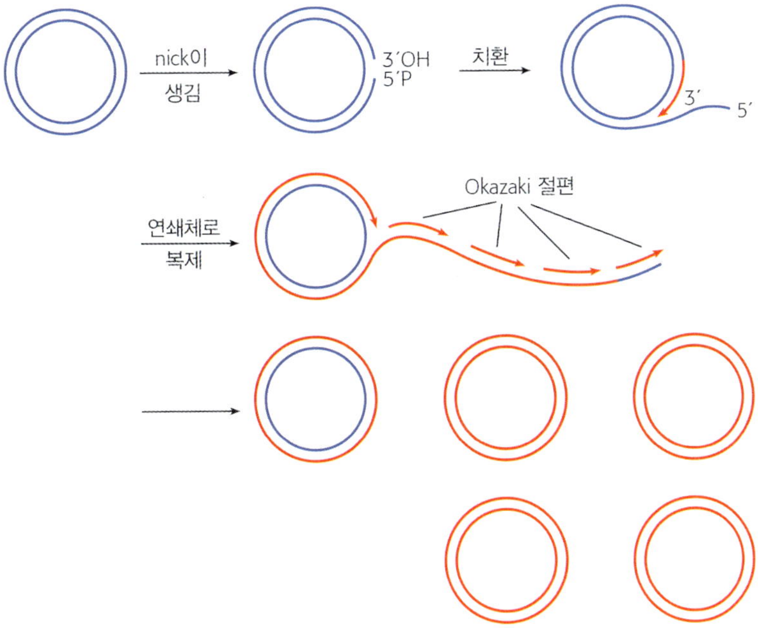

[그림 12-14] 회전환 모델

을 회전환복제(rolling circle model)라 부른다.

진핵세포의 DNA 복제

진핵세포의 DNA는 첫째, 세균이나 바이러스의 게놈에 비해 수천 배 이상 길고, 둘째, 원형이 아닌 직선 구조이기 때문에 앞에서 설명한 원핵세포의 DNA 복제 모델들을 단순히 따를 수가 없다. 우선 복제에 걸리는 시간만해도 엄청나게 길 것이 분명하기 때문이다. 이러한 문제점을 해결하기 위해서 진핵세포는 다수복제개시점(multiple replication origin)이라는 형식을 취하고 있다. 즉, 복제를 여러 곳에서 동시에 시작하여 점차 옆으로 뻗어 나가면서 합쳐지는 방식이다. 한참 복제 중인 DNA를 위에서 내려다보면 각각의 복제개시점마다 마치 기포가 봉긋봉긋 솟은 것처럼 보이므로, 이러한 복제방식을 다수기포모델(multiple bubble model)이라고도 부른다.

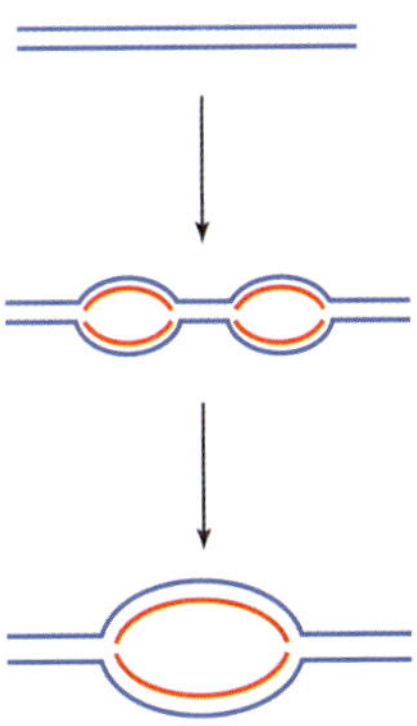

[그림 12-15] multiple bubble model

DNA polymerase의 종류도 진핵세포에 훨씬 더 많다. 핵뿐만 아니라 미토콘드리아, 엽록체도 DNA를 가지고 있기 때문이다. 그럼에도 불구하고, DNA 반보존 모델이나 중요한 효소체계는 모든 세포에 동일하다.

연습문제

01 DNA 복제의 3가지 모델을 비교하여 말하시오.

02 DNA 복제에서 생각해 볼 주안점을 3가지 말하시오.

03 Meselson과 Stahl의 실험을 요약하시오.

04 DNA 복제에 관여하는 효소들을 순서대로 정리하시오.

05 진핵세포의 DNA polymerase들을 조사하시오.

06 DNA polymerase I과 III의 공통점과 차이점을 말하시오.

07 진핵세포는 DNA가 직선(liner) 구조이다. 이 경우 양쪽 끝에 위치한 RNA primer는 어떻게 제거될 수 있는지 설명하시오.

08 Okazaki 절편은 왜 만들어지는지 설명하시오.

09 DNA proofreading의 과정을 설명하시오.

10 회전환복제(rolling circle replication) 과정을 설명하시오.

Chapter

13 전사

유전자 발현의 첫 번째 단계인 전사(transcription)는 두 줄의 DNA에서 외줄의 RNA가 합성되어 나오는 과정이다. 이때 사용되는 주형은 3′→5′ 방향의 안티센스 가닥이다. 대장균 모델에서 RNA 전사가 일어나는 과정과 효소들을 알아보자.

원핵세포와 진핵세포의 유전학적 차이

원핵세포와 진핵세포를 구별하는 기준은 핵막의 유무이다. 원핵세포는 핵이 없기 때문에 DNA가 그냥 세포질에 둥둥 떠 있을 수밖에 없다. 이에 DNA가 마치 허공에 노출된 것처럼 보이므로 "Naked DNA"라고도 표현을 한다. 원핵세포에 속하는 세균의 또 다른 특징은 크기가 작고 구조가 단순하기 때문에 분열 속도 역시 대단히 빠르다는 것이다. 대표적인 세균인 대장균의 경우 한 세대가 20분 정도에 불과하다. 세균에서는 염색체라는 용어를 잘 쓰지 않지만 굳이 표현하자면 1개의 염색체만 있는 셈이다.

반면에 진핵세포의 DNA는 핵 안에 철저히 감추어져 있다. 게다가 히스톤(histone)이라는 단백질과 결합하여 염색체 형태를 취하고 있어 유전정보가 아주 질서 있게 보호되어 있다. 세균의 DNA는 세포막의 한 지점에서 양 끝이 서로 모여 있기 때문에 전체적으로 원형인 반면에, 진핵세포의 DNA는 길게 풀어 놓았을 때 직선이라는 차이점도 있다.

핵막의 유무로 인해 이 2종류의 세포는 RNA 합성에서 근본적인 차이를 나타낸다. 원핵세포인 세균은 DNA의 유전정보가 RNA로 전사될 때 5′ 끝이 약간 만들어져 나오자마자 리보조옴(ribosome)이 달라붙어서 곧바로 해석(translation)을 시작한다. 즉, 유전자 발현이 같은 공간(세포질)에서, 같은 시간에 일어나는 것이다.

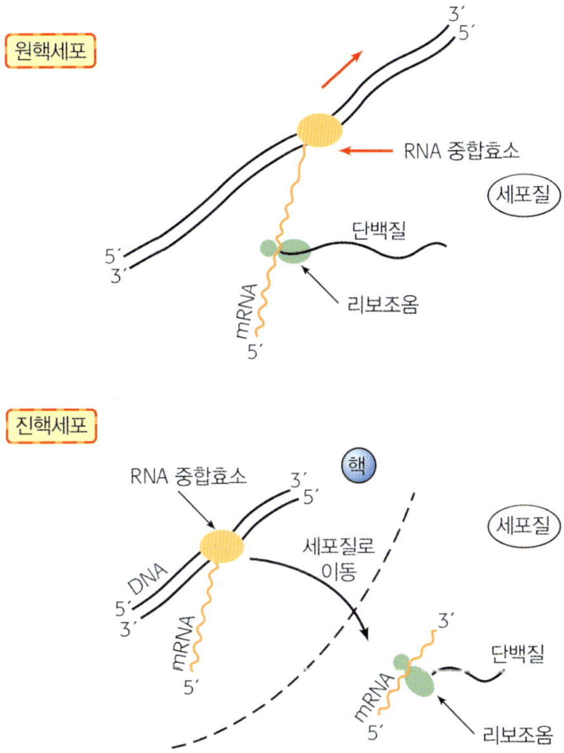

[그림 13-1] 원핵세포와 진핵세포의 전사 과정 비교

그러나 진핵세포에는 핵이 있기 때문에 이야기가 다를 수밖에 없다. 즉, 전사는 핵에서 일어나지만 해석에 필요한 리보조옴들이 세포질에 있기 때문에 전사되어 만들어진 RNA가 세포질로 옮겨와야만 비로소 해석이 시작될 수 있기 때문이다. 따라서 진핵세포에서는 전사와 해석이 별개의 공간, 서로 다른 시간대에 일어난다는 차이가 있다.

센스와 안티센스

전사 과정을 이해하기 위해서는 먼저 DNA의 두 줄을 용어적으로 구별할 필요가 있다. DNA가 복제될 때에는 두 줄이 모두 주형으로 이용되었지만 전사에서는 한 줄만 주형으로 사용되기 때문이다. 분명히 해둘 것은 용어상의 국제협약이다. 두 줄의 DNA는 서로 방향성이 다르기 때문에 국제 규약에 따라서 아무 표시가 없을 때는 왼쪽 상단이 자연스럽게 5′가 된다.

RNA의 합성 방향도 5′→3′이므로, 당연히 DNA의 두 가닥 중 상보적인 3′→5′ 줄이 전사를

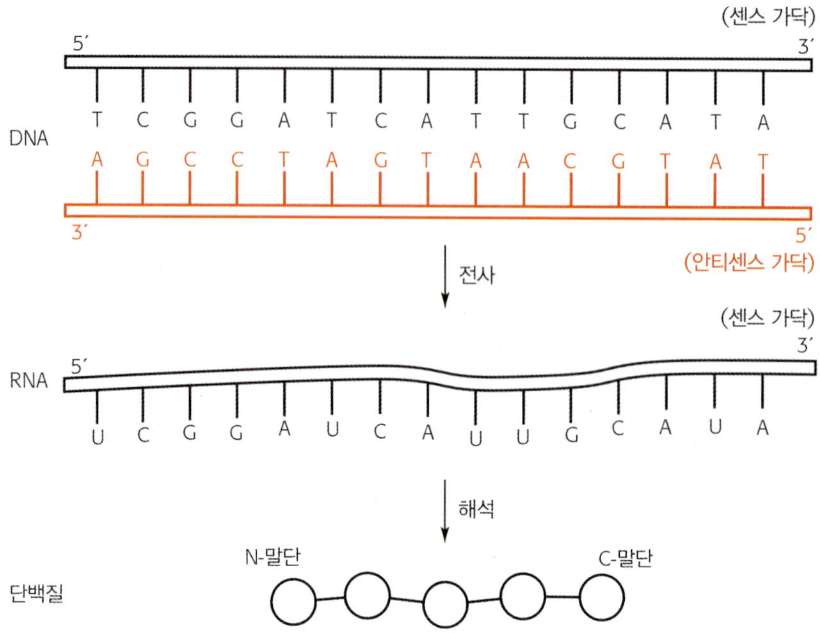

[그림 13-2] sense와 antisense

위한 주형이 된다. 따라서 3′→5′ 줄을 주형줄(template strand)라 부르고, 그 반대쪽 줄인 5′→3′ 줄을 비주형줄(non-template strand)이라 부르는 것이 그동안의 일반적인 습관이었다. 그러나 이런 명칭은 이해하기가 쉽지 않을 뿐더러 혼란을 가져올 수 있기 때문에 꼭 필요한 경우를 제외하고는 더 이상 사용되지 않고 있다. 오히려 최근에는 실질적인 의미에 강조를 둔 용어를 사용하고 있다. mRNA의 경우에 전사되어 나오면 당연히 유전정보가 담겨져 있다. 즉, DNA에 간직된 생명의 의미(sense)가 그대로 복사되어 있는 것이다. 이런 뜻에서 우리는 RNA를 센스 가닥(sense strand)이라고 부른다. 그렇다면 당연히 RNA와 염기서열이 같은 5′→3′ 줄, 즉 비주형줄이 sense DNA가 될 것이고, 주형줄은 antisense DNA가 되는 것이다. 따라서 RNA의 염기서열은 sense DNA와 같고, 다만 T가 U로 바뀌어 있다.

RNA의 합성

RNA도 고분자이기 때문에 중합효소(polymerase)에 의해 만들어진다. 다만 전사에 사용되는 RNA polymerase가 DNA 복제에서 primer를 만들어주던 효소하고 같은 것인가에 대해서는 연구가 계속 이루어지고 있다. RNA polymerase에 대한 연구도 역시 대장균에서 집중적으

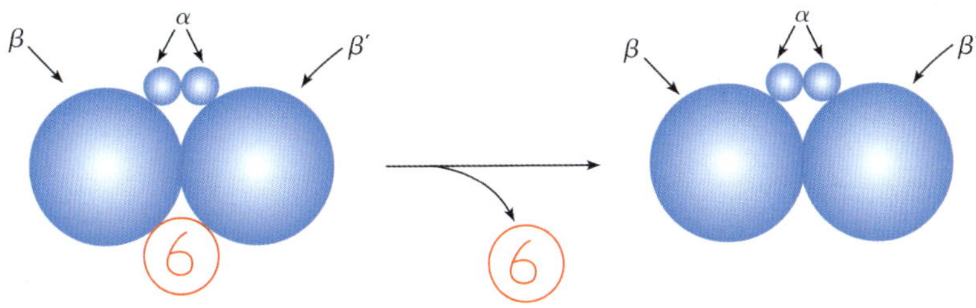

[그림 13-3] 대장균의 RNA polymerase

로 수행되었고, 세부 구조도 이미 1958년에 밝혀져 보고되었다. RNA polymerase는 대장균 한 마리에 7,000여 개 정도 들어 있는데, 이 중 2,000개 이상이 항상 전사 작용에 참여하고 있는 것으로 보인다.

대장균의 RNA polymerase

RNA polymerase는 다섯 개의 소단위체(subunit)로 구성되어 있다. 이들은 각각 두 개의 α와 한 개의 β, 그리고 β'와 σ이다.

RNA polymerase는 두 가지 형태로 존재할 수 있다. σ체까지 붙어 α2ββσ의 온전한 구조를 취했을 때는 거대효소(holoenzyme)가 되고, 분자량은 480,000 Da 정도이다. 그러나 σ가 떨어져 나가서 $\alpha_2\beta\beta'$만 있게 되면 중심효소(core enzyme)가 된다. 이 두 가지의 서로 다른 형태는 전사 과정에서의 임무 역시 조금 다르다.

진핵세포의 RNA polymerase는 조금 더 복잡하다. 종류도 많아서 최소한 세 가지의 RNA polymerase가 이미 발견되어 있다. 이들은 각각 RNA polymerase I, II, III으로 이름 붙여졌는데, 각각 별개의 기능들을 가지고 있어서 I은 rRNA 합성을, II는 mRNA 합성을, III은 tRNA와 5s rRNA 및 U-RNA 합성을 담당하고 있다. 대장균에서는 거대효소 한 종류가 이 모든 기능을 담당하고 있다.

[표 13-1] 진핵세포의 RNA polymerase

종류	위치	합성하는 RNA
I	인	rRNA(45S 전구체 RNA)
II	핵	mRNA 전구체
III	핵	tRNA, 5S rRNA, U6 snRNA 등

개시

RNA 전사는 세포 내에서 연속적으로 일어나는 반응이지만, 이해를 돕기 위해 세 단계로 나누어 설명할 수 있다. 첫 번째 단계는 전사할 유전자의 시작 부분을 RNA polymerase가 인식하는 것이다. 전사가 항상 일정한 곳에서 시작(initiation)되고, 또 끝나야만 온전한 단백질을 합성할 수 있기 때문이다. DNA는 겉모습이 전체적으로 균일하기 때문에 유전자들의 상대적 위치를 표시할 필요가 있다. 이를 위해서, 우리는 DNA의 한 부분을 기점으로 해서 그보다 5′쪽이면 상류(upstream), 3′ 쪽이면 하류(downstream)라고 표시를 한다. 물론 상류와 하류의 개념은 전적으로 상대적인 것이기 때문에 그림에서 Gene 2는 Gene1을 기점으로 할 때 하류이지만 Gene 3보다는 상류에 위치하고 있다.

하나의 유전자는 조절부위(regulatory region)와 구조부위(structural region)로 나뉘어진다. 구조부위는 유전암호가 들어있는 실질적인 부분이고, 조절부위는 그 유전자가 언제, 얼마나 발현될지를 조절해주는 부분이다. 따라서 RNA polymerase는 조절부위를 먼저 알아챈 다음에 거기서부터 전사를 시작한다. 조절부위는 RNA polymerase가 인식할 수 있도록 특별한 구조를 하고 있다. RNA polymerase가 인식하는 부분을 총괄하여 프로모터(promoter)라 부른다. Promoter란 전사를 촉진시킨다는 의미이다. Promoter의 대표적인 구조는 대부분 TATA 또는 이것이 약간 변형된 염기서열이다. 때로는 promoter를 TATA box, 또는 Pribnow box라고도 부른다.

전사가 시작되는 첫 번째 염기를 +1로 지칭한다. 그리고 TATA box는 이보다 상류쪽, 즉 5′ 쪽으로 10여 개 뉴클레오티드(−10) 정도 떨어져 있다. RNA polymerase의 σ가 바로 이 promoter를 인식할 수 있다. σ는 DNA를 스캐닝해 나가다가 promoter를 발견하면 달라붙어서 여기가 바로 유전자의 시작임을 알려준다. 그리고는 자신의 의무를 다했기 때문에 거대효소로부터 떨어져 나가게 된다. 그러면 RNA polymerase는 중심효소만 남아서 TATA box를 벌린 다음 +1 지점으로부터 상보적 뉴클레오티드를 이어나가기 시작한다.

Promoter의 염기서열이 TATA인 이유는 T와 A 사이에는 수소결합이 2개 밖에 없으므로 RNA polymerase가 비교적 쉽게 벌릴 수 있기 때문이다. 거의 모든 유전자에서 promoter

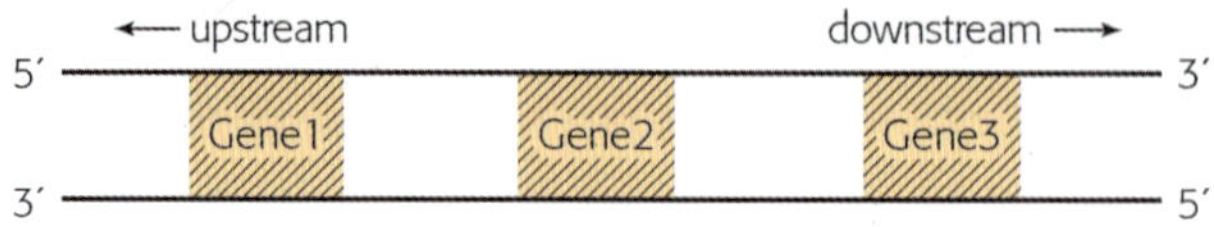

[그림 13-4] upstream과 downstream

의 염기는 TATA이기 때문에 이를 공통서열(consensus sequence)이라 부른다. 드물지만 어떤 유전자에서는 TATA가 TATG, TTAA 등으로 변형되어 있기도 하다. 그럴 경우, RNA polymerase가 이를 promoter로 인식하는 데 약간의 시간이 더 걸리게 되고 그만큼 전사 효율이 떨어질 수밖에 없다. 세포 내의 모든 유전자가 항상 100% 발현되어야 하는 게 아니므로, 이런 변형은 유전자 발현의 수위를 조절하기 위한 수단으로 생각된다.

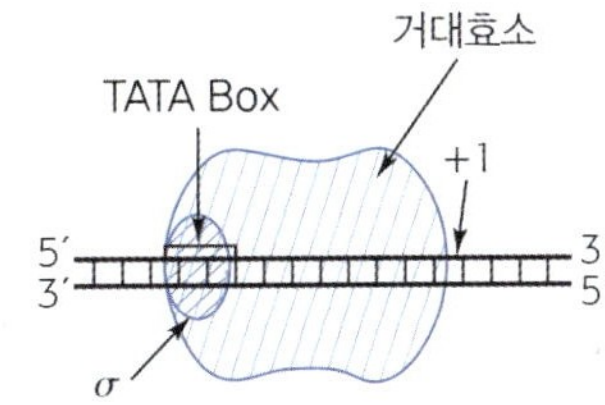

[그림 13-5] promoter의 인식

[표 13-2] promoter의 다양한 염기서열

유전자	210 염기서열
E. coli consensus	TATAAT
lac operon	TATGTT
trp operon	TTAACT
tRNA genes	TATGAT

연장

TATA box를 인식하고, +1 지점에 첫 번째 뉴클레오티드를 떨어뜨림으로써 본격적인 RNA 합성이 시작된다. 이 합성은 단순한 중합반응으로서 DNA 주형에 상보적인 염기를 계속 연장(elongation)해 나가는 생화학 반응의 연속이다. 다만 주형이 A일 때 상보적 염기로서 T 대신 U를 집어넣는 것이 DNA 복제와 다른 점이다. 연장 과정에서는 세 가지 강조할 내용이 있다.

첫째, 최종 RNA 산물에는 유전정보도 들어있지만 좌우에 여백이 있다는 것이다. 즉, 유전정보는 +1이 아닌, 그보다 훨씬 안쪽에 위치해 있다는 것이다. 그렇기 때문에 비록 +1부터 전사가 되더라도 실제 유전정보의 시작인 ATG 염기서열까지는 별로 특별한 의미가 없는 선도서열(leader sequence)이 있기 마련이다. 마찬가지로 유전정보가 끝난 3′ 쪽에도 특별한 유전적 의미가 없는 후미서열(trailer sequence)이 붙어 있다. 때로는 이들을 비해석부위(untranslated region)라고도 한다. 이

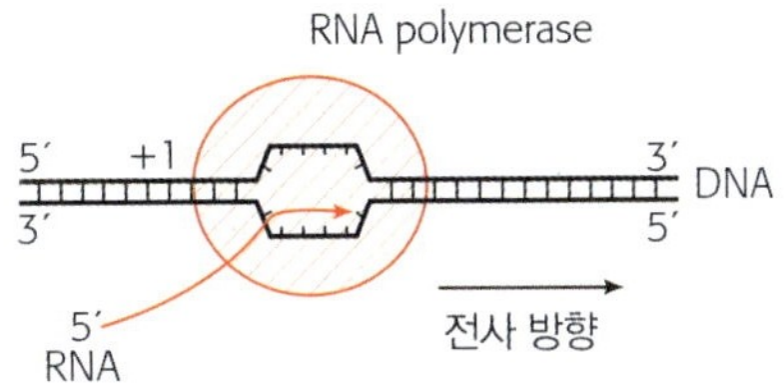

[그림 13-6] 연장

염기서열들은 마치 중요한 유전정보를 경호하듯이 좌우로 둘러싸고 있어 혹시나 있을 수 있는 RNase 효소의 공격으로부터 보호해 주는 역할을 담당한다.

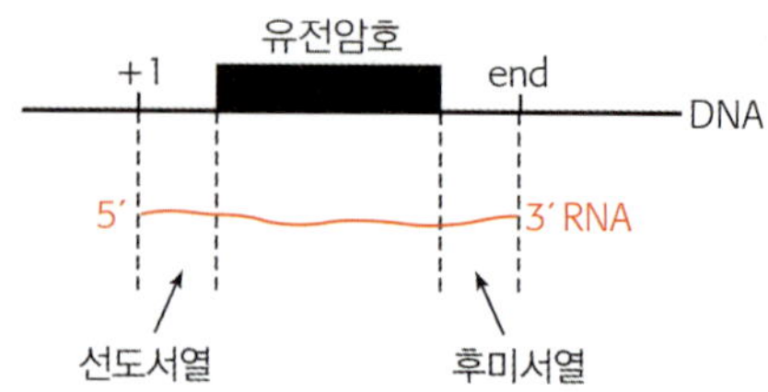

[그림 13-7] RNA의 모습(선도서열과 후미서열)

둘째, RNA polymerase는 RNA 주형을 스스로 풀어나가면서, 또 동시에 사슬을 연장시켜야 하는 대단히 바쁜 효소이다. 즉, helicase의 기능과 중합효소로서의 기능을 동시에 가지고 있는 셈이다. 다만 DNA를 조금씩 풀면서 진행하기 때문에 SSB나 토포이소머라아제의 도움은 필요하지 않다. RNA polymerase는 특별히 교정 능력을 가지고 있지 않다. DNA라면 다음 세대까지 물려주어야 하는 중요한 유전정보이기 때문에 철저하게 교정하여 실수가 없도록 해야겠지만, RNA는 단백질을 합성하기 위한 중간 과정에 불과하고 또 동시에 똑같은 RNA가 수천 개씩 전사되어 발현되고 있으므로 이 중 하나쯤 잘못 만들어질지라도 생명에는 별 지장이 없기 때문이다. 잘못된 것을 바로 잡느라고 애쓰는 것보다 새로이 하나 만드는 것이 더 효율적이라는 것이 RNA polymerase의 기능 원리이다.

셋째, RNA polymerase는 DNA 사슬을 한번에 조금씩만 풀었다가 도로 감아준다. 이를 통해서, 막 합성이 끝난 RNA는 DNA 두 줄이 서로 원위치할 때 주형으로부터 떨어져 나올 수 있게 된다. RNA polymerase는 반응속도가 일정하지 않다는 점에서도 특징적인 효소라 할 수 있다. 즉, 어떤 때는 빠르게 합성해 나가다가도 갑자기 멈춰 서기도 하고 그러다가 또 열심히 만든 것을 모두 부수며 되돌아가기도 한다.

종결

전사의 마지막 단계는 종결(termination)이다. 유전자의 끝부분에는 회문구조(palindrome)라는 특별한 염기서열이 존재한다. 회문구조란 180° 회전시켰을 때 다시 원래 상태로 돌아올 수 있는 염기서열을 의미한다.

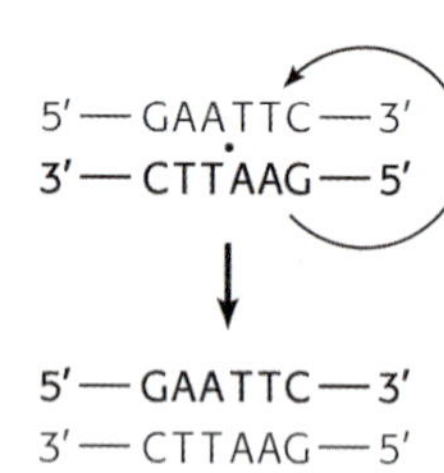

[그림 13-8] 회문 구조의 염기서열 예시

회문구조를 자세히 들여다보면, 같은 줄 내에서도 염기가 상보적인 것을 알 수 있다. 이것은 회문구조가 그림처럼 십자형구조(cruciform)를 이룰 수 있음을 의미하는 것이다. 실제로 세포 내 조건에서는 십자 형태가 더 안정적이라는 견해이다.

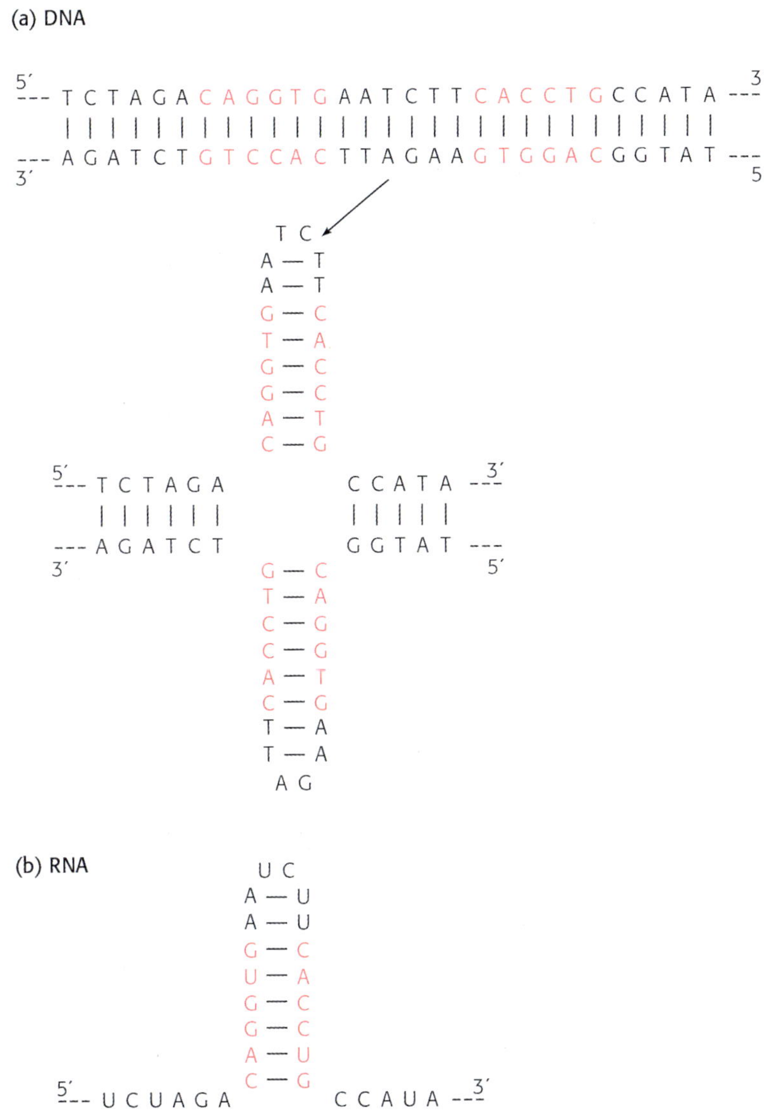

[그림 13-9] cruciform과 hairpin 구조

종결에 대해서는 몇 가지 이론이 있다. 첫째는 RNA polymerase가 전사를 진행해 나가다가 DNA에서 십자형 구조를 발견하면 여기를 유전자의 끝으로 인식하고 정지한다는 이론이다. 둘째 이론은 RNA polymerase가 십자형 구조를 일단 지나친 다음 자기가 만든 RNA를 돌아본다는 것이다. 회문구조로부터 전사된 부분은 머리핀(hairpin, 또는 stem-loop) 구조가 될 것이므로, 이를 알아차리고서 그 지점에서 전사를 마친다는 것이다. 경우에 따라 RNA polymerase는

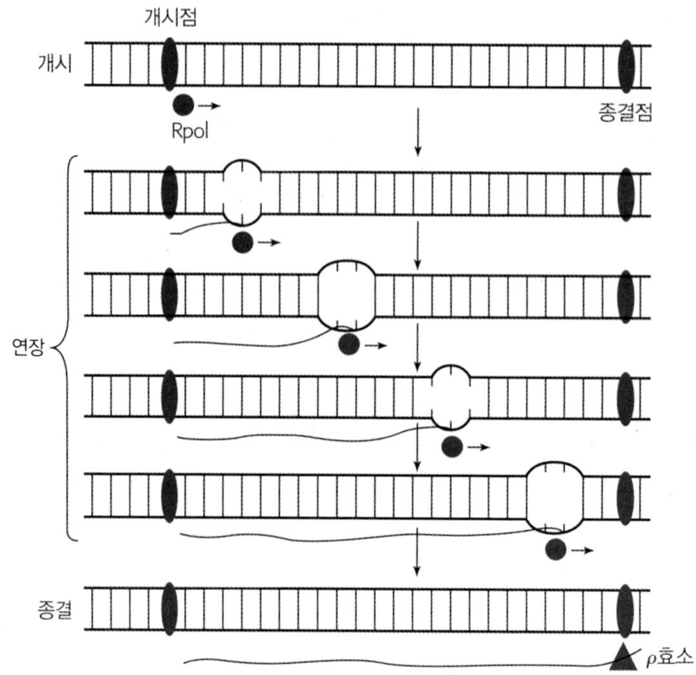

[그림 13-10] RNA 전사 과정 요약

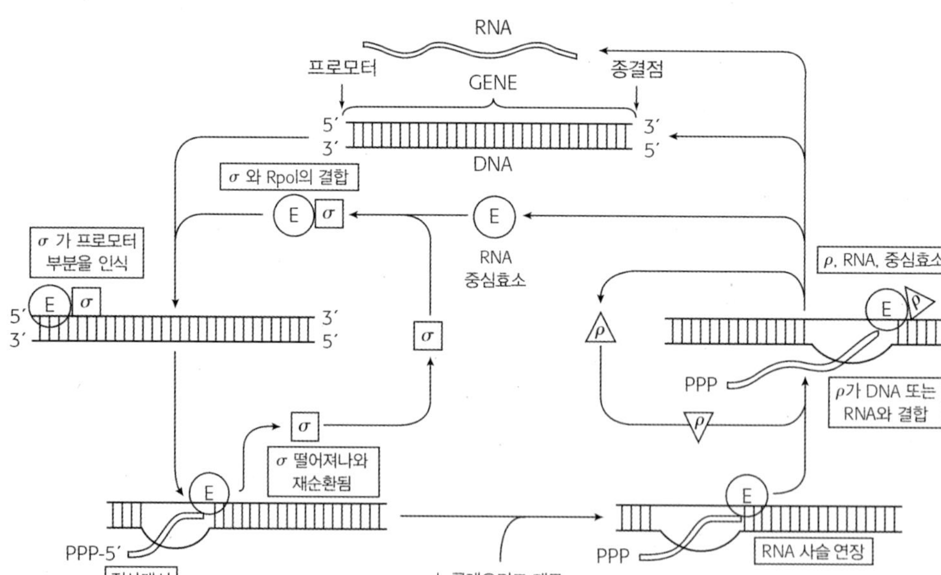

[그림 13-11] 전사 과정에서 사용된 효소들의 재활용

ρ라고 하는 또 다른 효소의 도움을 받아 회문구조를 인식하는 것으로 믿어지고 있다. 전사의 전체 과정은 요약된 바와 같다.

전사가 종결되면 새로 합성된 RNA와 polymerase 등이 모두 DNA 주형에서 떨어져 나간다. 중심효소는 다시 σ와 결합하여 거대효소를 형성한 뒤 두 번째 전사에 재활용된다. 기타 다른 효소들도 모두 재활용된다.

진핵세포에서의 전사

진핵세포의 전사도 원핵세포에서와 크게 다르지는 않지만 전반적으로 훨씬 더 복잡하다. 일단 RNA polymerase가 I, II, III의 3종류이므로 유전자마다 이들이 구별하여 인식할 수 있도록 promoter가 달라야 할 것이다. 즉, RNA polymerase II는 mRNA의 유전자들은 인식하지만 I번 효소가 인식하는 tRNA 유전자는 인식 못한다는 것이다. 이 외에도 진핵세포는 노화, 남·여의 차이, 조직별 분화 등 여러 요인들이 전사에 영향을 미치기 때문에 그만큼 유전자의 발현이 복잡하고 다양할 수밖에 없다.

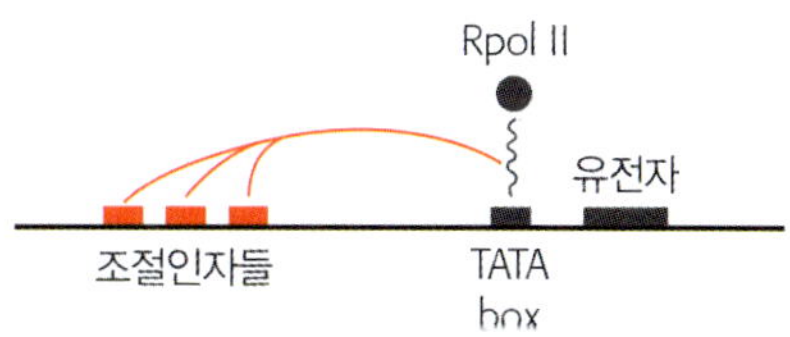

[그림 13-12] 진핵세포의 TATA box와 조절인자들

물론 진핵세포에서도 기본적인 promoter는 TATA box이다. 원핵세포와 구별하기 위해 Hogness box라고도 한다. 그 위치는 원핵세포에서보다 다소 멀어서 (−25)~(−30) 정도이다. RNA polymerase가 크기 때문이다. 그러나 진핵세포에서는 유전자 발현이 다양한 요소와 환경적 요인에 의해 변화하는 만큼 단순히 TATA box만으로 모두 조절되어질 수는 없다. 전사가 언제, 어느 조직에서, 얼마만큼 조절되어야 하는지 등 그 요소들이 너무 많기 때문이다. 성별에 따라서, 그리고 노화 정도에 따라서도 조절이 구별되어야 한다. 따라서 진핵세포의 promoter에는 증폭자(enhancer), 침묵자(silencer) 등 다양한 조절 염기서열이 많이 존재한다. 이런 조절인자들은 대부분 유전자의 5′ 쪽에 위치하지만 어떤 것은 3′ 쪽에서 발견되기도 한다.

| 연습문제 |

01 유전학적 관점에서 원핵세포와 진핵세포의 차이를 말하시오.

02 Sense와 antisense, 주형과 비주형을 각각 구별하시오.

03 대장균의 RNA polymerase 구조를 설명하시오.

04 Holoenzyme과 core enzyme을 구별하시오.

05 진핵세포의 RNA polymerase에 대해서 설명하시오.

06 Upstream과 downstream의 의미를 설명하시오.

07 유전자의 구조 중 조절부위와 구조부위에 대하여 설명하시오.

08 전사의 "개시"에서 promoter의 중요성을 설명하시오.

09 회문구조란 무엇인지 말하고, 그 예를 3개만 들어 보시오.

10 Pribnow box와 Hogness box를 비교하시오.

Chapter

14 | rRNA와 tRNA

전사가 종결되어 만들어진 RNA들은 각기 자신이 맡은 생물학적 기능을 수행하게 된다. 이 중 대표적인 것이 rRNA, tRNA, mRNA들이다. 이들이 유전자 발현이라는 목표를 수행하기 위해 어떻게 상호작용하는지를 알아보기로 한다. 그리고 이 중에서 rRNA와 tRNA의 구조와 합성을 먼저 살펴본다.

RNA들의 기능적 상관관계

RNA는 다양한 종류만큼이나 다양한 기능을 가지고 있다. 대표적인 RNA들은 rRNA, tRNA, mRNA이다. 이밖에도 특수 기능을 수행하는 snRNA, hnRNA, U-RNA 등이 있지만, 이들은 진핵세포에서만 관찰할 수 있다. tRNA와 rRNA는 안정한 RNA(stable RNA)로 분류되는 반면에, mRNA는 불안정한 RNA(unstable RNA)로 분류된다. tRNA와 rRNA는 일단 만들어지면 거의 세포와 수명을 같이 하지만, mRNA는 필요할 때에만 만들어지고 사용 후 곧 다시 분해되어 버리기 때문이다. 예를 들어, 식사 후에는 소화효소가 필요한데, 그 효소를 만들기 위한 유전정보가 DNA로부터 전사되어 나온다. 이때 만들어지는 mRNA는 음식물이 모두 소화되고 나면 빨리 사라져야 할 것이다. 그렇지 않으면 소화효소가 계속해서 만들어지기 때문에 에너지 차원에서의 낭비는 물론 심지어는 위 조직이 상할 수도 있다. 이때문에 mRNA는 필요할 때에만 만들어졌다가 쉽게 분해되는 불안정한 RNA라는 것이다. 대부분의 mRNA는 반감기(half-life)가 수초에서 수 시간 미만인 것으로 알려져 있다.

tRNA와 rRNA는 세포질에서 mRNA를 기다린다. 이는 mRNA가 핵 DNA(nuclear DNA)의 유전정보를 복사해서 세포질로 가져오기를 기다리는 것이다. 그리고 그 정보에 따라 단백질을 합성해 나간다. 이들의 관계는 마치 건축 현장에서 필요한 도구들과 같다. 즉, 중요한 원본 설

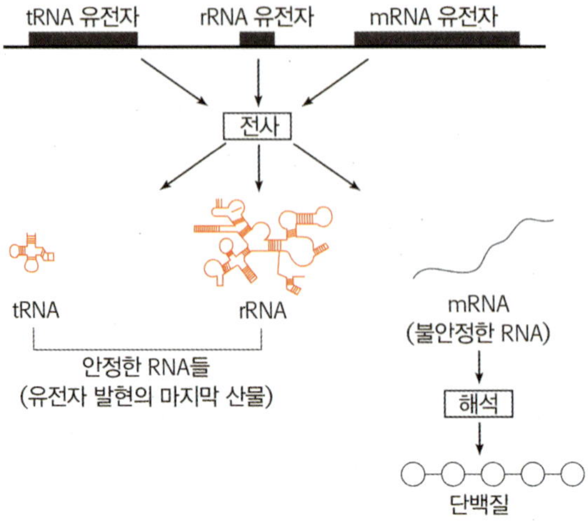

[그림 14-1] rRNA, tRNA, mRNA의 기능적 관계

계도인 DNA는 핵이라는 캐비넷에 잘 보관해 놓고, 그 대신 복사본인 mRNA를 건축현장인 세포질로 가져오는 것이다. 물론 원핵세포에는 핵이 없기 때문에 이 모든 일들이 세포질에서 함께 일어난다. 세포질의 rRNA와 tRNA는 마치 톱이나 대패 같은 연장으로 작용해 단백질을 합성해 내는 것이다. mRNA가 필요할 때만 이용되고 분해되는 것은 집을 다 지은 다음 설계 복사본을 폐기해 버리는 것과 비슷한 원리이다. 설계도면과는 다르게 tRNA와 rRNA는 또 다른 단백질 합성에 계속 사용되어야 할 공구(연장)이므로 안정한 RNA들인 것이다.

rRNA와 tRNA는 구조적으로 mRNA와 차이가 있다. 즉, 처음 전사되어 만들어질 때는 모두가 똑같이 외가닥이지만 그 후에 몇 가지 변형을 거치면서 안정한 구조로 변하는 것이다. 대표적인 변형은 부분적으로 이중나선 구조를 취하는 것이다. 이 경우 동일 분자 내에서의 염기간 상보적 결합, 즉 분자내 가교(intramolecular bridge)가 주된 결합이다. rRNA는 또 다른 rRNA 분자와도 상호결합을 하는데, 이때는 분자간 가교(intermolecular bridge)가 주된 결합이 된다. rRNA는 심지어 단백질과도 결합하기 때문에 일종의 방패효과(shielding effect)를 받을 수도 있다.

tRNA나 rRNA에는 유전정보가 들어있지 않다. 따라서 그 자체가 유전자 발현의 최종산물(final product)인 셈이다. 그러나 mRNA는 단백질에 대한 유전정보들이 들어 있으므로 유전자 발현의 중간산물(intermediate product)이라 말할 수 있다.

S unit

rRNA는 리보조옴이라는 세포소기관의 부속품이다. rRNA란 ribosomal RNA를 줄인 명칭이다. 한 세포의 전체 RNA 중 80~85%가 rRNA에 해당한다. 참고로 tRNA는 약 10% 정도, mRNA가 2~5%, 그리고 기타 RNA들이 약간 발견된다.

세포 그 자체도 작지만, 그 안에 들어 있는 세포소기관이야말로 전자현미경으로나 관찰할 수 있을 정도로 아주 작다. 하물며 세포질에 떠있는 단백질이나 RNA들은 더 말할 나위도 없을 것이다. 그렇다면 이들의 크기를 비교 측정할 수 있는 방법이 전혀 없는 것일까? 1920년경에 스웨덴의 Svedverg가 초고속원심분리장치(ultracentrifuge)를 개발함으로써 작은 물질도 순수 분리할 수 있는 기반을 마련하였다. 세포 반응물을 설탕물처럼 비중 있는 용액 속에서 원심분리하면 아무리 작은 물질도 조금씩 아래로 이동하는 것을 이용한 것이다. 일정한 시간 후에 각 물질별로 이동한 거리를 측정하여 개발한 단위가 바로 S unit이다. 이때의 이동거리는 무게(weight)와 모양(shape)에 따라 결정된다.

[표 14-1] 세포내 주요 분자들의 S값 비교

분자 이름	S값	분자량(Da)
리보조옴		
원핵세포	70S(50S130S)	2,520,000
진핵세포	80S(60S140S)	4,220,000
RNA 분자		
rRNA	5S	35,000
	16S	560,000
	18S	700,000
	23S	1,104,000
	28S	1,800,000
tRNA	4S	23,000–30,000
mRNA	5–25S	25,000–1,000,000
단백질		
사람 cytochrome C	1.17S	13,370
사람 헤모글로빈	4.46S	64,500

rRNA의 구조

rRNA는 리보조옴의 일부분이기 때문에 우선 리보조옴의 전체 구조를 생각해 보지 않을 수 없다. 리보조옴은 두 개의 단위체, 즉 대단위체(large subunit)와 소단위체(small subunit)로 구성되어 있다. 대장균의 리보조옴을 보면 대단위체는 50S이고, 34개의 단백질이 모여 만들어진 것이다. 그리고 그 안에 5S와 23S의 두 개의 rRNA가 들어있다. 한편, 소단위체는 30S이고 21개의 단백질이 모인 것으로 그 안에 16S rRNA가 들어있다. 리보조옴 전체의 무게는 2,520,000 Da이고, 크기는 29×21 nm 정도이다.

진핵세포의 대단위체는 60S, 소단위체는 40S이다. 각각 49개와 33개의 단백질이 모여서 된 것으로 대단위체에서는 28S, 5.8S, 5S의 rRNA들이 발견되고, 소단위체에서는 18S rRNA가 발견된다. 리보조옴 전체는 4,220,000 Da으로 크기가 32×22 nm 정도이다. 5.8S는 진핵세포에서만 발견되는데, 대장균에서는 이것이 23S의 부분으로 들어가 있기 때문이다.

리보조옴 전체의 S값을 보면 원핵세포가 70S, 진핵세포가 80S이다. 이 수치들은 대단위체와 소단위체를 산술적으로만 더한 것과는 상당한 차이가 있다(산술적으로는 80S, 또는 100S가 되어야 함). 그 이유는 두 개의 단위체가 서로 붙을 때 형태가 구형에서 많이 어긋나기 때문이다. S값은 무게뿐만 아니라 모양에 의해서도 달라진다는 것을 기억해야 할 것이다.

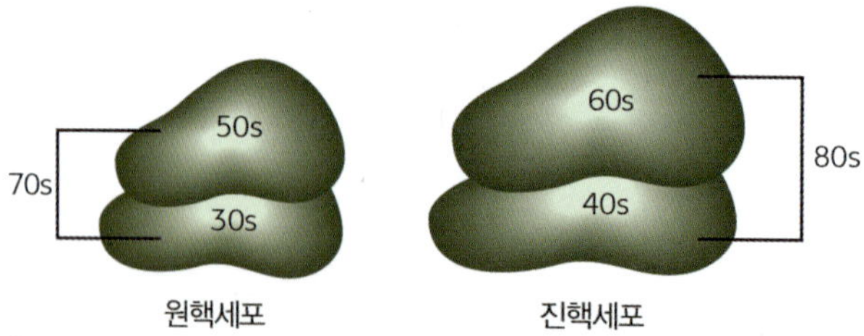

[그림 14-2] 원핵세포와 진핵세포의 리보조옴

rRNA는 두 가지 측면에서 안정성이 보장된다. 첫째는 분자 내, 그리고 분자 간 가교를 통해 부분적인 이중나선 구조를 취하기 때문이고, 둘째는 단백질로 둘러싸여 있어 보호받을 수 있기 때문이다.

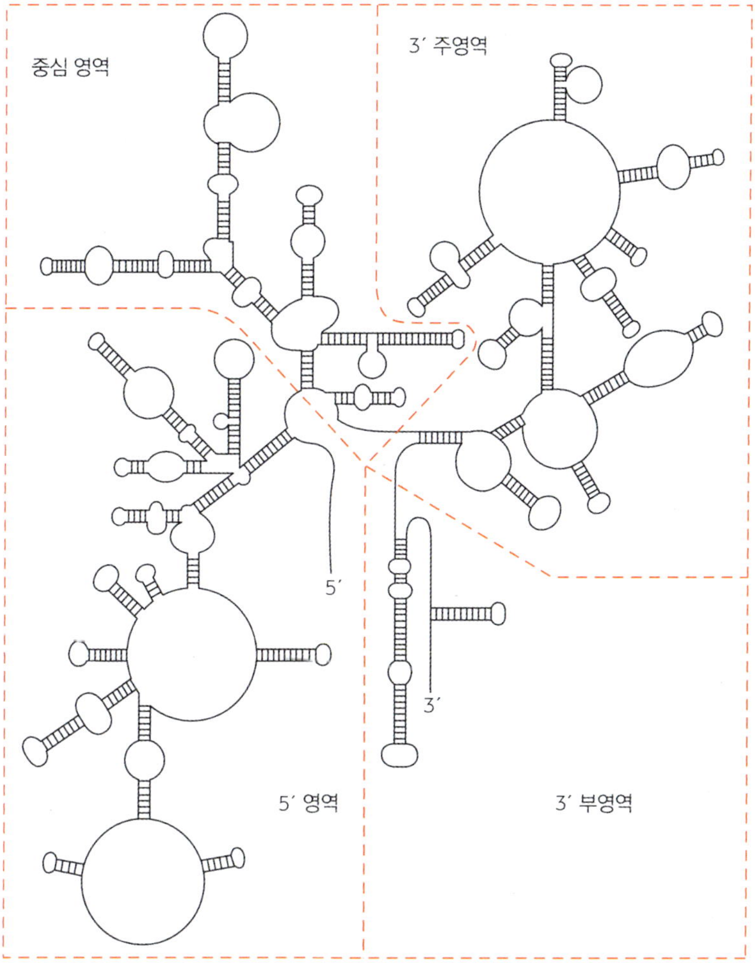

[그림 14-3] *E. coli*의 16S rRNA(1,541 뉴클레오티드)

리보자임

최근에 비롯된 논쟁은 리보조옴의 해석 기능, 즉 효소 기능이 단백질 부분에 있느냐 또는 rRNA에 있느냐는 것이다. 일반적으로 효소라 하면 단백질을 떠올리게 마련이기 때문이지만, 리보조옴의 경우에는 RNA가 효소로 작용할 것이 기대되기 때문이다. 이 논쟁은 1981년 Thomas Cech가 리보자임(ribozyme)의 개념을 처음 도입하여, RNA가 스스로 합성과 절단을 하는 효소 기능이 있다고 밝힌 데에서 비롯된다. 원생동물인 Tetrahymena의 rRNA에서 intron이 자가이어맞추기(self-splicing) 기능이 있음을 밝혔기 때문이다. 이 발견은 유전자가 처음에 RNA 미니유전자(minigene)로 만들어진 후, 스스로 길어지고 짧아지면서 진화했음을 시사하는

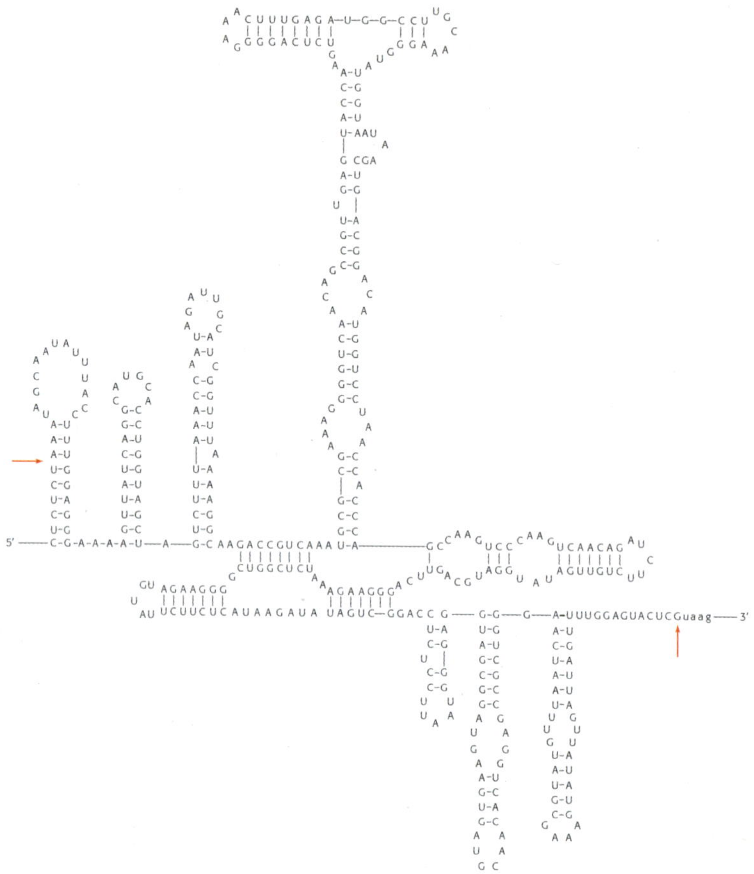

[그림 14-4] *Tetrahymena rRNA*의 self-splicing intron. 화살표 부위가 이어 맞추는 부분

또 다른 증거이다. 리보조옴에서도 처음에는 rRNA가 실질적인 효소 작용을 하였지만, 나중에는 안정성을 위해 단백질이 추가되었을 것이라는 생각이다.

rRNA의 합성

rRNA의 합성은 두 가지 측면에서 살펴 볼 필요가 있다. 첫째, 리보조옴에 들어있는 rRNA가 여러 종류일지라도 만들 때에는 똑같은 양으로 합성해 주어야 한다는 것이다. 만일 그렇지 않은 채 어떤 것은 많게, 또 어떤 것은 적게 만들어진다면 에너지 차원에서 낭비가 되기 때문이다. 대장균의 리보조옴을 만들기 위해서는 23S, 5S, 16S 등 3종류의 rRNA가 필요하다. 이 중 23S가 10,000개, 16S가 5,000개, 그리고 5S가 1개 만들어졌다고 가정을 하면, 23S나 16S에 상관없이 리보조옴은 최종 1개밖에 못 만들어낼 것이다. 그리고 사용되지 않은 나머지 23S

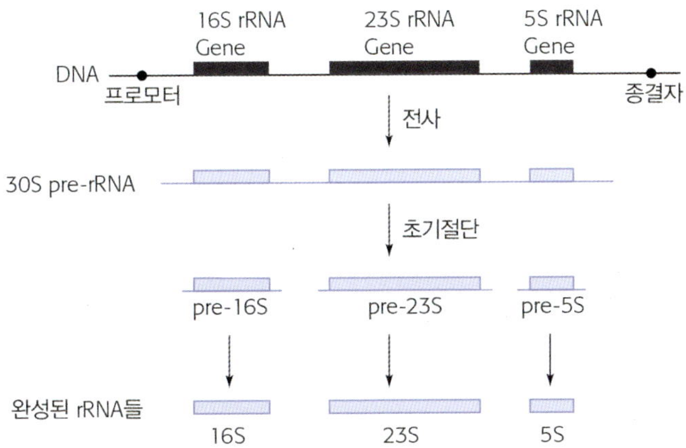

[그림 14-5] rRNA의 전사단위

와 16S는 모두 합성에너지만 낭비한 셈이다. 세포는 이러한 비효율적인 결과를 피하기 위해, 모든 rRNA를 동일하게 합성할 수 있는 장치를 고안해야 할 필요가 있다.

이 장치가 바로 전사단위(transcription unit)이다. 전사단위란 하나의 promoter에서 종결자(terminator)까지의 단위를 말한다. 그림에서 보듯이, 하나의 전사단위 안에 여러 rRNA의 유전자가 모두 하나의 promoter와 terminator 안에 한꺼번에 들어가 있다. 이들은 같은 promoter와 terminator를 이용해 전사되기 때문에 항상 함께 만들어지고 또 종결되게 마련이다. 처음에 만들어지는 것은 rRNA의 전구체(pre-rRNA)이다. 일단 이것이 만들어지고 나서 차후 필요 없는 부분을 제거해 나가게 된다. 전사단위를 이용한 합성은 원핵세포 뿐만 아니라 진핵세포에서도 동일하게 발견된다. 단지 진핵세포에서는 5S rRNA가 별도로 만들어진다는 차이가 있다.

두 번째는 합성 속도이다. 대장균에는 약 20,000개의 리보조옴이 있는데, 평균 세포분열 속도가 20분이므로 1분에 약 1,000개, 1초에는 약 167개나 되는 리보조옴이 새로 만들어져야 한다는 것이다. 이렇게 많은 리보조옴이 단시간에 만들어지려면 전사단위가 동시에 여러 개 필요할 수밖에 없다. 대장균에서는 전사단위가 7개까지 발견되었고, 진핵세포에서도 이와 비슷

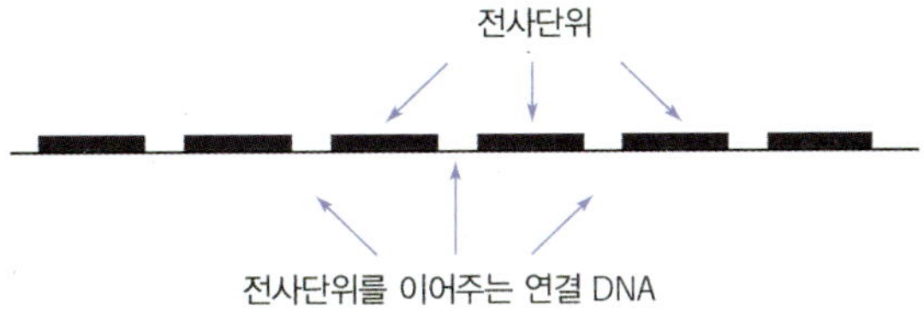

[그림 14-6] 대장균의 다수전사단위

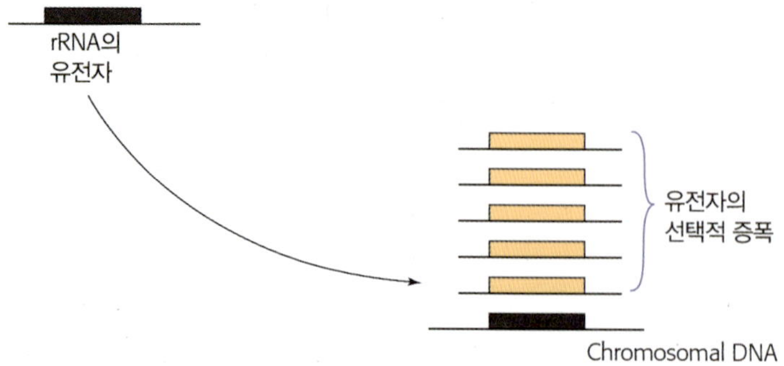

[그림 14-7] 유전자 증폭 현상

하게 다수전사단위(multiple transcription unit)들이 발견되고 있다. 특히 개구리 난자에서는 특정한 유전자가 필요할 때만 일시적으로 증폭되었다가 사라지는 유전자 증폭(gene amplification) 현상도 발견된다.

tRNA

tRNA는 유전자의 염기서열을 아미노산 서열로 바꾸어 주는 중간자(adaptor)이다. tRNA는 1959년 Robert Holley에 의해 처음 분리되었는데, 알라닌(alanine)을 운반하는 tRNAala의 구조가 이때 비로서 밝혀지게 되었다. 이로써 Watson과 Crick이 이야기했던 DNA의 암호가 어떻게 단백질로 바뀌어지는지 규명될 수 있는 근거가 마련되었고, 이 업적으로 Holley 박사는 노벨상을 수상하였다.

tRNA는 비교적 작아서 74~95개 정도의 뉴클레오티드로 되어 있다. tRNA도 처음 전사되었을 때에는 다른 RNA들과 마찬가지로 외줄이지만, 곧바로 내부적으로 상보적 결합을 통해 클로버잎과 비슷한 형태를 취하게 된다.

아미노산이 20여 종류이므로 tRNA도 이론상 20종이 있어야 한다. 그러나 실제로는 세포나 생물에 따라 그 숫자가 조금씩 다르다. 또 tRNA의 공통적 구조는 네잎 클로버 잎이지만 종류별로 조금씩 차이를 보일 수도 있다. 클로버 잎에서는 4개의 팔과 고리 구조들이 관찰된다.

첫째, 수용체 팔(acceptor arm) 부분은 tRNA의 5′와 3′ 끝이 맞닿는 부분이다. 여기에는 7개의 염기가 상보적 결합을 하고 있다. 수용체 팔의 3′ 끝은 항상 5′-CCA-3′로 끝나는데, 여기서 마지막 A에 아미노산이 붙기 때문에 대단히 중요한 부분이다. 둘째, DHU 팔(DHU arm)은 끝부분의 고리에서 디히드로우라실(dihydrouracil)이 거의 항상 발견되기 때문에 붙여진 이름이다(DHU는 dihydrouracil의 약어). 안티코돈 팔(anticodon arm)은 mRNA의 유전암호를 읽어내

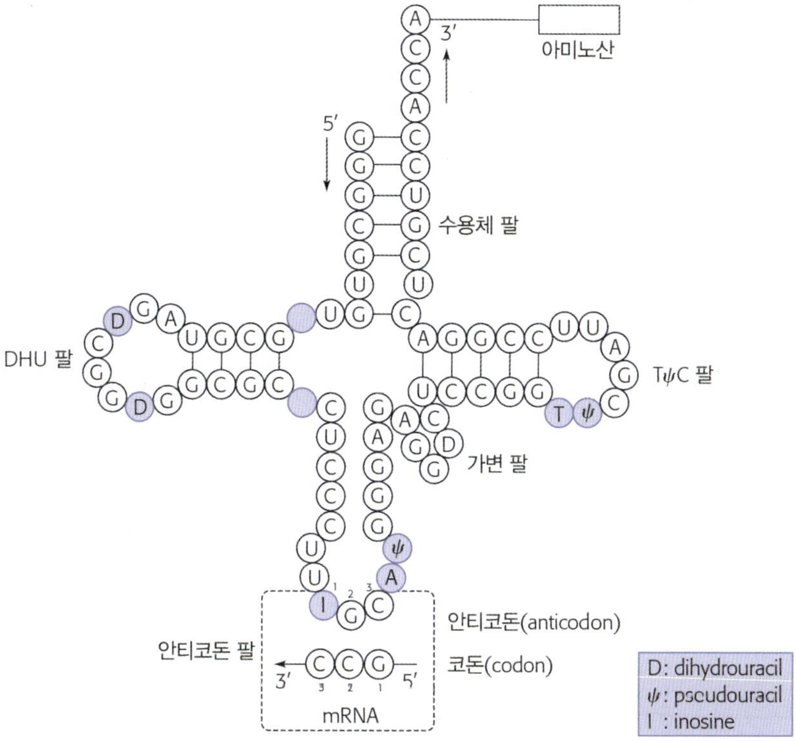

[그림 14-8] tRNA의 클로버 잎 구조

는 부분이다. 여기에는 mRNA의 유전암호 단위인 코돈(codon)과 상보적 결합을 하는 안티코돈(anticodon)이 있기 때문이다. 가변 팔(extra arm, variable arm)은 tRNA 종류에 따라 3~21개 정도의 염기가 추가적으로 있는 고리 부분이다. 이 부분이 rRNA와 결합한다고 알려져 있으나 아직도 정확한 기능에 대해서는 논란이 많다. TψC 팔(TψC arm)은 유사우라실(pseudouracil)이 반드시 고리 안에 있기 때문에 붙여진 이름이다.

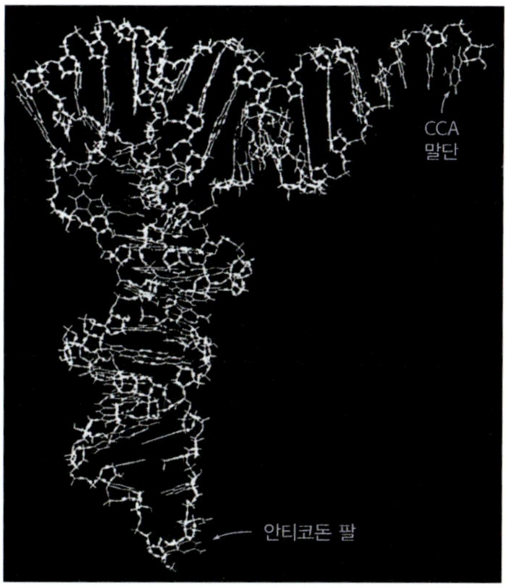

[그림 14-9] tRNA의 3차원적 구조

이처럼 tRNA가 비정상적인 염기를 많이 가지고 있게 된 이유는 안정된 구조를 취하기 위해서이다. tRNA는 rRNA처럼 단백질에 의한 보호를 받지 못하는 대신 RNase의 공격으로부터 피해 나가기 위해 이 효소가 인식할 수 없는 비정상적인 염기들을 여기저기에 가지게 된 것이다.

또한 tRNA를 구성하는 염기들을 불변염기, 반가변염기, 가변염기로 분류할 수 있다. 예를 들어 아미노산과의 결합에 필수불가결한 3′ 끝 CCA 염기서열은 불변이다. 한편 anticodon은 codon에 따라 변해야 하기 때문에 가변염기들로 구성되어 있다.

tRNA의 합성

tRNA도 전사단위로서 합성이 된다. 하나의 전사단위 안에 tRNA 유전자 하나만 들어 있기도 하지만, 경우에 따라서는 2개 이상 7개까지 들어있기도 한다. 일단 전구체인 pre-tRNA가 합성되면 내부적으로 상보적 결합이 일어나 클로버 잎 구조를 취하게 된다. 그런 다음 5′와 3′ 양쪽이 각각 RNase P, RNase D에 의해 끊겨져 나간다. RNase P는 리보조음처럼 단백질과 RNA가 혼합된 효소인데, 실제 기능은 RNA가 한다고 여겨지므로, 또 다른 리보자임의 예라고 생각된다.

tRNA가 가지고 있는 비정상적인 염기들은 DNA 염기서열에서는 발견되지 않는 것들이다. 그렇기 때문에 이런 염기들은 정상적인 염기(A, C, G, U)로 전사된 다음에 변형 과정을 거쳐 만들어지는 것들이다. 이 변형은 모두 생화학 반응으로서 7가지 정도가 알려져 있다.

첫 번째 변형은 3′ 쪽에 필수서열인 CCA를 가져다 붙이는 작업이다. CCA는 필수적인 염기로서 tRNA nucleotidyl transferase에 의해 붙이게 된다. 두 번째는 염기의 메틸화 반응(methylation)이다. 예를 들어, 구아닌의 7번 질소에 메틸기(CH3)를 붙여 7-메틸구아노신(7-methylguanosine)으로 변형시키는 반응이나 우라실의 5번 탄소에 CH3를 붙여 리보티민(ribothymine)으로 만드는 반응들이다. 세 번째는 염기의 내부 구조를 재배열하는 반

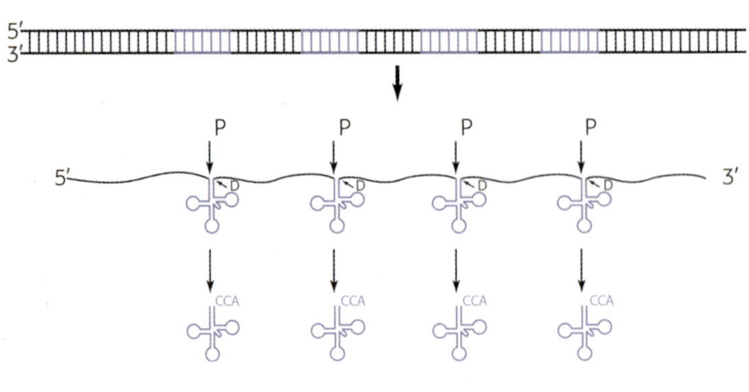

[그림 14-10] tRNA의 합성

응(base rearrangement)이다. 이때에는 전자의 배열을 바꾸어 주는데 우라실을 유사우라실(pseudouracel)로 바꾸는 반응이 좋은 예이다. 네 번째, 이중결합의 포화 반응(double-bond saturation)은 우라실의 이중결합을 수소 두 개로 포화시키는 반응이 그 예이며, 그 결과로 DHU(dihydrouracil)가 만들어진다. 다섯 번째, 탈아미노 반응(deamination)의 예는 구아닌의 2번 탄소에 붙어 있는 NH2기를 제거하는 반응으로, 그 결과 이노신(inosine)이 만들어진다. 여섯 번째, 황치환 반응(sulphur substitution)의 예로는 우라실의 4번 탄소에 황을 붙여주는 반응

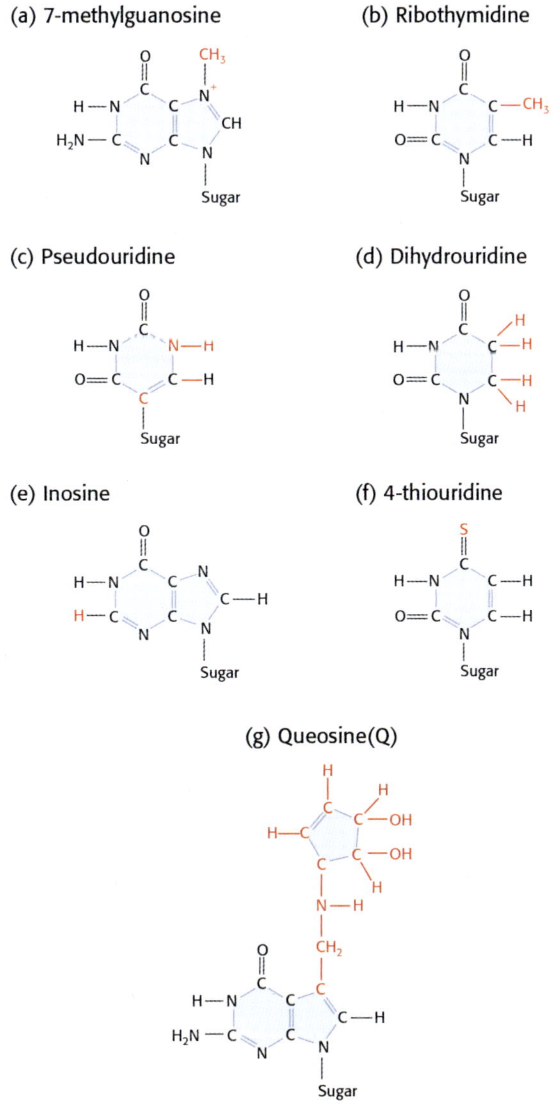

[그림 14-11] tRNA의 변형

을 들 수 있다. 그 결과 4-티오우라실(4-thiouracil)이 만들어진다. 마지막으로, 여러 가지 복합체들을 부가해 줌으로써, 전혀 다른 그리고 복잡한 복합체들을 만들어내기도 한다. 이러한 염기 변형을 통해 tRNA는 세포 내에서 오랫동안 안정한 형태로 유지될 수 있다.

| 연습문제 |

01 안정한 RNA와 불안정한 RNA를 종류별로 구별해 설명하시오.

02 mRNA의 반감기는 일반적으로 대단히 짧다고 알려져 있다. 예외적인 경우를 말해보시오.

03 mRNA, tRNA, rRNA의 기능적 관계를 말하시오.

04 유전자 발현의 중간산물과 최종산물들을 구별해 보시오.

05 S unit를 정의하시오.

06 전사단위(transcription unit)란 무엇인지, 그리고 rRNA와 tRNA의 합성에 대해 설명하시오.

07 리보자임이란 무엇인지 설명하고, 그 예를 3가지만 조사하시오.

08 유전자 증폭현상을 설명하시오.

09 Holley 박사가 밝힌 tRNA의 구조를 간략하게 요약하시오.

10 tRNA의 염기변형 방법을 두 가지 말하시오.

Chapter

15 | mRNA

mRNA는 유전정보가 들어있기 때문에 특별히 주목을 받는 RNA이다. 필요할 때는 한꺼번에 수천 내지 수만 개의 복사본이 만들어지지만, 일단 유전자 발현이라는 목적이 끝나면 사라져야 하기 때문에 만들어지는 과정과 사라지는 과정 모두 궁금할 수밖에 없는 RNA이다. mRNA의 구조와 합성에 대해 살펴보기로 하자.

불안정한 mRNA

mRNA는 유전자 발현이 요구되는 시기에만 잠시 만들어진다. 즉, 반감기가 대단히 짧기 때문에 불안정한 구조라는 말이다. 예를 들어, 원핵세포의 mRNA를 보아도 5′ 끝이 조금 전사되어 나오기만 하면 그대로 리보조옴이 달라붙기 때문에 시간적으로 변형이 일어날 수 없는 구조이다.

mRNA를 대장균에서 처음 확인한 사람은 Sydney Brenner이다. Sydney Brenner는 노벨상을 수상하였는데, DNA의 유전정보가 어떤 중간 과정을 통해 단백질로 바뀌게 되는지를 규명할 수 있는 근거를 마련하였다는 점에서 높이 평가받고 있다.

물론 mRNA는 필요할 때 합성되었다가 분해되어 버리는 불안정한 RNA이다. 그러나 경우에 따라서는 적은 양이라도 항상 필요한 때가 있는데, 이럴 때 우리는 유전자 발현이 "샌다(leaky)"라고 표현한다. 몇 가지 또 다른 예외도 있다. 적혈구에서 발견되는 헤모글로빈의 mRNA들이다. 헤모글로빈은 두 개의 α-글로빈(α-globin)과 두 개의 β-글로빈(β-globin)이 합쳐서 된 것이다. 적혈구는 120일 수명 동안 왕성하게 활동하기 위해 끊임없이 헤모글로빈 합성을 요구하는데, 핵이 없으므로 새로운 글로빈 mRNA를 만들 수가 없다. 그 대신에 처음에 만들어진 글로빈의 mRNA의 수명이 한 번 만들어지면 거의 적혈구와 수명을 같이 할 정도로 길다. 이처럼 mRNA의 반감기가 예외적으로 긴 것이 어떻게 가능한지에 대해서는 계속 연구 중에 있다.

진핵세포의 mRNA 구조

원핵세포에서는 mRNA의 전사가 미처 끝나기도 전에 리보조옴이 달라붙어 해석하므로, 특별히 변형될 시간적 여유도 없고 또 변형되어야 할 이유도 없다. 그렇지만 진핵세포의 mRNA는 조금 사정이 다르다. 왜냐하면, 전사는 핵 속에서 일어나고 해석은 세포질에서 일어나기 때문인데, 이는 리보조옴들이 세포질에 있기 때문이다. 따라서 mRNA는 핵에서 만들어진 다음 세포질로 이동을 해야만 한다. 그러기 위해서는 전사가 완전히 끝날 때까지 기다려야 하고 더 오랜 시간을 버티어야 하므로, 양 끝을 보호하기 위한 변형이 필요하게 된다. 일부 연구에 의하면 먼저 완성된 5′ 쪽부터 핵막을 거쳐 세포질로 이동해 나간다고도 하지만, 핵막으로 인해 전사 과정과 해석 과정이 분리되어 있는 만큼 원핵세포에 비해 전체적으로 더 오랜 시간이 걸릴 수밖에 없는 것이다.

또 다른 문제는 intron의 제거이다. 진핵세포의 유전자는 exon과 intron으로 나뉘어져 있으므로 전사 과정에서 intron이 모두 제거되어야 하기 때문이다. Intron을 제거하고 exon들끼리 이어주는 작업을 RNA splicing이라고 말한다. 진핵세포의 유전자가 exon과 intron으로 나누어져 있고, 또 전사 과정에서 intron만 제거된다는 사실은 막 전사되어 나온 핵 mRNA(pre-mRNA)와 세포질에서 발견되는 성숙한 mRNA(mature RNA)를 비교하면서 알게 되었다. 핵의 mRNA와 비교할 때 세포질의 mRNA는 전반적으로 훨씬 짧아진 형태였기 때문이다. 핵에서 발견되는 pre-mRNA를 hnRNA(heterogeneous nuclear RNA)라고도 말한다. 성숙한 mRNA가

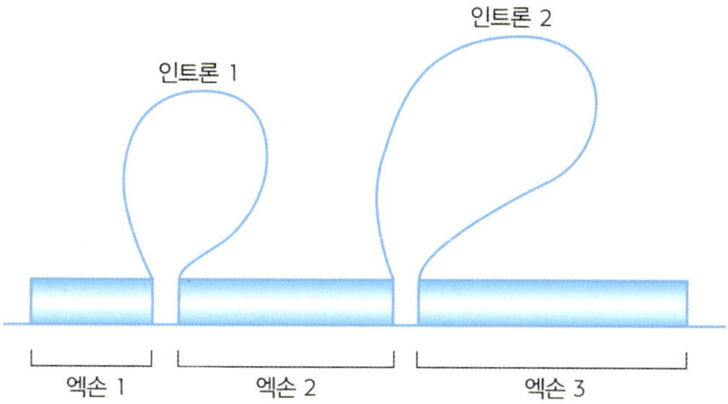

[그림 15-1] RNA splicing의 증거

짧은 이유는 핵막을 통과하면서 intron이 제거되기 때문이다.

Intron과 RNA splicing의 또 다른 직접적인 증거는 전자현미경 사진에서 찾아볼 수 있다. 먼저 세포에서 뽑아낸 DNA를 끓여 두 줄을 벌린 다음에 hnRNA와 세포질 mRNA를 섞고서 다시 온도를 낮추어 준다. 그렇게 되면 상보적 결합에 의해 DNA의 두 줄이 다시 붙기도 하지만, DNA와 hnRNA, DNA와 세포질 mRNA의 혼성체(hybrid)도 만들어지게 된다. 이를 전자현미경으로 들여다보면 DNA와 hnRNA의 혼성체는 그냥 긴 실처럼 보이지만, DNA와 세포질 mRNA의 혼성체에서는 intron 부분이 상보적으로 결합할 수 없어 고리처럼 튀어나와 보인다.

mRNA의 합성

진핵세포의 mRNA는 핵에서 만들어진 다음 세포질로 이동해야만 리보조옴과 반응할 수 있기 때문에 전사와 해석이 동시에 일어나는 원핵세포에서와는 근본적으로 다를 수밖에 없다. 가장 큰 차이점은 5′ 와 3′ 끝이 변형되어 시간적으로 보호를 받는다는 점이다. mRNA의 5′ 끝에는 인이 세 개 붙어있게 마련이다. 여기에 7−methylguanosine(메틸화 반응으로 7번 질소에

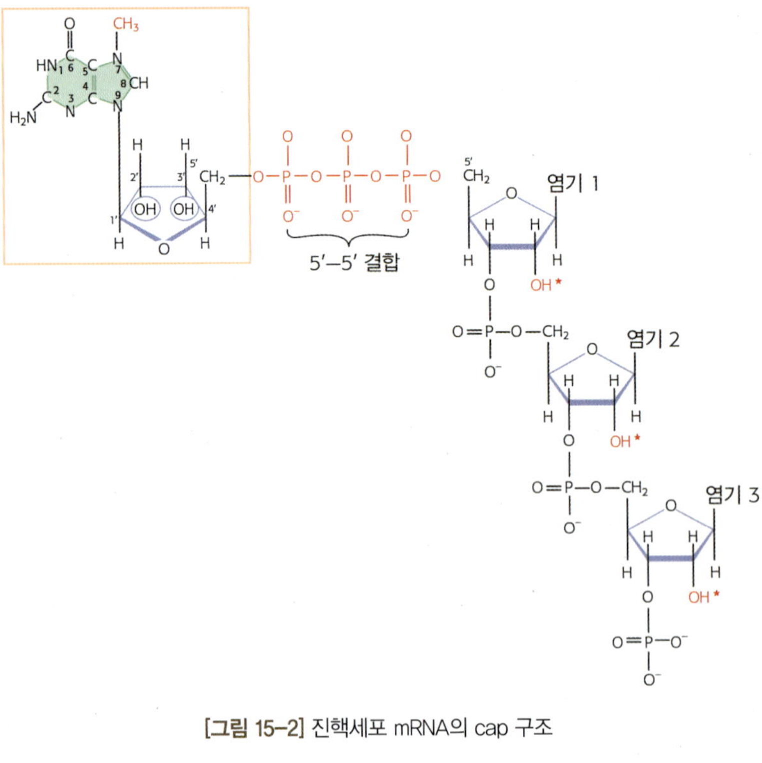

[그림 15−2] 진핵세포 mRNA의 cap 구조

CH3가 붙은 guanosine)이 붙으면 5′ 쪽을 모자 씌우듯이 보호하기 때문에 캡(cap) 구조라고 부른다. 7−methylguanosine과 mRNA의 첫 번째 뉴클레오티드 사이의 결합은 비정상적인 5′−5′ 결합이다. 캡을 붙인 뒤에도 5′ 쪽을 더욱 완벽하게 보호하기 위해 처음 2~3개의 뉴클레오티드에 메틸기를 추가적으로 붙여 놓기도 한다(그림의 * 부분). 이처럼 변형된 구조는 mRNA가 세포질까지 온전히 빠져나오도록 보호해 주는 역할을 한다.

한편, mRNA의 3′ 쪽에는 아데닌(A) 뉴클레오티드가 수십 개에서 수백 개까지 붙어 있다. 따라서 마치 긴 꼬리처럼 보이기 때문에 poly(A) tail이라고 부른다. 이 poly(A)는 DNA 주형에는 없는 것으로 mRNA의 전사가 끝난 뒤 poly(A) polymerase라는 별개의 효소가 따로 붙여 주는 것이다. 이를 위해 진핵세포의 유전자에는 mRNA 전사가 끝나기 20~30 bp 전에 특별한 신호가 있다. 이 신호는 5′−AAUAAA−3′라는 염기서열인데, 아데닐화 신호(adenylation signal 또는 polyadenylation signal)라 부른다. RNA polymerase가 이 신호를 지나면 곧 전사가 끝나고 poly(A) polymerase에 의해 A가 연속적으로 붙게 된다. Cap과 poly(A) tail 덕분에 진핵세포의 mRNA는 핵에서 세포질로 이동하면서 보호를 받을 수 있다. 특이할 점은 히스톤 mRNA에는 이 poly(A) tail이 없다는 것인데, 아직까지 그 이유가 분명하지 않다. β−globin mRNA를 예로 보면 poly(A) tail이 분명하게 나타나 있다.

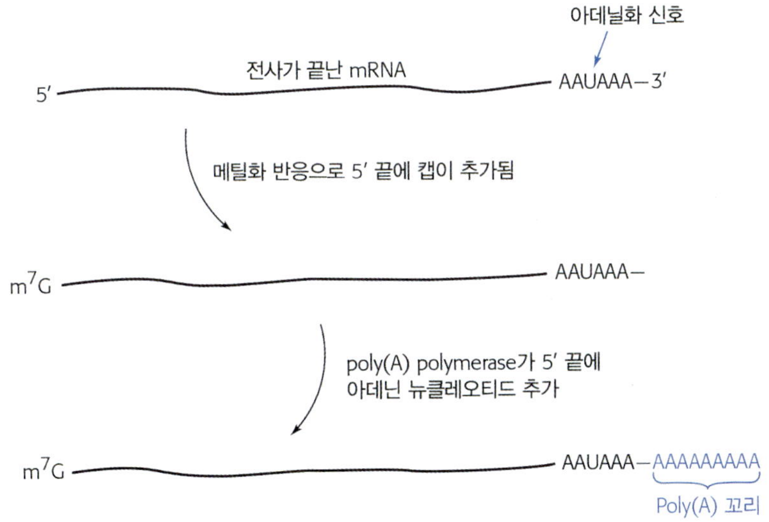

[그림 15−3] 진핵세포의 poly(A) tail

									m7GpppAC	AUU	−15 UGC	UUC	UGA	CAC	AAC	−10 UGU	GUU	CAC
UAG	CAA	−5 CCU	CAA	ACA	GAC	ACC	0 AUG	GUG	CAC	CUG	ACU	5 CCU	GAG	GAG	AAG	UCU	10 GCC	GUU
ACU	GCC	CUG	15 UGG	GGC	AAG	GUG	AAC	20 GUG	GAU	GAA	GUU	GGU	25 GGU	GAG	GCC	CUG	GGC	30 AGG
CUG	CUG	GUG	GUC	35 UAC	CCU	UGG	ACC	CAG	40 AGG	UUC	UUU	GAG	UCC	45 UUU	GGG	GAU	CUG	UCC
50 ACU	CCU	GAU	GCU	UAC	55 AUG	GGC	AAC	CCU	AAG	60 GUG	AAG	GCU	CAU	GGC	65 AAG	AAA	GUG	CUC
GGU	70 GCC	UUU	AGU	GAU	GGC	75 CUG	GCU	CAC	CUG	GAC	80 AAC	CUC	AAG	GGC	ACC	85 UUU	GCC	ACA
CUG	AGU	90 GAG	CUG	CAC	UGU	GAC	95 AAG	CUG	CAC	GUG	GAU	100 CCU	GAG	AAC	UUC	AGG	105 CUC	CUG
GGC	AAC	GUG	110 CUG	GUC	UGU	GUG	CUG	115 GCC	CAU	CAC	UUU	GGC	120 AAA	GAA	UUC	ACC	CCA	125 CCA
GUG	CAG	GCU	GCC	130 UAU	CAG	AAA	GUG	GUG	135 GCU	GGU	GUG	GCU	AAU	140 GCC	CUG	GCC	CAC	AAG
145 UAU	CAC	UAA	GCU	CGC	150 UUU	CUU	GCU	GUC	CAA	155 UUU	CUA	UUA	AAG	GUU	160 CCU	UUG	UUC	CCU
AAG	165 UCC	AAC	UAC	UAA	ACU	170 GGG	GGA	UAU	UAU	GAA	175 GGG	CCU	UGA	GCA	UCU	180 GGA	UUC	UGC
CUA	AUA	AAA	AAC	AUU	UAU	UUU	CAU	UGC	POLY A									

[그림 15-4] β-globin의 mRNA

mRNA의 분리

유전자는 exon과 intron으로 되어 있지만, 대부분의 경우 유전암호가 있는 exon만을 연구하고 싶은 것이 보통이다. 그런 점에서 mRNA는 이미 intron이 제거되었기 때문에 좋은 재료라 할 수 있다. 그러면 mRNA만을 따로 분리해낼 수 있는 방법이 있을까?

Poly(A) tail은 다른 RNA로부터 mRNA를 분리해내기 위한 좋은 도구가 된다. 세포를 터뜨리면, DNA, RNA, protein들이 쏟아져 나오고 밀도구배 원심분리로 쉽게 RNA만을 분리할 수 있다. 그러나 여기에는 모든 종류의 RNA가 섞여 있기 때문에 유전정보만을 연구하려면 mRNA를 따로 분리해내야 한다. 먼저 주사기처럼 생긴 컬럼(column)을 만들고 여기에 인공합성한 poly(T) 또는 poly(U)를 채워 넣는다. 그런 다음 RNA의 혼합물을 위에서 부으면, mRNA는 poly(A) 꼬리가 A=T, 또는 A=U 결합으로 붙게 되지만 다른 RNA들은 컬럼을 그대로 통과해 버리게 된다. 그런 다음 NaCl 용액을 부으면, A와 T 또는 U 사이의 수소결합이 풀려 mRNA만을 회수할 수 있다. 여기 사용되는 poly(T)나 poly(U)의 길이는 약 11~17 base 정도의 올리고머(oligomer)이다. 다만 히스톤 단백질의 mRNA는 poly(A) 꼬리가 없기 때문에 이 방법으로 분리가 불가능하다.

RNA splicing

양쪽 끝이 보호된 mRNA에서 다음 합성 단계는 intron의 제거이다. hnRNA에는 intron이

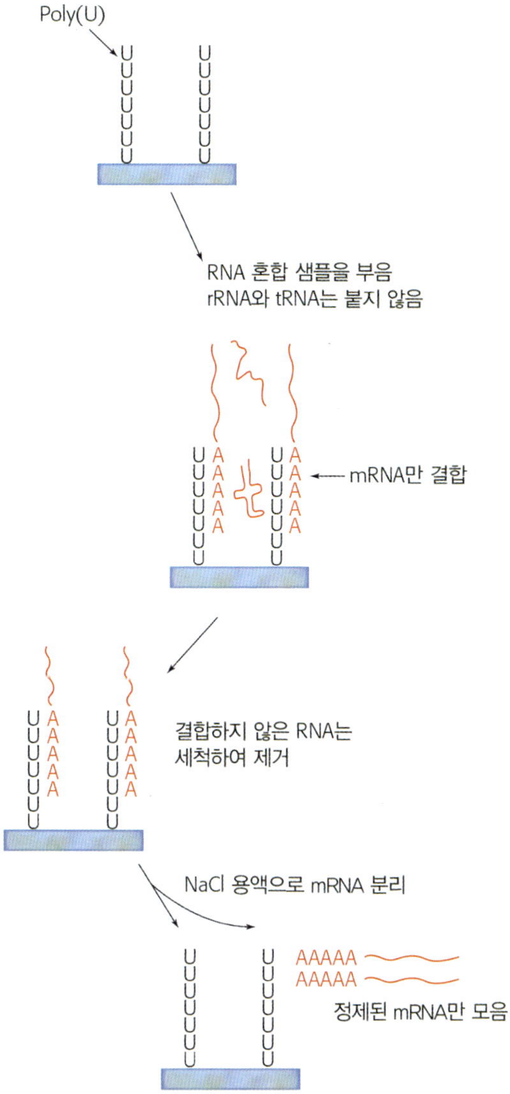

[그림 15-5] mRNA의 순수분리 실험

그대로 들어 있기 때문에 핵막을 거쳐 나오면서 제거되고 exon끼리 맞추어져야 유전정보가 연속될 수 있다. 이 과정을 RNA splicing 또는 RNA processing이라고 한다.

RNA splicing는 대단히 복잡한 과정을 거쳐 일어난다. 여기에서는 GT-AG 법칙에 따르는 보편적인 intron에 대해서만 논하기로 한다. GT-AG intron이란 intron의 5′ 끝이 GT(hnRNA에서는 GU), 3′ 끝이 AG로 끝나는 intron을 말한다.

진핵세포에는 U-RNA라는 또 다른 종류의 RNA가 있다. U-RNA는 우라실이 많이 들

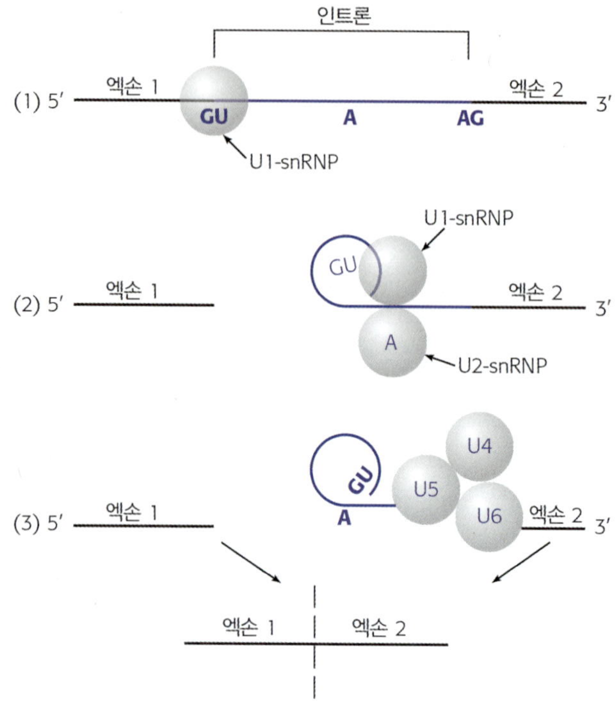

[그림 15-6] RNA splicing

어있기 때문에 이름 붙여진 것인데, "핵 속의 작은 RNA"라는 뜻에서 snRNA(small nuclear RNA)라고도 부른다. 크기는 100~200 base 정도이며, 단백질에 결합하여 복합체를 이루면 snRNP(small nuclear ribonucleoprotein)라고 부른다. snRNP 한 개에는 snRNA도 보통 한 개가 들어있기 마련이다. snRNA도 리보자임의 또 다른 예이다.

RNA splicing 과정은 다음과 같다. 먼저 intron의 5′ 쪽이 잘라져 나간다. 이 과정에는 U1-snRNP가 참여하는데, 특히 U1 snRNA가 intron의 GT 염기서열과 상보적 결합을 형성하면서 반응이 시작된다. U RNA는 이름은 snRNA들에게 붙여진 이름으로, 우라실이 구조 내에 많이 들어 있다는 뜻이다. 지금도 계속 진행 중이지만, 현재까지 10여 종류의 U RNA가 발견되었다. 이름은 발견되는 순서대로 번호를 붙여 명명한다. snRNA는 small nuclear RNA를 줄인 말인데, 실제로는 단백질과 결합하여 있기 때문에, 앞서 말했듯이 또 다른 리보자임의 예로 생각된다. 예를 들어, U RNA가 단백질과 결합하여 있으면 snRNP(small nuclear ribonucleic protein)이다.

끊어진 intron의 5′ 끝은 자기 허리 부분의 가지치기 위치(branch site)라는 곳에 결합하여 올가미 구조(lariat structure)를 형성한다. Branch site의 염기서열도 대개는 공통적인데, 특히 아데닌 염기(A)가 중요한 것으로 알려져 있다. Branch site에서의 올가미 구조 형성은 U2-snRNP가 도와준다. 아마도 5′ 끝의 U1과 branch site의 U2 사이의 상호협조가 있기 때문이라 생각된다. 일단 올가미가 형성되면 U5, U4/U6 등의 snRNP들이 계속 달라붙어서 3′ 쪽을 잘라내게 된다. 이렇게 snRNP들이 한 곳에 잔뜩 모이게 되면 하나의 커다란 덩어리처럼 보이게 되는데, 이런 U-snRNP들의 집합을 스플라이스조옴(spliceosome)이라고 부른다. 모든 U-RNA가 전부 RNA splicing에 참여하는 것은 아니기 때문에 계속 발견되는 U3, U7, U8, U9, U10, U11 등의 기능을 지금도 추적하고 있다.

RNA 중에는 GT-AG 법칙을 따르지도 않고 스스로 길어지거나 절단할 수 있는 종류도 있다. 이것이 유명한 원생동물 Tetrahymena의 rRNA intron에서 일어나는 자가이어맞추기(self-splicing)이다. 이러한 RNA의 intron은 GT-AG 법칙을 따르지 않기 때문에 snRNP의 도움을 받지 않고, 양쪽 5′와 3′ 끝이 서로 가까워진 다음 스스로 잘려져 나오게 된다.

이 외에 self-splincig이면서도 GT-AG intron처럼 올가미 구조를 만드는 중간 형태의 것이나 tRNA의 intron처럼 RNase(ribonuclease)에 의해 제거되는 것 등 다양한 종류의 intron이 계속 발견되고 있다. Self-splicing이 학문적으로 중요한 이유는 최초의 유전물질이 DNA가 아닌 RNA라는 증거가 되기 때문이다. 즉, 최초에 합성된 짧은 RNA들이 자기복제와 splicing을 스스로 거치면서 점점 길어져서 다양한 유전정보를 내포하게 되었고, 나중에 보다 안정한 구조인 DNA로 진화하였다는 증거가 되기 때문이다.

RNA 편집

5′의 cap과 3′의 poly(A) tail로 변형된 다음, intron까지 제거된 성숙된 mRNA는 이제 세포질로 나오게 된다. 많지 않은 경우이지만, 이러한 변형 외에도 RNA 편집(RNA editing)이라는

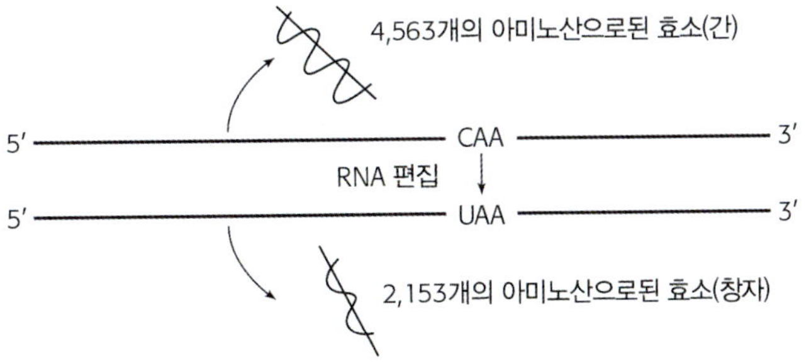

[그림 15-7] RNA 편집

또 다른 변형 과정을 겪는 경우가 종종 발견된다. 즉, 만들어진 mRNA에 몇 개의 뉴클레오티드가 삽입된다든가 바뀌거나 제거되는 등의 변형이 추가로 일어나는 경우가 종종 발견되고 있다. 대표적인 것은 사람의 apolipoprotien-B처럼 C가 U로 변하는 경우이다. RNA 편집은 언뜻 보기에는 무작위적인 것 같지만 사실은 대단히 정교한 작업이다. 왜냐하면, 이런 mRNA들은 사실상 RNA 편집이 없다면 그 기능이 없을 것이지만, 편집으로 인하여 정보가 살아나기 때문이다. Apolipooprotien-B의 경우에는 조직 특이적(tissue specific)으로 편집이 되기 때문에 소화기 창자에서는 C-U로 바뀜으로써, CAA가 UAA(정지코돈)로 바뀌어 2,153개의 아미노산으로 된 짧은 단백질 효소가, 간에서는 4,563개의 아미노산으로 이루어진 완전한 길이의 효소가 만들어지는 것이다.

siRNA와 간섭현상

RNA 간섭은 RNA interference 또는 약자로 RNAi라고 쓴다. RNA 간섭현상은 microRNA (miRNA)와 small interfering RNA(siRNA)라는 분자량이 작은 두 가지 RNA에 의해 이루어진다. 이 두 가지는 어떻게 만들어지는지 그 유래만 다를 뿐(miRNA가 전사를 통해 핵 속에서 만들어지는 반면, siRNA는 외부에서 유래되어 만들어진다), 일단 만들어지면 같은 메커니즘에 의해 RNA 간섭현상을 일으킨다. 보통은 RNA 간섭현상에 의해 단백질 발현이 억제되기 마련이지만, 오히려 siRNA가 promoter를 자극해 발현을 증폭시키기도 한다. 원래 RNA 간섭현상은 바이러스나 전위인자(transposon) 같은 기생 유전자로부터 세포를 보호하기 위한 장치였지만 이렇게 유전자의 발현을 조절하기도 하는 것이다.

진핵세포에는 다이서(dicer)라는 효소가 있다. 이 효소는 endonuclease 기능을 가지고 있어서 만약 세포내에 두 줄의 RNA(double-stranded RNA, dsRNA)가 나타나면, 이를 20 bp 정도의 길이로 짧게 절단해 버린다. 이렇게 잘라진 RNA가 바로 siRNA또는 miRNA이다. dsRNA는 외부에서 들어올 수도 있고 아니면 전사 과정에서 스스로 만들어지기도 한다. 외부에서 들어오는 경우(siRNA)는 바이러스 유래인 경우가 대부분이고, 내부에서 만들어지는 경우(miRNA)는 핵에서 전사된 RNA가 세포질로 빠져 나가면서 내부 염기서열의 상보적 결합 때문에 머리핀 구조(stem-loop structure)를 형성해서 만들어지는 것이 보통이다. 이렇게 세포질로 이동한 dsRNA는 다이서 효소를 유도해내게 되고, 유도된 다이서 효소는 dsRNA를 21~23 bp 정도로 절단해주는 것이다. 그러면 이 짧은 dsRNA는 외줄로 풀려나오게 되고, RISC(RNA-induced silencing complex)라 부르는 복합체 속에 들어가서 잠시 그 구성성분이 된다. 그러다가

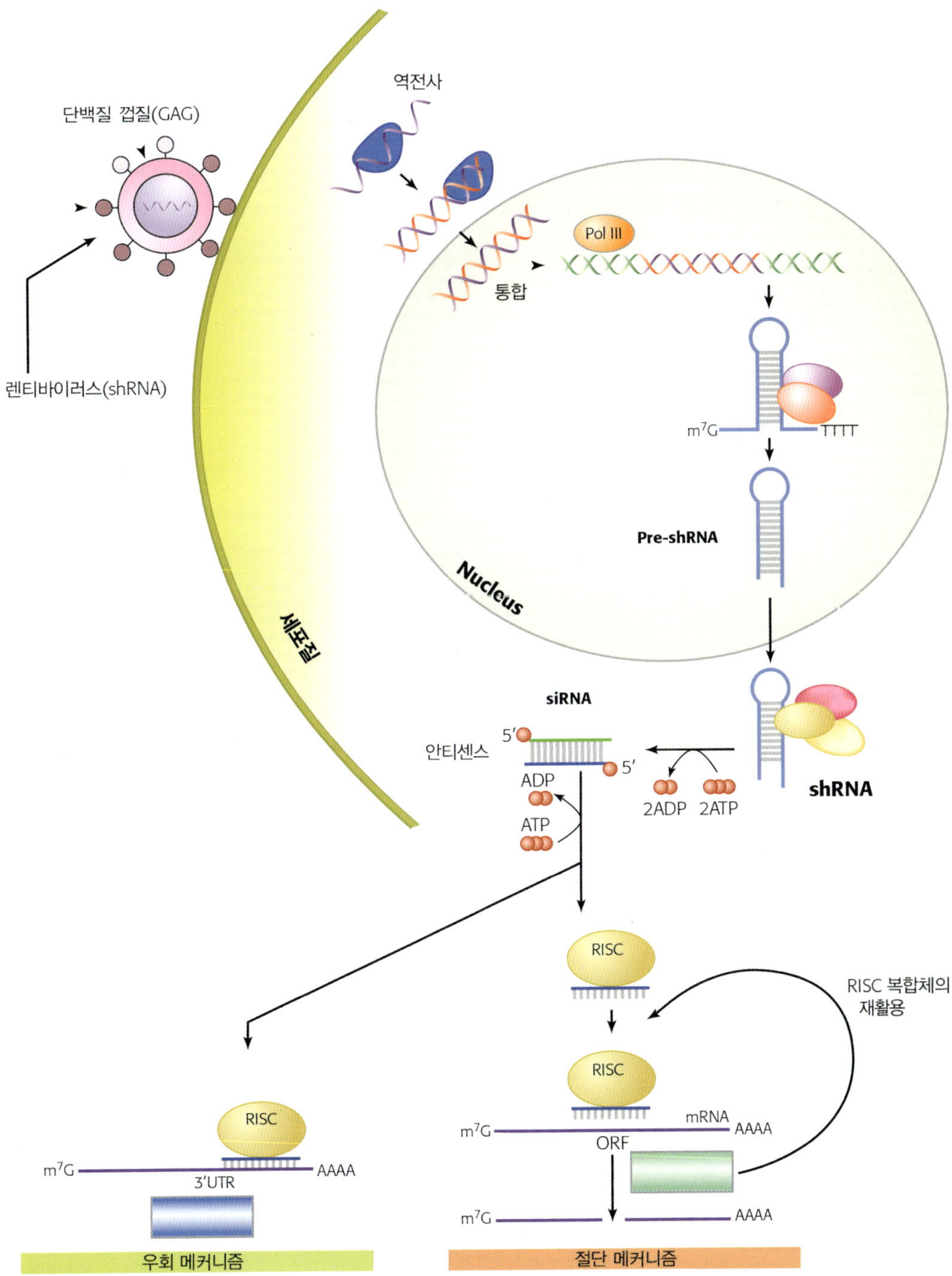

[그림 15-8] siRNA와 RNA 간섭현상

목표가 되는 mRNA가 나타나면 그것과 상보적인 결합을 함으로써 다시 부분적인 두 줄을 형성하고, dicer의 절단을 유도해 단백질로의 발현을 억제하는 것이다. siRNA의 길이가 20여 bp인 이유는 이 정도일 때 목표 mRNA에 대한 특이성(specificity)이 가장 높기 때문인 것으로 알려져 있다. 이보다 짧거나 길면 엉뚱한 mRNA와 달라붙을 수도 있기 때문이다. 이러한 억제를 전사 후에 일어난다고 해서 전사 후 유전자 침묵현상(post-transcriptional gene silencing)이라 부른다. Andrew Fire와 Craig Mello는 예쁜꼬마선충(C. elegans)에서 RNA 간섭 현상을 밝혀낸 공로로 2006년 노벨 생리의학상을 수상하였다. RNA 간섭현상은 유전자 치료에 이용될 수 있는 새로운 이론이기에 각광받고 있다.

연습문제

01 진핵세포의 mRNA와 진핵세포의 mRNA의 구조적 차이는 어디로부터 유래한 것인가?

02 hnRNA와 snRNA를 설명하시오.

03 snRNA와가 어떻게 해서 유전자 진화의 증거가 되는지 말하시오.

04 Cap과 poly(A) tail의 구조 및 합성에 대해 설명하시오.

05 진핵세포의 mRNA만 따로 분리해 낼 수 있는 방법을 설명하시오.

06 RNA splicing 전체 과정을 간략하게 요약하시오(GT–AG 인트론의 경우).

07 Self–splicing이 유전자의 진화를 밝히는 데 중요한 이유를 말하시오.

08 RNA editing 과정과 그 중요성에 대하여 설명하시오.

09 siRNA와 miRNA를 구별하시오.

10 RNA 간섭현상을 간단히 설명하시오.

Chapter

16 해석

유전자 발현의 마지막 단계는 유전암호가 단백질로 바뀌는 해석 과정이다. 이때 필요한 것은 DNA의 염기서열을 아미노산 서열로 바꾸어주는 중간자이다. 유전암호는 모두 64개로, 이 중간자 역할을 담당하는 것이 tRNA이다. 유전암호의 구성을 살펴보고 나서 해석의 순서와 단계를 하나씩 살펴본다.

단백질

tRNA와 rRNA의 도움을 받아 mRNA의 염기서열이 단백질의 아미노산 서열로 바뀌어지는 과정이 해석(translation)이다. 아미노산의 서열은 유전암호(codon)의 순서에 따라 결정되기 때문이다. 우리는 이것을 유전암호 속에 들어있는 정보가 단백질로 흐른다고 이야기한다.

단백질은 DNA나 RNA와 마찬가지로 단위체(monomer)가 연결된 중합체(polymer)이다. 그러므로 구조를 이해하기 위해서는 단위체를 먼저 살펴보고 나서 결합의 원리를 볼 필요가 있다. 단백질의 단위체는 아미노산이다. 단백질은 300~1,000개 정도의 아미노산이 모인 것이 일반적인 크기이다. 아미노산의 기본 구조는 중심에 있는 α 탄소를 중심으로 4개의 기(group)가 달려있는데, 카르복실기(COOH−)와 아미노기(NH^3+), 수소와 곁사슬(R기)이 그것이다

앞에서도 간단히 보았지만, 20여 종의 아미노산은 R기가 서로 다른 것들이다. 가장 간단한 아미노산은 곁사슬이 수소인 gly이다. 이처럼, R기마다 화학적 구조가 조금씩 다르기 때문에 각각의 아미노산은 극성과 전기적 성질이 조금씩 다르다. asp과 glu은 (−) 전기를 띠는 산성 아미노산이고, his과 lys, arg은 (+) 전기를 띤 염기성 아미노산이다. 또한 황(S)을 포함한 아미노산으로는 met, cys이 있다. 특히 시스테인은 단백질이 보다 고차원적인 구조를 유지하는 데 중요한 작용을 한다. 이렇게 20종의 아미노산이 어떤 서열로 이어지는가가 단백질의 가장 중요

한 기본 구조이다. 이러한 기본 구조를 우리는 1차 구조라고 한다. 아미노산들의 결합은 펩티드 결합인데, 한 아미노산의 아미노기(NH^3+)와 다른 아미노산의 카복실기(COOH−) 사이에서 일어나는 결합이다. 이것은 대부분의 생물학적 결합이 그런 것처럼 물 한 분자가 빠져나가는 탈수합성반응(dehydration synthesis)이다. 단백질은 결과적으로 N−terminal과 C−terminal의 방향성을 가지게 된다.

단백질의 1차 구조가 단순히 아미노산의 순차적인 연결이라면, 서로 다른 아미노산의 아미노기(NH3)와 카복실기(COOH) 사이의 수소결합 때문에 생기는 나선형(α−helix) 또는 병풍 구조(β−sheet)는 2차 구조이다. 병풍 구조는 같은 단백질 안에서도 생길 수 있지만 두 개의 서로 다른 단백질 사이에서도 생길 수 있다. 이렇게 생긴 2차 구조는 다시 한 번 이황화결합(disulfide bond)에 의해 접히게 되는데, 이때 결합은 두 개의 시스테인 사이에 생기는 것이다. 이렇게 되면 단백질이 효소로서 기질과 작용할 수 있는 포켓 구조가 생기기 때문에 대부분의 단백질은 3차 구조로서 기능을 발휘할 수 있다. 또한 이 과정에서 소수성(hydrophobic)의 비극성 아미노산들은 안쪽으로 치우치게 됨으로써 보호를 받게 된다. 몇몇 단백질들은 여러 개의 3차 구조가 모여 4차 구조를 이루어야 비로소 기능을 할 수 있으며, 대표적인 예가 RNA polymerase, 헤모글로빈, 바이러스의 껍질 등이다.

생명의 근본 물질 DNA

DNA가 생명현상의 근본 물질인 이유는 바로 단백질 구조에 있다. 단백질의 1차 구조는 아미노산 서열이며, 이것이 결정되면 2, 3, 4차 구조는 자동적으로 이루어지기 때문이다. 이러한 현상은 단백질에 열을 가하거나 요소와 같은 변성약품을 처리하였을 때 그 구조가 변하는 변성(denaturation)과 다시 온도를 낮추면 원래 모습으로 돌아오는 회복(renaturation) 과정을 통해 관찰할 수 있다. 즉, 1차 구조가 깨지지 않고 유지되는 한 2, 3, 4차 구조는 자동적으로 복구될 수 있는데, 이처럼 중요한 1차 구조가 바로 DNA에 들어있는 유전암호에 따라 결정된다는 것이다. 이것이 유전학의 가장 핵심적인 이론이다.

유전암호

유전암호는 세 개의 뉴클레오티드가 단위이다. 유전암호의 서열은 곧 단백질의 아미노산 서열로 이어지기 때문에 유전자와 단백질의 방향성은 대단히 중요하다. 유전정보가 5′→3′로 흐르기 때문에 아미노산의 서열도 이에 맞추어 N−말단(N−terminal)에서 C−말단(C−terminal)으로 흐르게 된다. 물론 유전암호와 아미노산의 서열들은 순서적으로 완전히 일치하므로 중간에 교차되거나 건너뛰는 일이 전혀 없다. 유전암호가 각기 세 개의 뉴클레오티드, 특히 염기의 서열이라는 것은 4종류(A, C, G, T)의 염기가 사용될 수 있는 경우의 수를 계산하면 총 64개의 유전암호가 가능하다는 것을 의미한다($4 \times 4 \times 4 = 64$). 실제로 아미노산은 20종류에 불과하기 때문에 64개의 유전암호라는 것은 필요한 만큼 보다 양적으로 남는다는 이야기이다. 유전암호의 전체적인 해독은 Nirenberg, Khorana등에 의해 밝혀졌다.

[표 16-1] 유전암호표

첫 번째 자리 (5′ 말단)	두 번째 자리				세 번째 자리 (3′ 말단)
	U	C	A	G	
U	Phe	Ser	Tyr	Cys	U
	Phe	Ser	Tyr	Cys	C
	Leu	Ser	정지	정지	A
	Leu	Ser	정지	Trp	G
C	Leu	Pro	His	Arg	U
	Leu	Pro	His	Arg	C
	Leu	Pro	Gln	Arg	A
	Leu	Pro	Gln	Arg	G
A	Ile	Thr	Asn	Lys	U
	Ile	Thr	Asn	Lys	C
	Ile	Thr	Lys	Arg	A
	Met	Thr	Lys	Arg	G
G	Val	Ala	Asp	Glu	U
	Val	Ala	Asp	Glu	C
	Val	Ala	Glu	Glu	A
	Val	Ala	Glu	Glu	G

유전암호의 특징

유전암호의 특징을 몇 가지로 정리해 볼 수 있다. 첫째, 유전암호들이 퇴화되어 있다는 것이다. 여기서 퇴화의 의미는 유전암호가 64종류임에 비해 아미노산은 불과 20여 종이기 때문에 생기는 현상이다. 즉, 아미노산에 따라 해당 유전암호가 1개에서 6개까지 다양하다는 것이다.

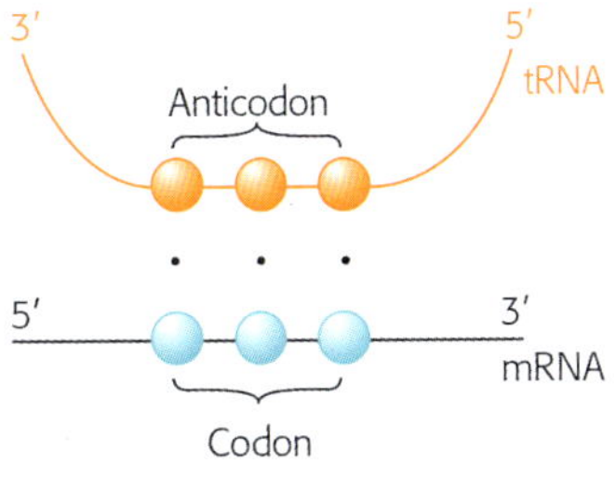

[그림 16-1] codon과 anticodon

예를 들어, trp, met 등은 각각 유전암호가 UGG, UTG로 하나인 반면에, his, gln 등은 2개의 유전암호, ile 등은 3개, 기타 gly, val 등은 4개, 그리고 arg, ser은 6개의 유전암호가 각각 해당된다. 그리고 정지암호도 UAA, UGA, UAG의 3개나 된다. 이렇듯 유전암호가 생물체 안에서 퇴화되어 있는 정확한 이유는 알려져 있지 않다. 대체적으로는 번역의 속도를 증가시키거나 돌연변이의 나쁜 효과를 억제하려는 보호 장치로 보고 있다.

둘째, 유전암호에도 시작과 끝이 있다는 것이다. 시작은 met의 AUG이며, 끝에 해당하는 유전암호는 모두 3종류(TAG, TGA, TAA)이다. 그렇기 때문에 이론상 새로 만들어지는 단백질은 항상 met으로 시작될 수밖에 없다. 그러나 실제로 세포 안에서 발견되는 단백질들의 첫 번째 아미노산이 met이 아닐 수도 있는데, 이는 번역 후 변형 과정(posttranslational processing)에 의해 N-말단 쪽의 아미노산들이 일부 제거되기 때문이다. AUG는 이처럼 유전자의 첫 번째 코돈일 수도 있지만 또 그 유전사의 중긴에서도 나타날 수 있는데, 이 두 개가 어떻게 단백질 합성 과정에서 구별될 수 있는 지는 아직도 의문이 많다.

셋째, DNA를 이 생물에서 다른 생물로 옮겨 형질을 바꾸어 주는 유전공학이 가능한 이유는 유전암호가 모든 생물에 공통이기 때문이다. 유전암호, 즉 어떤 codon이 어떤 아미노산을 지정하고 있는가 하는 것까지도 동일하기 때문이다. 단지, 미토콘드리아, 엽록체 등 별도의 유전자 체계를 가지고 있는 세포소기관은 일부 유전암호가 다를 수도 있다.

[표 16-2] 미토콘드리아의 예외적인 유전암호

Organism	Genes	Codon	Universal meaning	Actual meaning
Mammals	All mitochondria	UGA AGA, AGG AUA	Termination Arg Ile	Trp Termination Met
Drosophila	All mitochondrial	UGA AGA AUA	Termination Arg Ile	Trp Ser Net
Saccharomyces cerevisiae	All mitochondrial	UGA CUN AUA	Termination Leu Ile	Trp Thr Met

이소수용체와 아미노아실화 반응

유전암호가 단백질의 아미노산 서열로 바뀌기 위해서는 일종의 중간자(adaptor)가 필요하다. 중간자란 유전암호에 따라 적합한 아미노산을 순서대로 옮겨올 수 있는 구조를 말하는데, 이것이 바로 tRNA이다. tRNA의 안티코돈(anticodon)은 mRNA의 코돈(codon)을 읽어낼 수 있는데, codon이 64종류인 만큼 tRNA도 이론상 64종류가 있어야 한다. 게다가 유전암호는 퇴화되어 있으므로 그중 몇몇 tRNA는 anticodon이 조금씩 다르더라도 같은 아미노산을 운반할 수 있어야 한다. 이처럼, 같은 아미노산을 운반할 수 있는 서로 다른 tRNA들을 이소수용체(isoacceptor)라고 부른다. tRNA를 표시하는 방법은 tRNA 우측에 윗첨자로 운반되는 아미노산의 3글자 약어를 기재하는 것이다.

아미노산이 tRNA에 부착되는 과정을 아미노아실화 반응(aminoacylation)이라 한다. 아미노산은 tRNA의 3′ 끝 CCA에 가서 붙게 된다. 이때 아미노산의 카복실기(COOH)와 tRNA의 3′ 끝의 수산화기(OH)기 사이에서 결합이 이루어진다. 이러한 아실화 반응(acylation)은 "아미노아실 tRNA 합성효소(aminoacyl tRNA synthetase)"라는 효소에 의해 일어나며, 각 아미노산마다 고유의 합성효소가 있다. 즉, 여러 이소수용체가 있더라도 해당 아미노산의 합성효소는 하나라는 것이다. 이 효소가 작용할 때에는 ATP를 에너지로 이용한다.

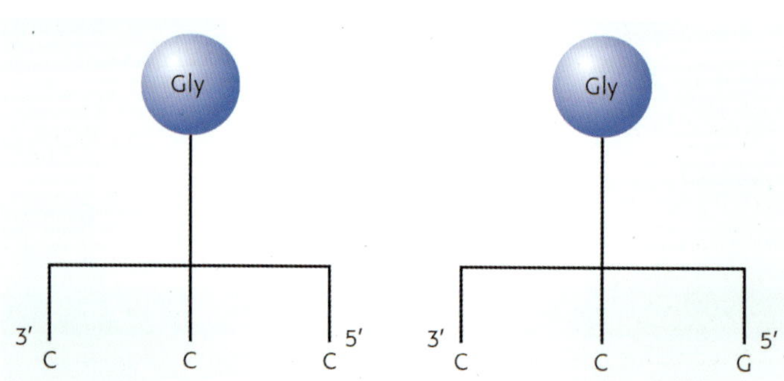

[그림 16-2] 이소수용체

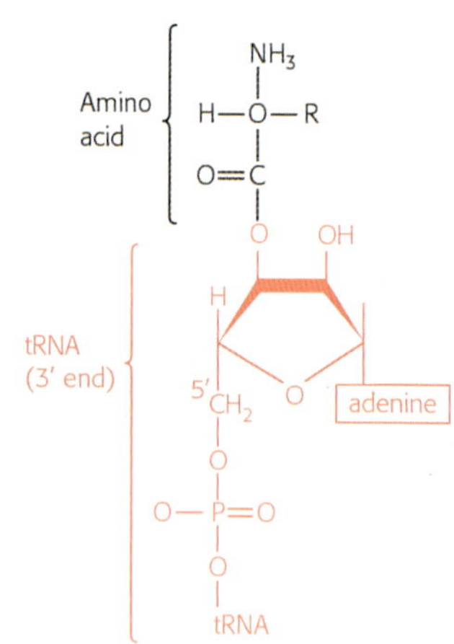

[그림 16-3] 아미노아실화 반응

Wobble 현상

tRNA의 아래쪽에서는 anticodon 사이에서 반응이 일어난다. 이때의 반응은 tRNA와 mRNA 사이에 상보적인 수소결합 때문에 생기는 일시적인 이중나선 구조이다. 한 가지 재미있는 것은 이론상 tRNA는 64종류가 있어야 함에도 불구하고 실제 세포에서 발견되는 것은 예상보다 훨씬 적어 30~40여 종에 불과하다는 것이다. 이것이 가능한 이유는 "wobble 현상" 때문이다. 그것은 mRNA의 코돈이 직선인 데에 반해 tRNA의 안티코돈은 약간 곡선이라서 생기는 현상이다.

tRNA는 anticodon과 codon과의 결합을 위해 조금은 까딱거릴 수밖에 없는데, 대개는 코돈의 3′ 쪽 보다 5′ 쪽의 염기 2개와 정확한 결합을 위해 까딱거린다는 것이다. 그 결과 3′ 쪽 염기들은 약간 들리는 형태를 취할 수밖에 없어 완벽한 상보적 결합이 불가능하고, 따라서 약간의 변형된 결합도 가능하다는 것이다. 즉, 이때 AGC는 serine의 유전암호인데, AGU 코돈 또한 같은 tRNA가 wobble에 의해 읽어낼 수 있다는 것이다. 그렇기 때문에 하나의 tRNA로 두 개의 코돈을 읽을 수 있다. 또 다른 예는 AGA인 arg의 코돈이다. 이 경우에도 AGA, AGG 두 개 코돈 모두 UCU라는 tRNA 하나에 의해 읽힐 수 있는데, 이 모두가 GU 염기결합이 가능하기 때문이다.

우리는 앞서 tRNA가 자체 보호를 위해 많은 염기변형을 겪는다는 것을 배웠다. 만약 안티코돈의 G가 이런 변형으로 인해 I로 변한다면, I는 A, C, U 모두와 결합할 수 있기 때문에 IAU의 tRNA 하나로 AUC, AUU, AUA 모두를 읽어낼 수 있게 된다. 이와 같이, "wobble 현

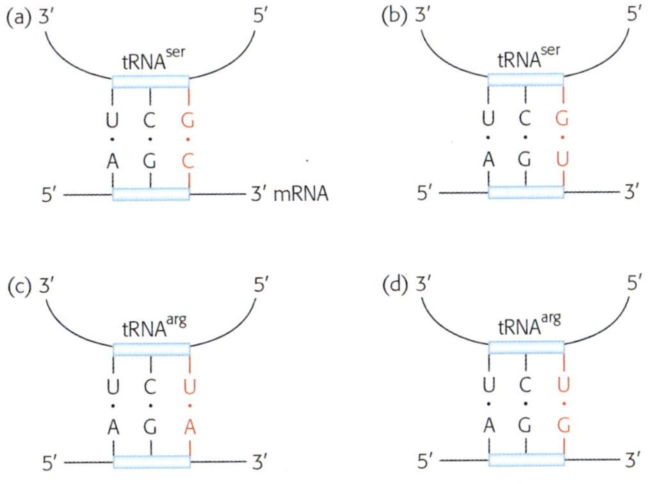

[그림 16-4] wobble 현상으로 인한 해석의 장점 (1)

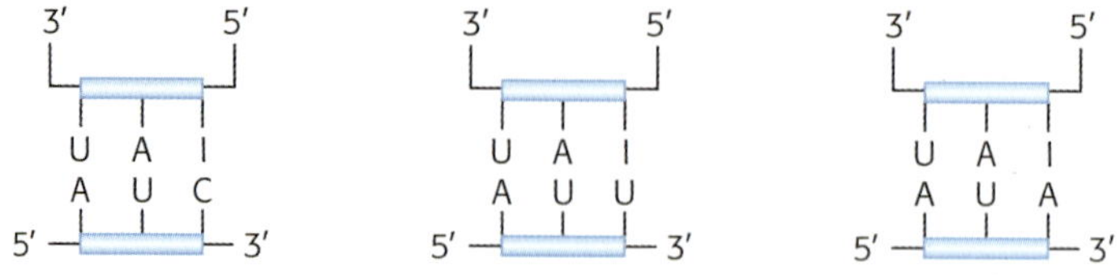

[그림 16-5] wobble 현상으로 인한 해석의 장점 (2)

상"이 있음으로 인해 세포들은 지나치게 많은 tRNA를 만들어야 하는 부담을 줄일 수 있는 이점이 있다. 이 외에도 이 현상에 의해 코돈의 5′쪽 염기 2개만이 주로 읽히기 때문에 해석의 속도를 촉진시킬 수 있다는 것도 장점이다.

개시

리보조옴(ribosome)의 대단위체와 소단위체가 세포 내에서 늘 붙어있지는 않다. 따로 떨어져서 일종의 풀(pool)을 이루어 존재하다가 mRNA가 나타나면 그때 서로 달라붙어서 단백질 합성을 시작하는 것이다. 해석을 위해서는 먼저 유전자의 제일 앞부분, 즉 첫 번째 코돈인 AUG를 알아차리는 것이 중요하다. 그러기 위해서는 리보조옴의 rRNA가 mRNA를 스캐닝하다가 AUG 부분을 정확하게 알아차려야 한다. 대장균 같은 원핵세포의 유전자들 앞에는 AGGAGGU라고 하는 잘 보존된 공통염기서열(consensus sequence)이 있다. 이 염기서열은 Shine-Dalgarno 염기서열이라고 불린다. Shine-Dalgarno 염기서열은 리보조옴의 소단위체(30S)에 들어있는 rRNA가 인식한다. 이들의 염기서열이 서로 상보적이기 때문이다. 일단 30S가 이 부분을 인식하고 나면, 3′ 쪽으로 미끄러져 이동해서 그곳에서 제일 가까운 AUG를 찾아내면 그 자리에 위치하게 된다. 그러면 met과 미리 결합해 있는 tRNA가 이 자리를 찾아와서 위치하게 된다. 경우에 따라서는 Shine-Dalgarno 염기서열이 유전자마다 조금씩 다를 수도 있는데, 이는 번역의 효율을 조절하기 위한 장치로 생각된다. 이 과정에서 IF(initiation factor)라는 효소가 관여를 하여 도와준다고 믿어진다.

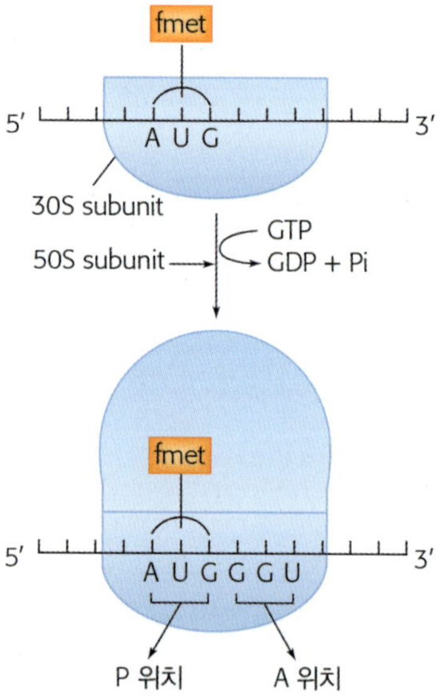

[그림 16-6] 해석 과정의 개시

연장

단백질의 합성은 동일한 반응의 연속적인 작업이다. 일단 개시가 이루어지면 대단위체가 그 위를 덮게 되고, 리보조옴 내부의 좌측에는 펩티드 부위(peptidyl site, P)가, 우측에는 아미노산 부위(aminoacyl site, A)가 열리게 된다. 펩티드 부위의 AUG 자리에는 met을 운반하는 tRNAmet가 들어와 있고, 아미노산 부위에는 두 번째 코돈에 해당하는 아미노산을 달고 들어오는 tRNA가 나란히 위치하게 된다. 이렇게 되면 두 개의 아미노산 사이에 펩티드전달효소(peptidyl transferase)에 의한 펩티드 결합이 형성되게 되고, 첫 번째 아미노산인 met은 tRNA 디아실라아제(tRNA-deacylase) 효소 작용으로 tRNA로부터 떨어져 아미노산 부위에 길게 연결이 된다. 원핵세포는 개시코돈인 AUG에 met 대신 포밀메티오닌(fmet)을 위치시킨다. 그 이유는 단백질이 N-말단에서 C-말단의 한쪽 방향으로만 합성되는 것을 확실히 하기 위해서이다. fmet은 met에 formyl 기가 붙은 것으로서, N-쪽은 닫히고 C-쪽만 열린 구조이다. 그러나 원핵세포도 유전자 중간에서 발견되는 AUG에는 정상적으로 메티오닌을 대응시킨다. 진핵세포에서는 모든 AUG에 메티오닌만이 사용된다.

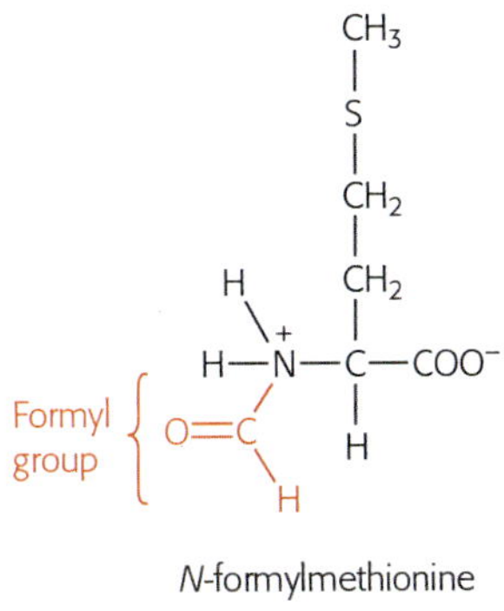

[그림 16-7] fmet

이제 리보조옴이 3′쪽으로 한 단계 이동함으로써 아미노산 부위(A-site)가 펩티드 부위

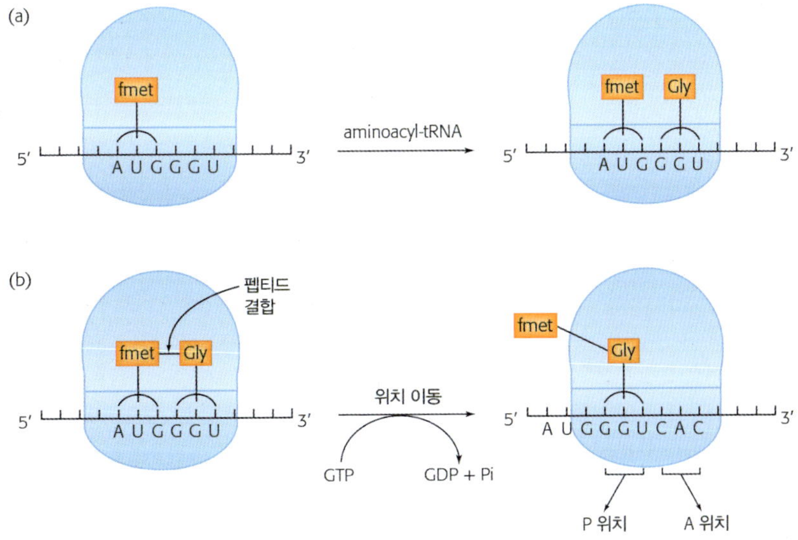

[그림 16-8] 연장

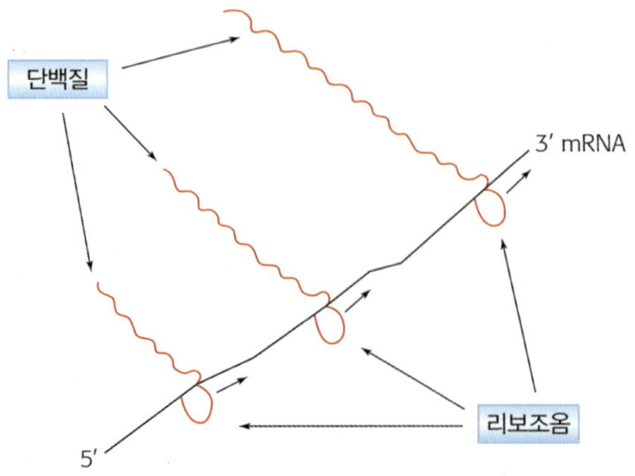

[그림 16-9] polysome

(P-site)가 되고, 새로운 아미노산 부위(A-site)가 열리면서 코돈에 맞는 세 번째 아미노산이 그 자리에 들어오게 된다. 이때에 사용되는 에너지는 GTP이다. 연장(elongation)에 도움을 주는 효소는 EF(elongation factor)이다. 연장되는 모습을 현미경으로 들여다보면 mRNA 하나에 여러 개의 리보조옴이 동시에 달라붙어 있는 것이 관찰된다. 이것은 해석의 효율을 최대한 증가시키기 위한 방법이다. 이렇게 여러 개의 리보조옴이 달라붙은 모습을 폴리조옴(polysome)이라고 부른다.

종결

연장을 계속하여 나오다가 정지코돈에 다다르게 되면 더 이상 아미노산 부위(A-site)에 위치할 tRNA가 존재하지 않게 되는데, 정지코돈에는 해당 tRNA가 없기 때문이다. 따라서 이 자리를 RF(releasing factor)라 부르는 효소가 대신하게 되고 펩티드 결합이 일어나지 않으므로, 그동안 만들어진 폴리펩티드, tRNA, 리보조옴 등 모든 것이 다 떨어져 나가게 된다. 이렇게 만들어진 폴리펩티드, 즉 단백질은 계속해서 2, 3, 4차 구조를 거쳐 기능과 형태를 갖추게 되고, 여기에 당이나 지질이 붙어 더욱 완전한 세포내 생화학 작용에 사용되게 된다. 시판되는 항생제는 대부분 해석이 제대로 일어나지 못하도록 방해하는 것으로서 아미노산 부위인 A-site를 항생제가 tRNA 대신 차지하여 펩티드 결합이 일어나지 못하게 하는 것들이다.

진핵세포에서의 해석 과정도 비슷할 것으로 생각이 된다. 다만 리보조옴이 원핵세포의 것보다 크고, Shine-Dalgarno 염기서열이 없는 대신 리보조옴이 캡(cap)을 시작점으로 인식할 것이라 생각된다.

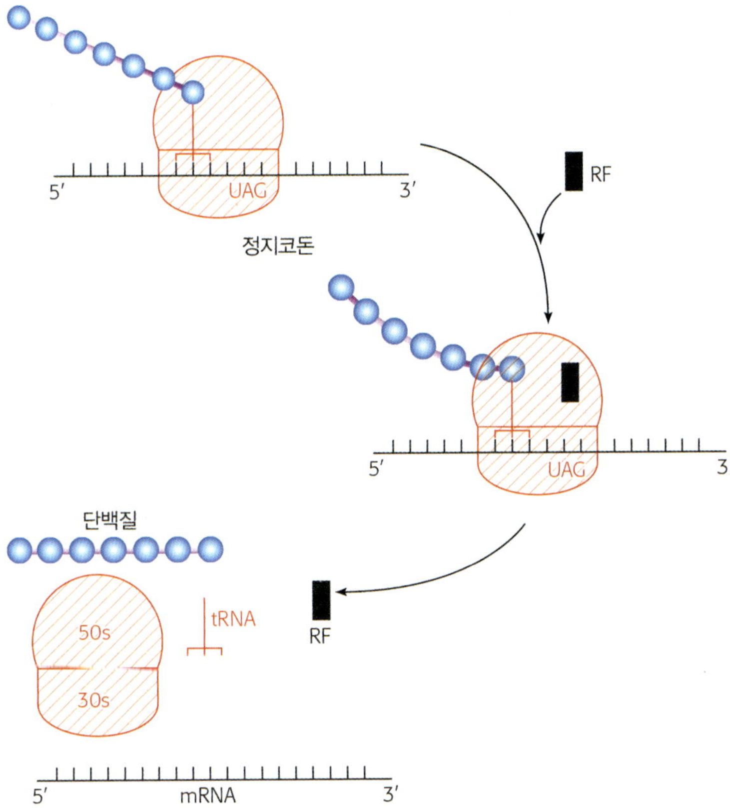

[그림 16-10] 종결

연습문제

01 DNA가 생명의 근본 물질인 이유를 설명하시오.

02 64개의 유전암호를 모두 해독해서 표로 만든 사람들을 설명하시오.

03 개시코돈과 정지코돈을 설명하시오.

04 유전암호가 퇴화되었다는 말의 의미는? 퇴화된 경우의 예를 5개만 들어 보시오.

05 해석 후 변형 과정(posttranslational processing)이란 무엇인지 설명하시오.

06 isoacceptor란 무엇인지 말하고, 예를 들어 보시오.

07 Wobble 현상을 설명하고, 유전과 발현에서 장점을 설명하시오.

08 리보조옴이 어떻게 mRNA의 일정한 곳에서 해석을 시작할 수 있는지 설명하시오.

09 f-met과 met의 차이점을 설명하시오.

10 대부분의 항생제가 작용하는 원리를 설명하시오.

Chapter

17 유전자 발현의 조절

지금까지 유전자 발현의 두 가지 단계인 전사와 해석을 통해 발현에 대한 기본적인 내용들을 살펴보았다. Promoter의 기본 구조로서 TATA box도 살펴보았다. 그러나 실제 세포 내에서의 유전자 발현은 대단히 많은 조절요인과 인자들이 뒤엉켜서 작용하는 복잡한 현상이다. 즉, 환경요인과 영양 상태, 노화의 정도, 남녀의 차이 등에 따라 다양한 조절요인들이 작용한다는 것이다. 그리고 이들 발현을 더욱 완전하게 이해하려면 아직도 훨씬 많은 연구가 필요하다. 이번 장에서는 그동안 잘 연구가 되어온 두 가지 케이스를 통해 유전자 발현 조절에 대한 이해를 높이고자 한다.

유전자 구조 및 발현

유전자 발현의 조절을 공부하기에 앞서 유전자의 기본 구조를 정리해 볼 필요가 있다. 유전자는 크게 조절부위(regulatory region)와 구조부위(structural region)로 나뉘어진다. 조절부위에는 promoter와 다양한 조절인자들이 놓여 있는데, 이들은 모두 DNA의 특정 염기서열을 말하는 것이다. 예를 들어, TATA box도 조절부위에 존재하는 조절인자 중 하나이다. 이외에도 조절부위에는 증폭자(enhancer), 억제자 또는 침묵자(silencer), CAT box 등 다양한 인자들이 있다. Enhancer의 경우에는 간혹 구조부위의 3′ 쪽에 붙기도 한다. 대부분의 조절인자에는 특별히 결합하는 단백질이 있다. 이런 단백질을 DNA 결합단백질(DNA binding protein)이라 하는데, 지금도 계속해서 새로운 결합단백질들이 발견되기 때문에 전체적인 발현의 조절을 이해하려면 아직도 한참 멀었다고 하겠다. 유전자의 조절부위가 하는 일은 구조부위에 들어있는 유전암호에 따라 만들어지는 단백질의 양과 장소, 시기 등을 결정해주는 것이다. 조절인자 중에는 조직특이적인 것(tissue specific element)이 있어서 특정한 단백질이 특정한 조직에서만 발현될 수 있게 해준다.

원핵세포와는 다르게, 진핵세포의 구조부위는 exon과 intron으로 다시 나뉘어진다. Intron은 보통 5′ 쪽 염기서열이 GT, 3′ 쪽 염기서열이 AG이기에 쉽게 구별된다. 일단 전사가 되면 mRNA의 전구체(precursor)가 만들어지는데, 이때는 intron도 함께 복사되어 나온다. 그러나

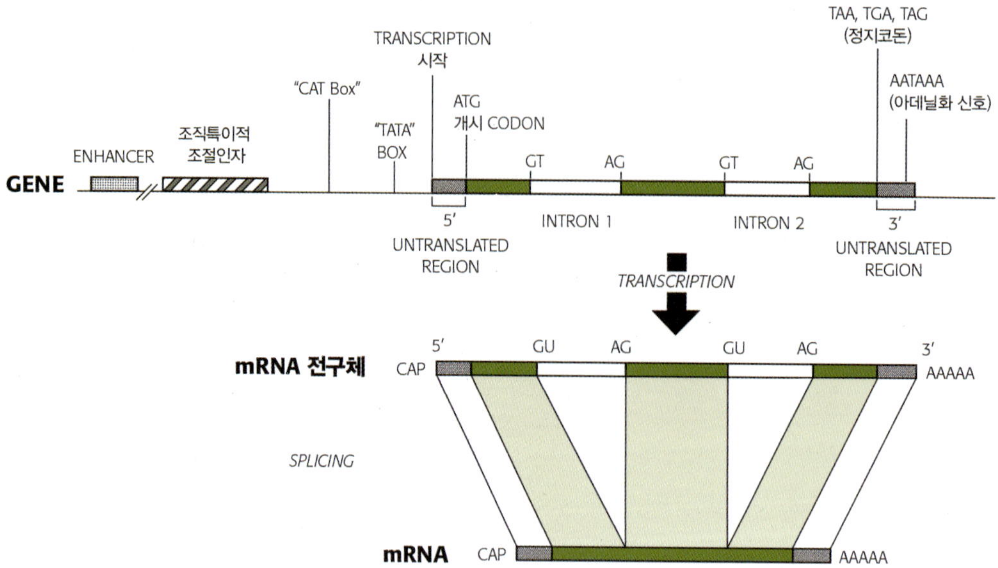

[그림 17-1] 유전자 기본 구조 및 발현 조절인자

intron은 mRNA가 세포질로 빠져 나오면서 곧 제거가 된다. 그리고 거의 동시에 5′ 쪽에는 캡(cap)이, 3′ 쪽에는 poly(A) tail이 붙어 mRNA의 양쪽을 보호해준다. 이렇게 만들어진 성숙한 mRNA(mature mRNA)는 세포질로 이동하여 리보조옴이 달라붙게 되고 AUG에서 정지코돈까지 암호에 따라 단백질을 발현시킨다. 이처럼, Poly(A) tail은 원래 DNA에는 없는 염기서열이다. 한편, exon의 정확한 의미는 세포질로 빠져나온 mRNA, 즉 성숙한 mRNA에서 발견되는 부분이다. 간혹 exon은 유전정보가 있는 부분, intron은 유전정보가 없는 부분이라고 설명하는데, exon에도 5′와 3′의 비해석부위(untranslated region)가 있기 때문에 이것은 엄밀하게 말해 맞지 않는 설명이다.

유전자 발현

생명현상을 관찰해 보면 항상 일정하게 일어나고 있는 현상들이 있는가 하면 특수한 조건에서만 일어나는 생리현상도 있다. 예를 들어, DNA나 RNA의 합성, 기초대사, 심장박동 혈액의 흐름 등은 항상 일어나고 있는 반응인 반면에, 소화작용이라든가 노화, 사춘기 때 일어나는 이차성징 등은 특수한 시점과 환경에서만 일어나는 반응들이다. 대장균의 경우에도 포도당을 영양분으로 주었을 때와 젖당을 주었을 때에는 분명히 이를 소화하기 위해 발현되는 효소들이

다를 것이다. 이렇듯 환경이나 조건에 상관없이 생명현상을 위해서는 항상 발현되어야 하는 유전자를 "기초 유전자(housekeeping gene)"라 하고, 특수한 조건에서 발현되는 유전자를 "유도 유전자(inducible gene)"라 한다. 진핵세포에서는 발생, 노화, 성별에 따라서도 또 유전자의 발현 양상이 달라지기 때문에 전체적인 그림이 더욱 복잡해진다. 이렇게 유전자가 발현되는 기작을 공부하는 것은 생명현상을 바로 이해하는 지름길이다. 우리는 여기서 이미 연구가 많이 되어 있어 세부적인 기작을 충분히 이해하고 있는 원핵세포의 lac operon과 trp operon을 예로서 살펴본다.

lac operon

1961년 Jacob과 Monod는 대장균이 젖당(lactose)을 어떻게 이용하는지에 대한 이해를 담은 논문을 발표하였다. 젖당은 이당류로서 포도당(glucose)과 갈락토오스(galactose)가 연결된 것이다. 대장균은 젖당이 영양소로서 공급되면 이를 소화하기 위해서 일단 세포막을 통해 받아들이는데, 이때 필요한 효소가 투과효소(permease)이다. 그리고 이것이 일단 세포 내로 젖당이 들어오게 되면 β-갈락토시다아제(β-galactosidase)와 트랜스아세틸라아제(transacetylase)에 의해 개개의 포도당과 갈락토오스로 분해되어 사용되게 된다. 이들 세 개의 효소는 각각 *lac*Z(β-galactosidase), *lac*Y(permease), *lac*A(tranasacetylase)라는 유전자에 의해 만들어지는데, 이 유전자들은 DNA 상에 하나의 그룹으로서 나란히 배열되어 있다. 이러한 것을 우리는 오페론(operon)이라 부른다. 즉, 이들 유전자는 기능상 같은 젖당 분해라는 동일한 물질대사에 관여하기 때문에 같은 promoter와 종결자(terminator)에 의해 지배되는 전사단위(transcription unit)인 오페론을 이루고 있는 것이다. 따라서 이 세 효소는 젖당이 주어졌을 때 항상 같은 양으로 만들어지게 된다. *Lac* operon에는 약간 상류(upstream) 쪽으로 억제자(repressor)라는 또 다른 유전자가 하나 존재한다. 이는 *lac* I라고 부르는 유전자로서, 여기서 만들어지는 단백질은 *lac* operon이 지나치게 많이 발현이 될 때 억제하는 역할을 하고 있다. *lac* I는 자체적으로 별도의 promoter와 종

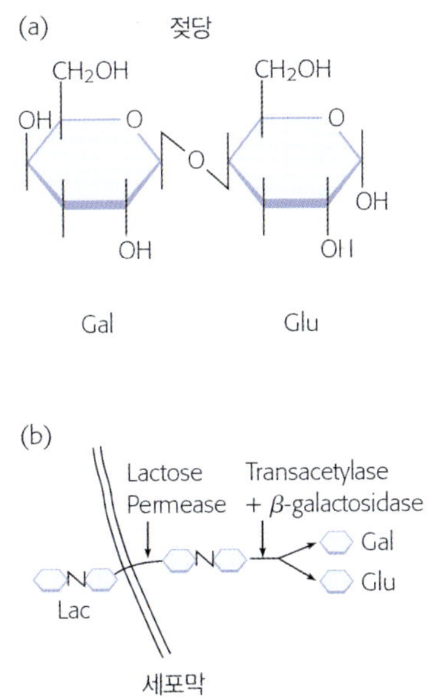

[그림 17-2] 대장균의 젖당 분해

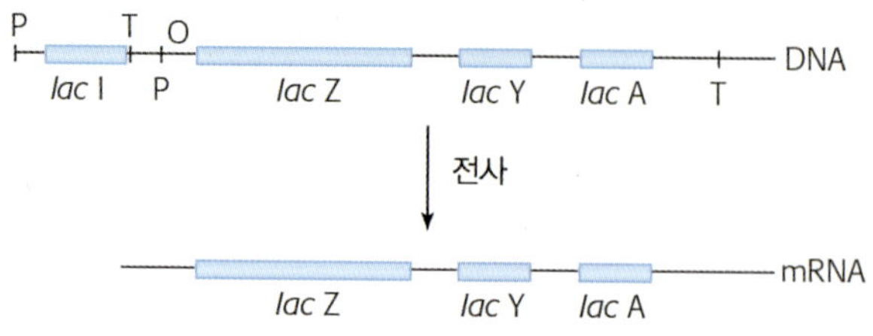

[그림 17-3] *lac* operon의 구조

결자에 의해 조절되며, *lac* operon의 promoter와 거의 겹치다시피 있는 오퍼레이터(operator)라고 하는 부분에 결합함으로써 억제 기능을 보이게 된다.

대장균은 평소에는 포도당을 사용하기 때문에 젖당을 별도로 공급해 주지 않는 한 *lac* operon이 꺼져 있는 상태이다. 즉, 이때는 억제자(repressor)가 오퍼레이터에 달라붙어 있어서 promoter가 가려져 있고 그렇기 때문에 RNA polymerase가 움직일 수 없는 상태인 것이다. 그러나 젖당을 영양물질로 주게 되면 상황은 달라지게 된다. 젖당은 포도당과 갈락토오스로 분해되는 과정에서 알로락토오스(allolactose)란 형태로 변하게 되고, 이것이 억제자인 repressor와 달라붙을 수 있다. 젖당을 많이 주면 그만큼 알로락토오스도 많이 만들어지게 되므로 거의 모든 repressor가 알로락토오스와 달라붙게 될 것이고, 그렇게 되면 오퍼레이터에 달라붙을 repressor가 없어서 promoter는 완전히 열리게 된다. 즉, 젖당이 많이 주어지면 *lac* operon이 결과적으로 열리면서 *lac* Z, *lac* Y, *lac* A 유전자들이 발현되어 젖당 분해가 시작될 수 있는 것이다. 이렇게 해서 젖당이 분해되어 점점 사라지게 되면 다시 알로락토오스의 양은 줄어들고, repressor들이 다시 조금씩 자유스러워지면서 오퍼레이터를 가리게 된다. 그러면 promoter

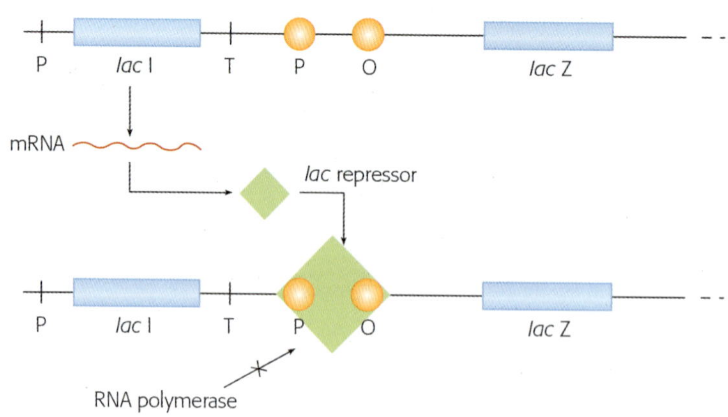

[그림 17-4] 젖당이 없을 때의 *lac* operon

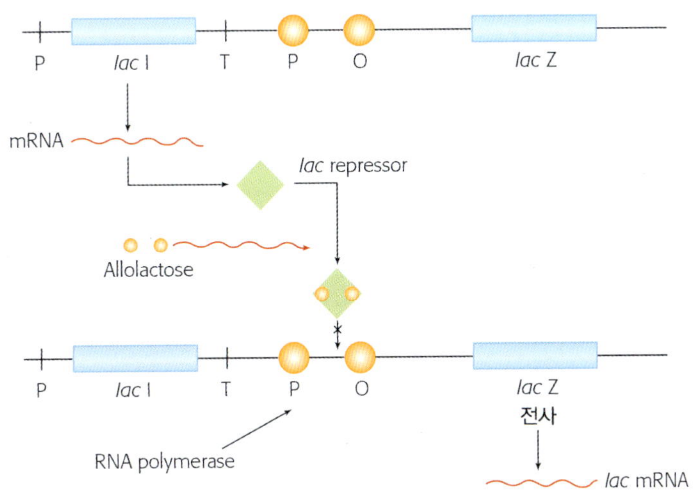

[그림 17-5] 젖당이 있을 때의 *lac* operon

가 가려지면서 다시 *lac* operon의 발현이 줄어들고, 젖당을 완전히 사용하게 되면 그때는 모든 repressor가 *lac* operon을 가리면서 발현이 거의 성시하게 된다.

이처럼 repressor와 오퍼레이터, 그리고 대사물질인 젖당의 협력을 통해서 *lac* operon의 완전한 발현조절이 일어나게 되는 것이다. 오퍼레이터가 고장나거나 repressor의 유전자가 돌연변이로 고장난 경우가 간혹 발생하는데, 이런 경우 조절 능력을 상실해서 세균은 에너지 낭비에도 불구하고 계속해서 *lac* operon을 발현시키게 된다. 이런 돌연변이를 우리는 지속성 돌연변이(constitutive mutation)라 부른다.

trp operon

또 다른 예로 *trp* operon이 있다. *trp* operon은 trp E, D, C, B, A의 5개 유전자가 일렬로 배열되어 있고, 그 앞에는 promoter와 오퍼레이터가 열려 있는 구조로 되어 있다. *trp* operon은 젖당을 분해하는 *lac* operon과 달리 아마노산인 트립토판(trp)을 합성하는 유전자들의 집단이다. 만일 세포 내에 충분한 trp이 존재하지 않으면 이 오페론이 열림으로써 trp이 합성이 되고, 반대로 trp의 충분한 양이 존재한다면 오페론이 닫히게 된다. 이것이 가능한 이유는 trp이 공동억제자(co-repressor)로 존재하기 때문이다. Co-repressor란 trp이 reprossor와 결합하여 오퍼레이터를 더 강하게 막아준다는 뜻이다. 즉, trp 오페론의 경우에는 repressor만으로는 억제 작용이 완벽하지 못하며, trp이 붙어서 co-repressor 작용을 해 주어야 완벽한 repressor로

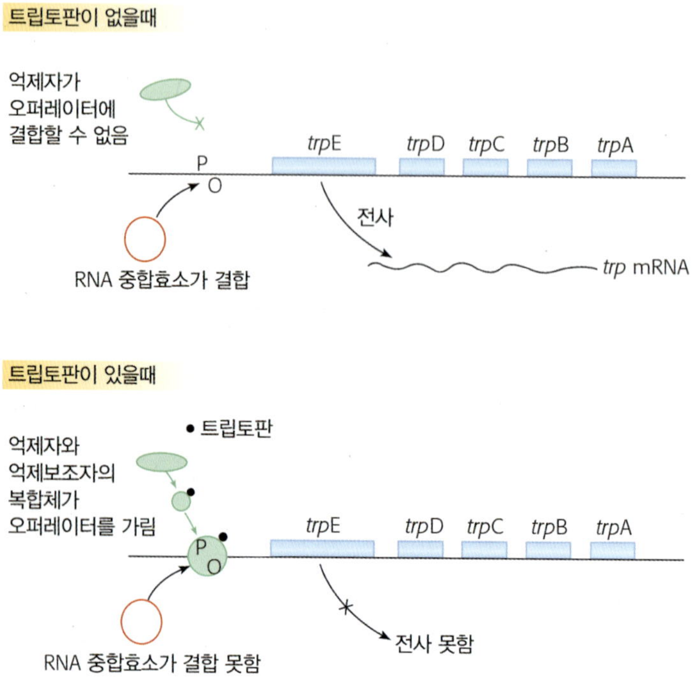

[그림 17-6] *trp* operon의 구조

서 오퍼레이터를 가려줄 수 있는 것이다. 세포 내에 trp이 많으면 이들이 repressor와 결합을 하여 오퍼레이터를 가림으로써 더 이상의 trp이 합성되지 않겠지만, 점점 trp 소모가 많아지면서 세포내 양이 줄게 되면 오퍼레이터를 가렸던 repressor들이 사라지면서 이 오페론이 점차 열리고 다시 trp 합성이 증가하게 되는 것이다.

이처럼 세포는 유전자를 완벽하게 스위치 온(on) 또는 오프(off) 시킴으로써 발현의 양상을 조절하고 있다. 이것은 세포라는 완벽한 생명의 단위체가 에너지 측면에서 가장 효율적인 생산 및 소비 시스템을 구사하기 위한 전략의 하나인 것이다.

연습문제

01 DNA 결합단백질들의 기능과 종류를 조사하시오.

02 유전자 발현에 영향을 미치는 조건들을 5개만 들어 보시오.

03 기초 유전자와 유도 유전자의 예를 각각 3개씩 조사하시오.

04 젖당이 있을 때와 없을 때의 *lac* operon에 대하여 간단하게 요약하시오.

05 인슐린의 유전자 및 mRNA 구조를 조사하시오.

06 lactose와 alllactose의 관계를 설명하시오.

07 trp operon의 구조를 간략하게 요약하시오.

08 co-repressor란 무엇인지 trp operon의 예를 들어서 설명하시오.

09 지속성 돌연변이란 어떤 것인지 설명하시오.

10 진핵세포에서도 operon과 비슷한 조절 메커니즘이 있는지 조사보시오.

Chapter

18 돌연변이

돌연변이는 DNA의 변화로 인해 유전자의 최종산물인 단백질에까지 변화를 일으키는 현상이다. 이러한 변화는 때로는 단순히 염기 하나 정도가 변하는 차원일 수도 있지만, 유전자의 일부 또는 전체가 변형되거나 빠져 버릴 수도 있는 대규모 돌연변이를 포함하는 것이다. 게다가 돌연변이는 유전자의 암호 안에서 일어남으로써 결과적으로 만들어지는 단백질의 기능을 상실하게 만들 수도 있고, 어쩌면 유전자의 앞부분 즉, promoter나 오퍼레이터에서 일어날 수도 있기 때문에 돌연변이의 결과는 예측할 수가 없을 정도이다. 최근에는 유전암호가 없는 intron에서의 변화조차도 특정한 질병 가능성을 높일 수 있다고 보기 때문에 돌연변이의 심각성은 더 크다 하겠다. 생명체의 유전자는 이미 그 생명체가 필요로 하는 만큼 완벽한 상태이다. 그렇기 때문에 대부분의 돌연변이는 생명체에 악영향을 미친다고 믿어진다. 그럼에도 불구하고 때로는 새로운 우수형질을 획득하는 방법으로 돌연변이가 일어날 수도 있으므로, 돌연변이를 소규모 진화의 원동력, 또는 인공적으로 우량종을 창출하기 위한 수단으로 보는 사람들도 있다. 돌연변이가 일어날 수 있는 원인도 방사선, 발암물질, 환경오염물질 같은 외부적인 요인에서부터 DNA 복제 시의 실수에 이르기까지 다양하다. 돌연변이의 종류와 각각의 결과에 대해 살펴본다.

유전형과 표현형

돌연변이를 이해하기 위해서는 우선 용어를 정리할 필요가 있다. 우리는 유전형(genotype)이라는 용어와 함께 표현형(phenotype)이라는 용어를 사용하는데, 유전자의 명령체계가 곧 구조단백질을 만들어 겉으로 드러나는 모습을 결정짓기 때문이다. 비슷한 용어로 자연 상태에서 발견되는 생물체, 즉 한 집단에서 대부분의 생물체가 지니고 있는 모습을 야생형(wild type)이라고 하는 반면에, 돌연변이체를 mutant라고 표현한다. 야생형은 한 집단내에서 대부분의 개체가 지니고 있는 모습을 말하는 것으로, 야생형이 반드시 정상일 필요는 없다. 즉, 외눈만 사는 세상에서는 두 눈을 가진 사람이 소수이기에 외눈이 야생형이다.

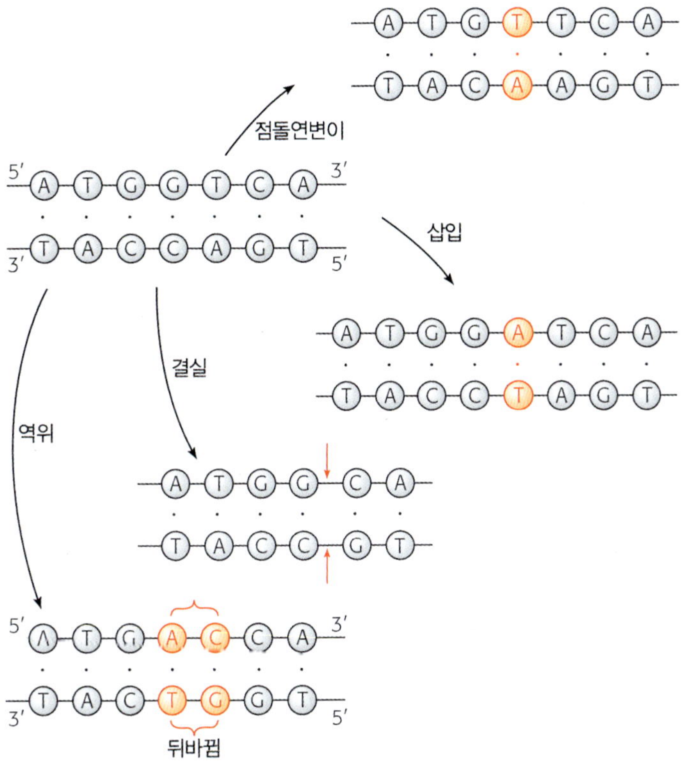

[그림 18-1] DNA 차원에서의 돌연변이

DNA 차원에서의 돌연변이

DNA 차원에서의 돌연변이는 다음과 같은 변화들 때문에 일어날 수가 있다. 첫 번째는 점돌연변이(point mutation), 즉 하나의 뉴클레오티드가 다른 것으로 바뀌는 변화이다. 퓨린염기(A, G)가 또 다른 퓨린염기로 변하거나, 피리미딘 염기가 또 다른 피리미딘 염기로 변할 때 동일형염기전이(transition)라 말하고, 그 반대의 경우를 교차형염기전이(transversion)라고 한다. 두 번째는 유전자의 큰 부분이 아예 삽입되거나 결실되는 경우이다. 이것은 하나의 염기일 수도 있고 또 커다란 유전자 자체가 될 수도 있다. 세 번째, 경우에 따라서는 유전자가 결실된 다음 그것이 통째로 뒤집혀서 다시 삽입될 경우도 있다. 이런 경우를 역위(inversion)라 부른다. 역위의 경우에는 방향성에 주의할 필요가 있다.

유전자 차원에서의 돌연변이- 단백질에 미치는 영향

그 다음은 유전자 차원에서의 변화이다. 상기한 돌연변이의 결과로 그 결과가 단백질의 변화, 즉 표현형의 변화를 불러일으킬 수도 있고 그렇지 않을 수도 있다. 침묵돌연변이(silent mutation)는 유전자가 변해도 그 결과가 아무 문제가 없을 때를 말한다(아미노산의 변화가 없음). Codon의 세 번째 염기가 변이를 일으키는 경우가 대부분 이에 속한다. 그러나 때로는 전혀 다른 아미노산에 대한 유전암호로 변화할 수도 있다(과오돌연변이, missense mutation). 경우에 따라서는 염기의 변화 결과로, 정지코돈으로 바뀜으로써 단백질의 합성이 거기에서 멈춰버리는 수도 있을 수 있다. 이러한 경우를 정지돌연변이(nonsense mutation)라고 한다. 유전자에서 한두 개의 염기서열이 삽입되거나 결실됨으로써 전체 읽는 틀이 변화할 수도 있는데, 이런 경우를 격자이동 돌연변이(frameshift mutation)라고 부른다. 격자이동 돌연변이는 가장 치명적인 결과를 가져 올 수 있는 경우이다.

(a)							
Gene	5′ —	ATG	CCU	CTA	GCT	TAG	— 3′
Amino acid		met	pro	leu	ala	stop	
Mutation		ATG	CCU	CTA	GCC ala	TAG	

(b)							
Gene	5′ —	ATG	CCU	CTA	GCT	TAG	— 3′
Amino acid		met	pro	leu	ala	stop	
Mutation		ATG	CCU	CTA	GGT gly	TAG	

(c)						
Gene	5′ —	ATG	CCT	CTA	GCT	TAG
Amino acid		met	pro	leu	ala	stop
Mutation		ATG	CCT	TAA	GCT	TAG

[그림 18-2] 유전자 차원에서의 돌연변이
(a) silent mutation, (b) missense muation, (c) nonsense mutation

돌연변이가 개체에 미치는 영향

돌연변이의 결과는 표현형에서 어떻게 나타날까? 경우에 따라서 다양하겠지만, 대부분의

염기 1개가 삽입된 경우	ATG	CCT	CGT	AGC	TTA	GAT	TAG	CTT
	met	pro	arg	ser	leu	asp	stop	
염기 1개가 결실된 경우	ATG	CCT	CAG	CTT	AGA	TTA	GCT	TAA
	met	pro	gln	leu	arg	leu	ala	stop

[그림 18–3] 격자이동 돌연변이

경우에서 치사 돌연변이(lethal mutation)를 불러올 것이다. 또는 영양요구성 돌연변이(auxotroph), 즉 돌연변이가 어떤 영양분을 합성하는 특정한 유전자에서 일어났다면 그 영양성분을 공급해 주어야 살 수 있는 경우도 나타난다. 영양요구성 돌연변이는 실험을 통해 어떤 유전자가 어떤 물질대사 경로에 포함되어 있는지를 알고 싶을 때 아주 긴요하게 활용되는 돌연변이이다. 이 외에도, 조건치사 돌연변이(conditional lethal mutant)가 있다. 이 경우는 주어진 환경에 따라 그 생사여부가 결정될 수 있는 돌연변이이다. 대장균의 경우 최적 생존온도가 37℃인데, 유전자가 돌연변이 되어 낮은 온도인 30℃에서는 정상적으로 살아가지만 정작 37℃에서는 살 수 없는 경우를 말한다. 그 이유는 돌연변이의 결과로 인해 단백질 구조가 불안정해져서 조금만 온도가 올라가도 1, 2, 3, 4차 구조가 풀려버리기 때문이다. 이런 경우에서, 대장균이 조건에 따라 살 수도 있고 죽을 수도 있기 때문에 조건치사 돌연변이라 말한다.

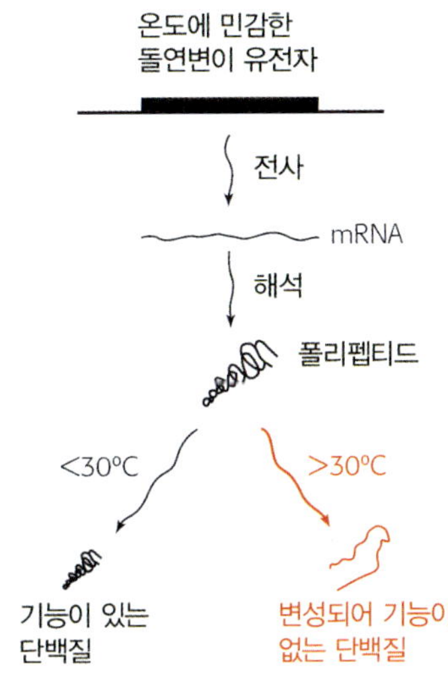

[그림 18–4] 조건치사 돌연변이

lac operon의 경우처럼, 오퍼레이터 등 조절 부분에서 문제가 생겼을 때에는 그 유전자가 필요 없는 데에도 계속 발현되게 된다. 이런 돌연변이를 지속성 돌연변이(constitutive mutation)라고 부른다.

간혹 대장균의 입장에서는 운이 좋아서 더 강한 항생제 내성 돌연변이가 될 수도 있는데, 최근에 문제가 되는 수퍼박테리아가 이런 경우이다. 이런 돌연변이는 사람의 입장에서는 치료 방법이 없기 때문에 대단히 곤란한 존재가 아닐 수 없다. 수퍼박테리아의 문제점은 자신이 내성을 획득한 다음에 주변 다른 균들에게도 내성이 들어있는 플라스미드를 전파함으로써 점점 더 강한 균주들이 만들어지게 한다는 것이다.

돌연변이 효과의 억제

돌연변이의 효과는 종종 생물체가 스스로 재복원하려는 힘 때문에 원상태로 되돌려질 수가 있다. 가장 흔한 것이 복귀돌연변이(back mutation)인데, 이는 돌연변이가 원래의 염기서열로 되돌아가는 것이다. 복귀돌연변이에는 염기서열이 다소 다르게 회복되더라도 표현형이 원래 상태로 되돌아가는 것도 포함된다.

여기서 추가로 언급할 것은 두 번째 돌연변이(second site mutation)에 의한 원상복귀(reversion)이다. 이것은 첫 번째 돌연변이는 원래대로 되돌아가지 않은 채 그냥 그대로 있고, 다른 곳에서 일어난 두 번째 돌연변이 덕분에 첫 번째 돌연변이 효과가 억제되는 경우이다. 대표적인 것은 tRNA에서의 돌연변이 억제효과, 즉 억제돌연변이(suppression effect 또는 suppression mutation)이다. 예를 들어, mRNA에 돌연변이가 일어나서 유전암호(condon)가 엉뚱한 아미노산의 것으로 바뀌었을 때 tRNA의 안티코돈(anticodon)도 그에 맞추어 바뀜으로써 다시 정상적인 아미노산을 지정 운반하도록 되는 경우이다. 이러한 경우, mRNA의 잘못된 돌연변이를 tRNA에서 일어난 두 번째 돌연변이가 다시 잡아주는 격이기 때문에 일종의 복귀돌연변이로 볼 수 있는 것이다.

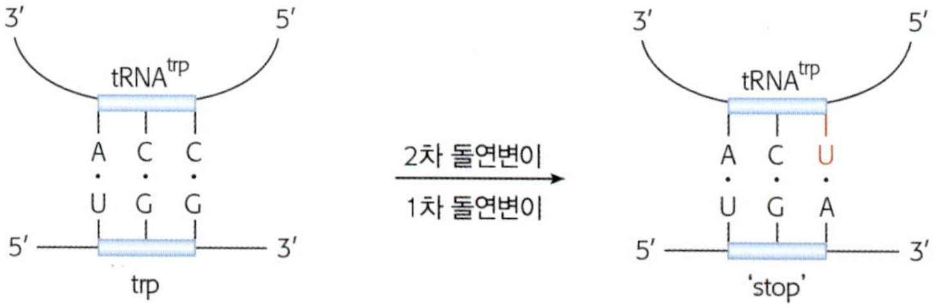

[그림 18-5] 억제돌연변이

돌연변이 유발물질

돌연변이를 유발하는 물질(mutagen)들이 있다. 방사선, 환경오염물질들도 이에 속한다. 대부분의 돌연변이 유발물질은 암유발물질(carcinogen)이기도 하다. 실험실에서 흔히 쓰는 시약으로 EtBr(ethidium bromide)라는 것이 있는데, EtBr은 삼중고리로서 넓이가 퓨린-피리미딘의 결합인 염기쌍과 비슷하기 때문에 DNA 골격 여기저기에 끼어 들어갈 수 있다. 이것은 EtBr의 나쁜 돌연변이 효과이지만, 여기에 자외선을 쪼이면 파란 형광빛을 발산하므로, DNA를 염색해서 육안 관찰할 때 널리 활용이 된다. EtBr의 경우에는 돌연변이 효과가 그리 높지 않다고 보고되어 있다.

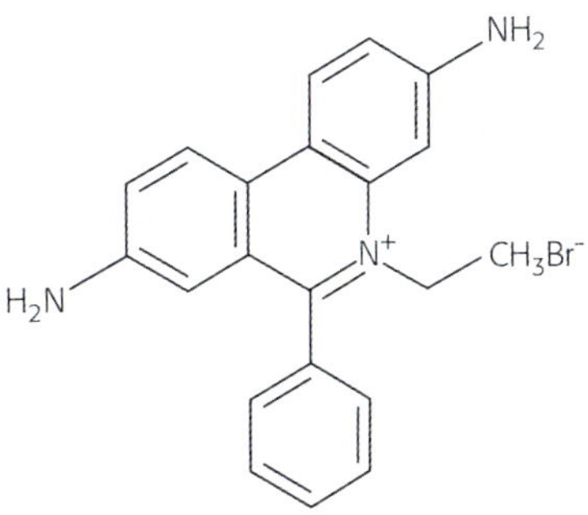

[그림 18-6] ethidium bromide

한편, DNA에 자외선(ultraviolet)을 지나치게 쪼이면(해변가에서 지나치게 태웠을 때의 경우) 돌연변이가 생길 수 있다. 이것이 만일 암 관련 유전자에서 일어나면 그 세포가 변하여 암세포가 될 수도 있다. 이것은 이합체화(dimerization)라는 현상 때문인데, DNA 안에 티민 thymine 염기가 2개 나란히 있을 때 T=T 이합체(dimer)를 형성하는 것이다. DNA polymerase가 이 부분을 복제해 나갈때 이합체를 제대로 인식하지 못하고서 엉뚱한 염기를 상보적으로 집어넣기 때문에 돌연변이가 일어나는 것이다. 물론 세포에는 이를 보완하기 위한 장치가 있지만 지나친 선탠은 피하는 것이 좋다.

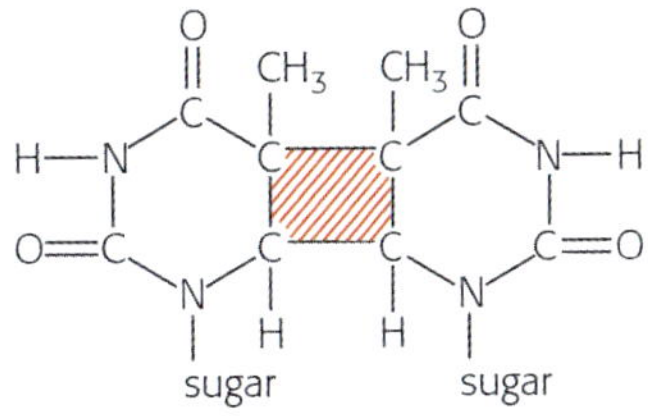

[그림 18-7] T=T 이합체

| 연습문제 |

01 "유전형"과 "표현형"을 각각 정의하시오.

02 Mutant, mutation, mutagen을 각각 구별하여 설명하시오.

03 정상(normal)과 야생형(wild type)의 의미를 비교하여 설명하시오.

04 Transition과 transversion을 설명하시오.

05 Nonsense, missense, silent mutation들을 서로 비교하시오.

06 조건치사 돌연변이란 어떤 것인지 말하시오.

07 Suppression 효과란 무엇인지 설명하시오.

08 영양요구성 돌연변이란 어떤 것인지 설명하시오.

09 자외선이 일으키는 돌연변이의 결과를 설명하시오.

10 Ethidium bromide가 돌연변이와 암을 일으키는 메커니즘을 설명하시오.

PART 4

포스트게놈 시대의 유전학과 응용

CONTENTS

Chapter

19 | 유전자 클로닝

모든 학문의 궁극적인 목표는 우리 삶의 질을 향상시키는 것이다. 유전학은 생명의 본질을 다루고 있기 때문에 이런 차원에서 그 중요성은 더욱 크다 하겠다. 최근에 뉴스를 보면 그동안 미처 예상하지 못했던 다양한 분야에서 유전학을 응용하고 있음을 알게 된다. 유전학이야말로 생명의 근본 현상을 이해하게 되자마자 새로운 생명체를 탄생시키고 의료계와 법조계 등에 필요한 자료를 제공하는 현실적인 학문이라는 것이 입증된 셈이다. 즉, 이론적 발달이 가장 빠르게 기술로 이어진 분야이다. 유전공학은 유전자 재조합, 유전자 클로닝, 생명공학 등 여러 가지 용어로 다양하게 표현되지만 DNA를 바탕으로 하고 있다는 점에서는 모두 동일하다. 그리고 유전자 재조합의 필수 기술은 시대가 바뀌어도 변하지 않는다. 이번 장에서는 유전자 재조합의 기본 원리에 대해 살펴본다.

유전자 재조합이란

유전자 재조합(recombinant DNA technology)이란 간단히 말해 특정 생물의 유전자에 다른 유전자를 재조합하여 그 생물체의 형질을 바꾸는 것을 의미한다. 이처럼, 외래 유전자를 다른 세포에 도입하여 발현시키는 과정을 "형질전환(transformation)"이라 하며, 여러 가지 미생물을 비롯한 동·식물의 세포가 유전자 재조합의 대상으로 이용되고 있다. 암과 선천성 질환을 치료하기 위한 유전자 치료 역시 형질전환에 기초하고 있는데, 이를 "유전자 이식(gene transfer)"이라는 말로 대변하기도 한다. 유전자를 다른 세포로 운반해 주는 운반체를 벡터(vector)라 하고, 운반되는 유전자를 삽입유전자(insert)라고 말한다. 사람의 유전자를 대장균에 옮긴 실험은 1978년에 처음 시도되었다. 당뇨병 치료제인 인슐린을 대장균에 유전자를 도입하여 발현시키는 데 성공한 것이다. 대장균은 성장 속도가 빠르기 때문에 넣어준 유전자가 만들어내는 단백질 양도 사람에서와 비교하면 엄청나게 효율적이다. 이때 이후로 지금까지 여러 가지 의약물질들이 대량 생산할 수 있게 되었고, 값도 상대적으로 싸져서 대중 치료의 길이 열리게 되었다. 뿐만 아니라, 식량 증대와 같은 목적으로도 유전자 재조합 기술을 이용할 수 있게 되었다.

유전자 재조합의 예

되풀이하여 언급되고 있지만, 역사적으로 유전자 재조합의 가장 좋은 예는 인슐린 유전자를 대장균에 넣어 대량생산해 낸 상품명 “휴물린(Humulin)”이라 할 수 있다. 그 외에도 사람의 성장 호르몬을 생쥐에 넣어 크기가 일반 생쥐보다 약 3배 정도 커진 “수퍼마우스(supermouse)”, 형광유전자를 재조합한 “눈이 빛나는 생쥐”, 사람의 면역유전자를 재조합한 “장기이식용 돼지” 등 수없이 많은 예가 있다. 이와 같이 외래 유전자를 동물이나 식물체에 도입하여 발현시킨 키메라(chimera) 생물을 형질전환(transgenic) 생물체라고 한다. 여기서 키메라라는 것은 그리스 신화에서 유래된 동물로, 종(種)이 서로 다른 동물 간의 잡종을 뜻하는 것이다. 최초의 키메라 동물은 1961년에 폴란드에서 검은쥐와 흰쥐를 융합해서 만들어낸 검은 털과 흰 털을 동시에 가진 얼룩쥐이다. 1983년에는 영국에서 더욱 진보된 기술을 선보였는데, 종이 완전히 다른 양과 염소를 서로 융합하여 ‘기프’라는 이름의 키메라 동물을 만들어 낸 것이다. 얼룩쥐가 단순히 같은 종에서 다른 형질만을 서로 융합시킨 것인 데 비해서, 기프는 종과 염색체 수가 서로 다른 생명체끼리의 결합이라는 것이 특징이다. 이 말은 앞으로 유전공학 기술이 일반화되면 종(種)의 개념이 깨어지고 말 것임을 예고하는 것이다.

최근에 우리나라에서도 인슐린과 인터루킨-2(interleukin-2) 같은 사람의 유전자를 식물체인 담배나무에서 발현시키는 데 성공한 바 있다. 이를 계기로 앞으로 의약품과 같은 유용한 물질을 형질전환동물뿐만 아니라 식물체에서도 생산해 낼 수 있을 것으로 기대되고 있다.

유전자 재조합 기술

가장 일반적인 유전자 재조합 기술은 세균의 플라스미드(plasmid)를 운반체로 사용하고, 대장균을 클로닝의 숙주세포로 사용하는 방법으로, 그 과정은 다음과 같다. 먼저 대장균으로부터 플라스미드를 분리한다. 그리고 제한효소를 사용하여 재조합하고자 하는 외래 유전자를 끊어내고 역시 분리한 플라스미드를 같은 제한효소로 동시에 잘라낸다. 외래유전자와 플라스미드를 DNA ligase로 서로 연결하여 재조합 DNA를 만든다. 이렇게 만들어진 재조합 DNA를 플라스미드가 없는 대장균에 넣어준다. 넣어주는 방법은 칼슘을 이용하거나 전기충격을 이용하는 방법 등 다양한 기술이 개발되어 있다. 이렇게 재조합한 DNA가 들어가서 형질전환(transformation)된 대장균을 적당한 시간과 온도로 배양하면 재조합 DNA도 대장균 세포분열 때 함께 복제되면서 삽입 DNA가 대량으로 생성된다. 한 걸음 더 나아가면 DNA뿐만 아니라, 그 DNA에 들어있는 유전자가 지시하는 산물을 함께 대량으로 만들어낼 수 있다.

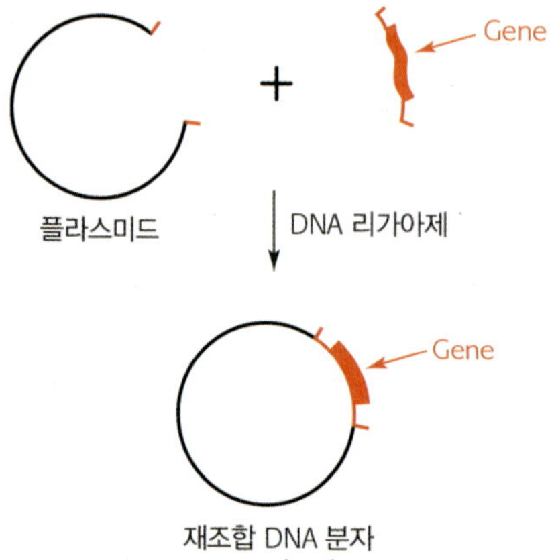

[그림 19-1] 유전자 재조합 기술

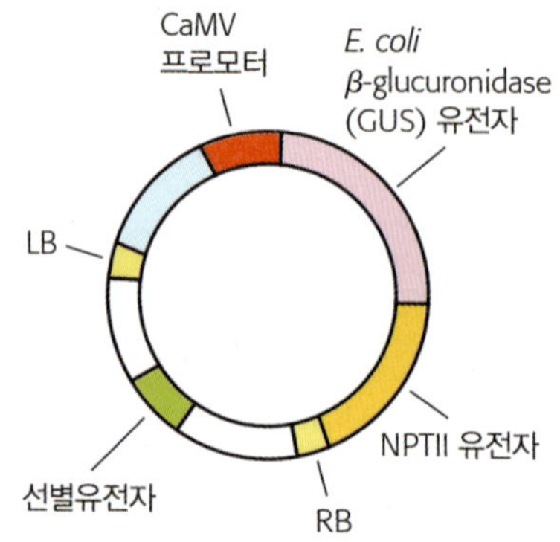

[그림 19-2] Ti plasmid

식물을 대상으로 하는 유전자 재조합 방법은 다음과 같다. 먼저 아그로박테리움(Agrobacterium)의 Ti-플라스미드를 분리해낸 후, Ti-플라스미드의 T-DNA 부위에 목적하는 DNA를 삽입시켜 재조합 DNA를 만든다. 그런 후, 재조합 DNA를 Agrobacterium 세포에 주입시키고, 형질전환된 세균만을 골라 식물체에 감염시키면 형질전환식물을 얻을 수 있다. 식물체에서는 이런 방법으로 질소고정 박테리아의 유전자를 형질전환시켜서 비료 없이도 스스로 영양 섭취해 살아나가는 식물의 탄생을 목표로 하고 있다.

제한효소

유전자 재조합의 시초는 1960년대부터라고 할 수 있다. 이 시기에 처음으로 세균에서 DNA를 절단하는 효소인 제한효소(restriction enzyme)를 발견함으로써 미생물이 유전공학에 이용되는 계기가 되었다. 제한효소란 이름은 이 효소가 절단하는 DNA의 염기서열이 제한적이기에 붙여진 이름이다. 즉, 제한효소는 아무 곳에서나 DNA를 자르는 것이 아니고 특정한 염기서열만을 인식해 자르는 것이다. 제한효소는 원래 세균의 면역작용을 하는 효소이다. 세균은 엄밀한 의미에서 동물처럼 정밀한 면역체계를 가지고 있지 않지만, 어쨌든 외부 기생체(박테리오파아지 같은 바이러스)가 침입하면 이를 막아낼 장치는 있어야 한다. 박테리오파아지(bacteriophage)는 일단 세균에 달라붙으면 자신의 DNA를 세균 안으로 밀어 넣어 복제함으로써 세균을 자신이 번식하는 공장으로 바꾸어버린다. 이때 세균도 박테리오파아지에 맞서게 되는데 이때 내어놓는 효소가 바로 제한효소이다. 제한효소라는 이름은 그 세균에 침입하는 박테리오파아지의 DNA만을 제한적으로 자르기 때문이다. 박테리오파아지마다 자기가 기생하는 숙주세포가 특이적으로 정해져 있다는 것은 이미 잘 알고 있는 사실이다. 예를 들어, 대장균인 *E. coli*에 기생하는 박테리오파아지의 유전자에는 5′-GAATTC-3′라는 염기서열이 들어있는데, 대장균의 제한효소는 바로 이 염기서열을 인식하면 잘라 버린다. Smith와 Nathans은 이런 제한효소들을 따로 분리·정제하여 실험실에서 사용할 수 있는 조건을 확립함으로써 재조합 DNA 기술(recombinant DNA technology) 발전에 이바지하였다. 그리고 최초로 바이러스 DNA를 절단하는 데 성공하였으며, 이를 인정받아 1980년에 노벨상을 수상하였다.

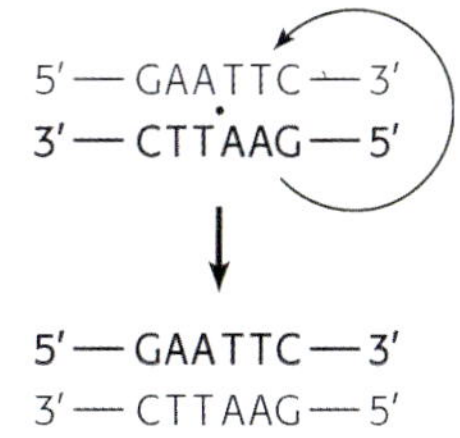

[그림 19-3] 회문구조

대부분의 제한효소는 DNA 상에서 6개의 대칭성 염기를 인식하여 절단하지만, 어떤 것은 4개 또는 8개의 대칭성 염기를 절단하기도 한다. 대칭성 염기란 정확하게는 회문구조(palindrome)를 의미한다. 회문구조란 염기서열 중앙 부분을 축으로 하여 180° 회전하였을 때 원래 염기서열로 되돌아오는 구조이다. 회문구조는 같은 가닥 내에서도 염기서열만 상보적이면 수소결합을 할 수 있게 만들기 때문에 그 부분에 특징적인 십자 형태가 생기게 된다. 제한효소는 바로 이를 인지하여 절단하는 것이다. 제한효소가 자른 자리는 점성말단(sticky end)이 될 수도 있고, 뭉툭말단(blunt end)이 될 수도 있다. 같은 제한효소로 자른 sticky end끼리는 DNA ligase로 쉽게 붙일 수 있지만, 다른 제한효소에 의한 sticky end끼리는 염기서열이 상보적이 아니라서 붙을 수가 없다. 반면에 blunt end끼리는 어떤 제한효소로 잘라서 만들어졌든지 간에 염기서열에 상관없이 서로 붙을 수 있지만, 효율면에서 sticky end보다 1/100 이상 떨어진다. 따라서 유전자 클로닝을 할 때는 가능한 같은 제한효소로 벡터와 외래 유전자를 절단하도록 전략을 수립하는 것이 중요하다. 이미 수백 종류의 제한효소가 알려져 있음에도 불구하

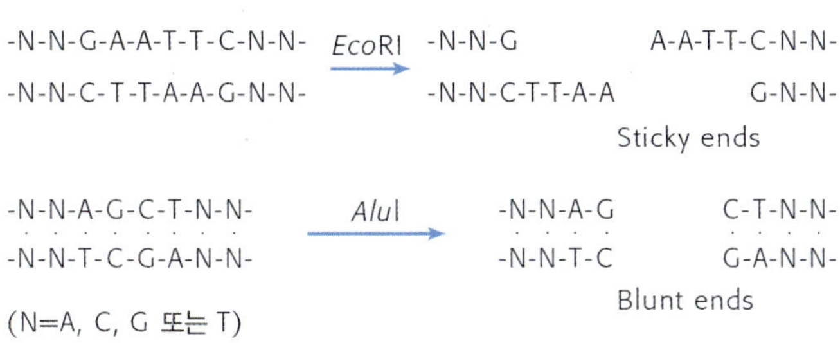

[그림 19-4] 점성말단과 뭉툭말단

고 지금도 계속 새로운 제한효소들이 발견되고 있다. 제한효소의 이름은 그 효소가 유래된 세균에서 유래된다. 예를 들어, *Eco*RI은 대장균인 *E. coli*에서 유래된 것이다. 이 때문에 제한효소의 이름 중 앞의 세 글자는 항상 이탤릭체로 쓰는 것이 맞다.

리가아제

DNA ligase는 모든 세포에서 생성되며, 원래 DNA 복제(replication)에 사용되는 효소이다. 인접한 두 개의 뉴클레오티드 사이에서 인산에스테르 결합을 촉매하여 DNA 가닥의 끊어진 곳을 서로 이어 준다. DNA ligase에도 2종류가 있는데, 대장균의 ligase와 T4 바이러스의 ligase이다. 보통은 T4 ligase가 많이 쓰이는데, sticky end나 blunt end를 모두 붙일 수 있기 때문이다. 대장균의 ligase는 sticky end만을 붙일 수 있다. T4 ligase의 단점은 가격이 상대적으로 비싸다는 것이다.

[표19-1] 완두콩의 우성과 열성형질들

제한효소	염기서열과 절단 부위	염기수	말단	유래
*Eco*RI	G↓AATTC	6	sticky	Escherichia coli RY13
*Bam*HI	G↓GATCC	6	sticky	Bacillus amyloliquefaciens H
*Pst*I	CTGCA↓G	6	sticky	Providencia stuartii 164
*sma*I	CCC↓GGG	6	blunt	Serratia marcescens S_b
*Msp*I	CC↓GG	4	blunt	Moraxella species
*Hind*III	A↓AGCTT	6	sticky	Haemophilus influenzae R_d
*Alu*I	AG↓CT	4	blunt	Arthrobacter luteus
*Taq*I	T↓CGA	4	sticky	Thermus aquaticus YT1
*Hae*III	GG↓CC	4	blunt	Haemophilus aegyptius
*Not*I	GC↓GGCCGC	8	sticky	Nocardia otitidis

클로닝과 벡터

유전자 재조합과 클로닝의 기본은 자르고 붙이는 것이다. 그러기 위해서는 가위도 필요하지만 풀도 있어야 한다. 가위 역할을 하는 것은 제한효소이고, 풀은 DNA ligase이다. 이외에도 클로닝에는 DNA 운반체(vector)와 숙주세포(host cell) 등 몇 가지 추가적인 도구가 필요하다.

DNA 운반체인 벡터는 클로닝하려는 외래 유전자를 숙주 세포에 넣기 위한 것이다. 현재 개발되어 있는 벡터는 주로 대장균의 플라스미드(plasmid)나 바이러스를 변형시킨 것이다. 그 외에도 미니염색체(minichromosome) 등 여러 가지 다양한 벡터들이 계속 개발되고 있다.

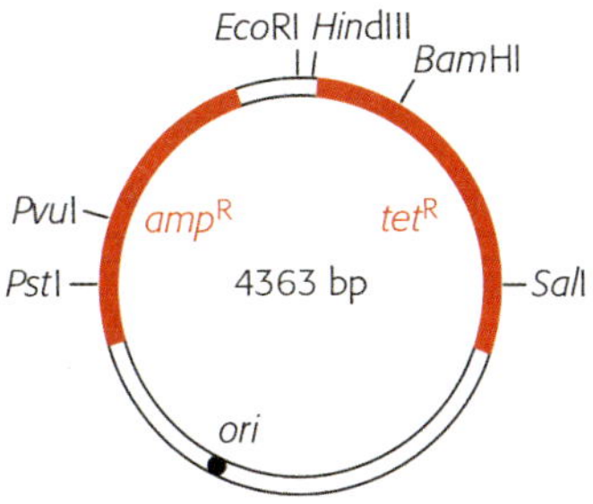

[그림 19-5] pBR322

플라스미드는 가장 널리 사용되는 벡터로서, 세균이 가지고 있는 본래 염색체 이외에 별도로 존재하는 고리 모양의 작은 DNA를 말한다. 플라스미드는 생존 자체에 필수적인 것은 아니지만, 항생제 내성 유전자가 들어있어 외부 환경이 안 좋을 때 세균이 극복하고 살 수 있도록 해주는 구조이다. 게다가 자유롭게 세균 속으로 넣었다 뺐다할 수 있기 때문에 외래 유전자를 세균 속으로 운반하는 데에 아주 적합한 벡터이다. 플라스미드에는 이완형 플라스미드(relaxed plasmid)와 엄격제어 플라스미드(stringent plasmid) 2종류가 있다. 이완형 플라스미드는 세균이 분열할 때 자기도 같이 분열하기도 하지만, 세균의 분열과 상관없이

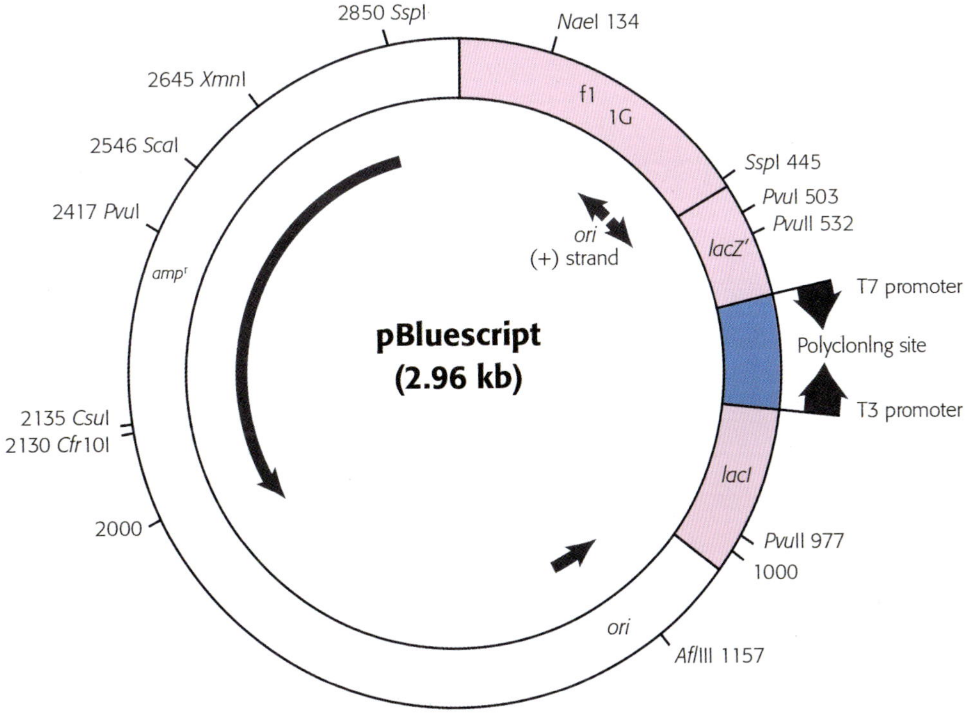

[그림 19-6] pBluescript

스스로도 자체적인 복제가 가능하다. 즉, 세균의 통제를 받지 않고 스스로 자유로이 복제할 수 있다는 뜻에서 "이완형"라 부른다. 이완형 플라스미드는 숙주인 세균가 분열하지 않고 있는데도 수천~수만 개까지 혼자서 빠르게 복제해 버리므로 유전자 클로닝을 통해 넣어준 외래 유전자를 대량 증폭하거나 그 산물을 대량으로 만드는 데 아주 유용하다. 클로닝에 사용되는 플라스미드들은 대부분 이완형 플라스미드로서 크기는 3~10kb 이하가 보통이다. 대표적인 예는 pBR322와 pBluescript 같은 것들이 있다. pBR322는 유전공학이 처음 시작될 때부터 사용된 것이어서 자르고 붙일 수 있는 제한효소 부위가 몇 개로 한정되어 있었지만, 이후 차차 더 변형되어서 개발된 것이 pBluescript이다. pBluescript는 미국의 Stratagene 회사가 더 많은 종류의 제한효소로 자를 수 있도록 개발한 것이다. 그만큼 다양한 제한효소로 자르고 붙일 수 있기에 유전자 재조합이 훨씬 용이해진 플라스미드이다.

엄격제어 플라스미드는 크기가 30~50 kb 정도로 너무 크기 때문에 스스로 복제하기가 어렵고, 세균의 통제를 받아 세균과 함께 한 번에 하나씩 분열한다. 따라서 대량 복제를 요하는 클로닝에는 적합하지 않으므로 특수한 숙주세포로의 운반이 필요한 경우 외에는 거의 벡터로 사용되지 않는다. 반면에 이완형 플라스미드는 클로람페니콜(chloramphenicol) 같은 항생제를 처리하면, 세균은 분열하지 않으면서 플라스미드만 숫자가 늘어나기에 대량생산에 적합한 구조이다.

플라스미드 벡터의 구조

플라스미드 벡터는 기본적으로 3가지 필수 구조를 가지고 있다. 첫째는 ori라고 부르는 구조이다. Ori는 replication origin의 약자로서 플라스미드가 스스로 복제하기 위해 꼭 필요한 구조이다. 둘째는 항생제 내성 유전자이다. 보통은 페니실린 계통의 항생제인 암피실린(ampicillin) 내성 유전자를 사용하는데, 간혹 테트라사이클린(tetracyclin) 내성 유전자를 이용하기도 한다. 항생제 내성 유전자는 유전자 클로닝 실험에서 벡터가 숙주세포로 제대로 들어갔는지를 확인하는 데 필요하다. 세 번째 구조는 MCS(multiple cloning site)라고 부르는 외래 유전자를 재조합하는 부위이다. MCS 부분은 원래 *lac* operon의 β-galactosidase 유전자인데, 염기서열을 조금씩 변형시켜서 가능한 여러 종류의 제한효소가 이를 자를 수 있도록 변형시켜 놓은 것이다. 물론 이때 β-galactosidase의 효소 기능은 그대로 살려놓은 채로 변형시키는 것이다.

예를 들어, 인슐린 유전자를 사람의 DNA에서 *Eco*RI으로 잘라 내었다면, 그리고 이 유전자를 플라스미드를 벡터로 이용해 대장균에 클로닝하려면 MCS 부위에도 *Eco*RI 염기서열이 있어야 할 것이다. 또 헤모글로빈 유전자를 *Bam*HI으로 잘라 MCS 부위에 넣으려면 *Bam*HI 염기서열이 MCS에 있어야 할 것이다. 이처럼 MCS 부위가 더 많은 제한효소로 잘릴 수 있어야 외래유전자를 삽입해 넣기 좋은 벡터가 된다.

Blue-white 선별

외래 삽입유전자를 벡터에 재조합하고서 이를 숙주세포에 형질전환시킬 경우 실험 결과는 3가지로 예측된다. 첫째, 플라스미드 벡터가 아예 대장균에 들어가지 못한 경우, 둘째, 플라스미드 벡터가 대장균에 들어갔지만 MCS에 외래유전자 재조합이 실패한 경우, 셋째, 외래유전자가 MCS에 성공적으로 재조합되고 플라스미드가 대장균에도 들어간 경우이다. 물론 우리

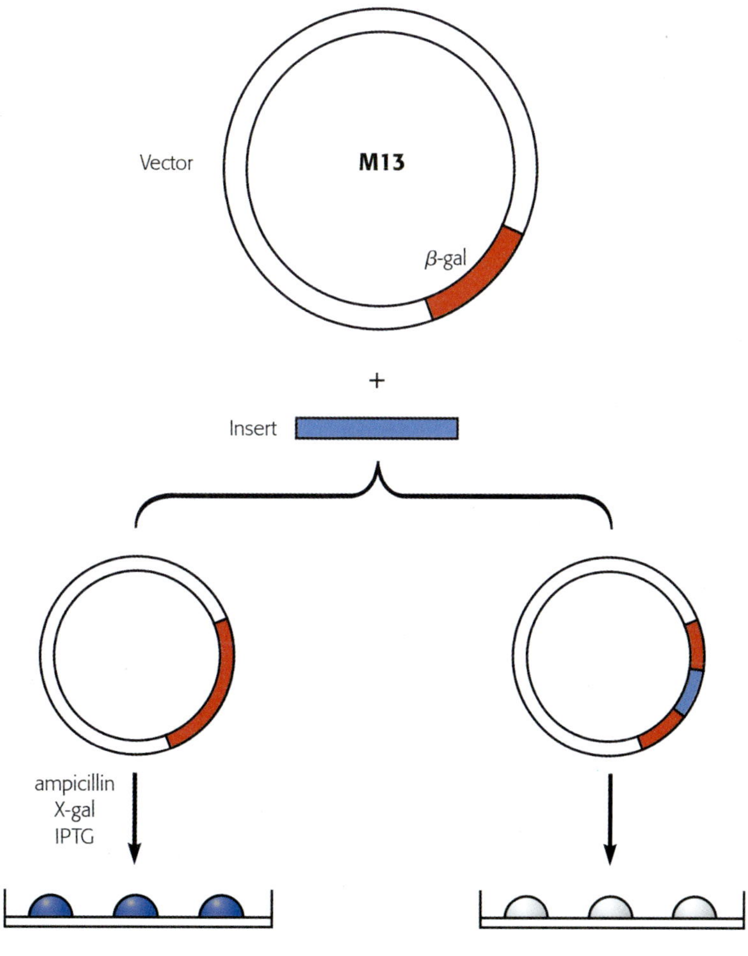

[그림 19-7] color selection

가 원하는 클로닝 결과는 세 번째가 될 것이다. 첫 번째 경우는 플라스미드가 없으므로 항생제 배지에서 자랄 수 없어서 배제될 수 있다. 그러면 두 번째와 세 번째는 어떻게 구별할 수 있을까? 이를 위해서는 *lac* operon의 원리를 응용하면 된다. 배지에 X-gal을 넣고 배양하면 대장균은 X-gal을 젖당인줄 알고 받아들인다. X-gal은 투과효소가 없더라도 자연스럽게 세포막을 통과해 세균 속으로 들어갈 수 있다. 일단 들어가면 β-galactosidase(즉, MCS 부분) 유전자가 X-gal을 젖당인줄 알고 분해하려 하지만, X-gal은 분해되는 대신에 파란색을 나타내 보인다. 그러나 만약 MCS에 외래유전자가 재조합되어 들어가면 β-galactosidase가 완전히 깨어져 버려 효소 활성이 없어지므로 X-gal은 아무런 색을 나타내지 않는다. 즉, 외래유전자가 재조합되면 세균은 흰색의 콜로니를 형성하고, 재조합되지 않으면 파란색을 나타내게 된다. 우리가 원하는 것은 결국 항생제와 X-gal이 첨가된 배지에서 하얀색을 띠는 콜로니이다. 여기에서 배지(medium)란 세균이 자라는 데 필요한 영양분을 배양접시에 고형으로 굳혀 놓은 것이고, 콜로니는 균이 자라 군락을 형성하여 눈에 보이는 덩어리이다.

BAP와 CIP

실험을 하다 보면 제한효소로 잘린 플라스미드가 외래유전자가 삽입되기도 전에 자체적으로 다시 상보적 결합하여 원상태를 회복하는 경우가 있다(self-ligation). 이런 경우는 앞서 설명한 경우의 두 번째에 해당하는 것으로서 외래유전자가 재조합되지 않은 플라스미드만 형질전환되는 경우이다. 물론 blue-white 색구별로 선별해낼 수는 있지만, 실제 실험 상황에서 이 빈도가 높으면 상당히 귀찮기 때문에 자체 결합이 일어나는 가능성을 최대한 낮추어 줄 필요가 있다. 이를 위한 구체적인 실험방법은 다음과 같다. 플라스미드를 제한효소 처리한 다음 다

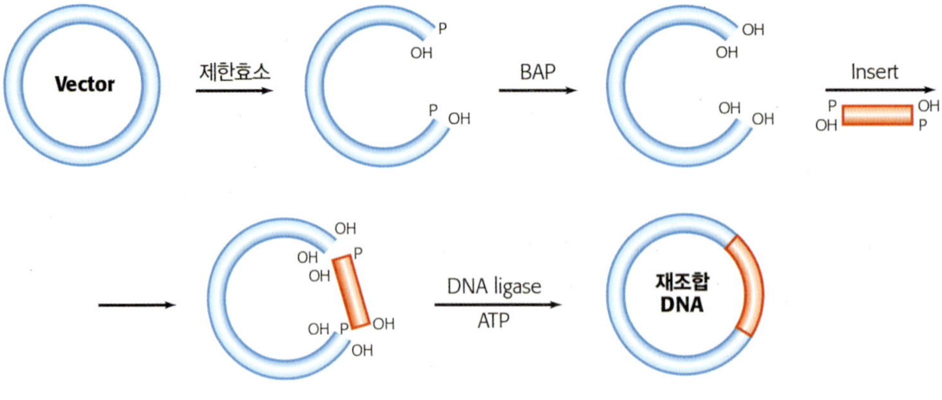

[그림 19-8] phosphatase로 인을 제거한 플라스미드의 클로닝

시 BAP(bacterial alkaline phosphatase)나 CIP(calf intestine phosphatase)로 플라스미드의 인을 제거하고 외래유전자와 섞어서 클로닝하는 것이다. DNA의 에스테르 결합은 인과 수산화기 사이에 일어나는 결합인데, 플라스미드에서 인을 제거하면 자체적인 결합이 불가능하고 다만 외래유전자하고만 결합할 수 있게 된다. 물론 이렇게 인을 제거한다 해도 100% 효율로 인이 제거되는 것이 아니므로, 여전히 blue-white 색구별을 해주는 것이 확실하다.

기타 벡터들

이외에도 박테리오파아지와 같은 바이러스도 외래유전자를 갖고서 숙주로 들어가는 데에 적합한 성질을 가지고 있다. 대표적인 예로는 λgt11이 있다. 또한, 동물바이러스나 식물바이러스도 유전자 벡터로 이용되고 있다. 심지어 AIDS의 병원균인 HIV 바이러스도 유전자 치료를 위한 벡터로서의 가능성이 실험되고 있다.

식물을 대상으로 하는 유전자 재조합에서 주로 사용하는 벡터로는 식물체에 존재하는 Agrobacterium tumerfaciens에서 발견된 Ti-플라스미드가 있다. Ti-플라스미드는 식물 염색체로 삽입되기 때문에 효과적인 식물 유전자 운반체로 사용되고 있다.

이와 같이, 생명과학의 비약적인 발전에 이바지한 유전공학은 유전자 재조합과 유전자 클로닝을 이용한 학문 분야라고 할 수 있다. 이들 기술은 이제 유전자 치료에의 적용을 위한 도구로서 각광받고 있다.

PCR(polymerase chain reaction)

몇 가닥의 머리카락에서 추출한 DNA의 양은 정확한 유전 검사를 하는 데 많이 부족하기 마련이다. 그래서 개발된 방법이 유전자증폭기술인 PCR(polymerase chain reaction)이다. 이 기술은 영화 "쥐라기 공원"에서 모기의 침(鍼)에서 공룡 혈액 한 방울을 채취해 공룡을 복원한 바로 그 기술이다. PCR 기술을 이용하면 불과 두세 시간 만에 DNA를 100만 배 이상 증폭해낼 수 있기 때문에 환자로부터 아주 적은 양의 혈액을 채취하거나 심지어는 머리카락 한 올만 있어도 검사에 필요한 유전자를 확보할 수 있다. PCR은 DNA 복제의 원리를 따른 것으로서, 두 줄의 DNA를 일단 끓여서(94℃) 변성시킨 다음(denaturation), 여기에 미리 제조한 짧은 DNA primer를 한 쌍 첨가하면서 반응 온도를 낮춰서(37~70℃ 사이) 주형에 붙여주고(annealing), 72℃로 온도를 올려 Taq DNA polymerase가 새로운 DNA를 합성하도록 해준다. 한 번의 반응 사이클이 끝나면 다시 94℃로 온도를 올려 변성시키고서 동일한 과정을 되풀이한다. 이처

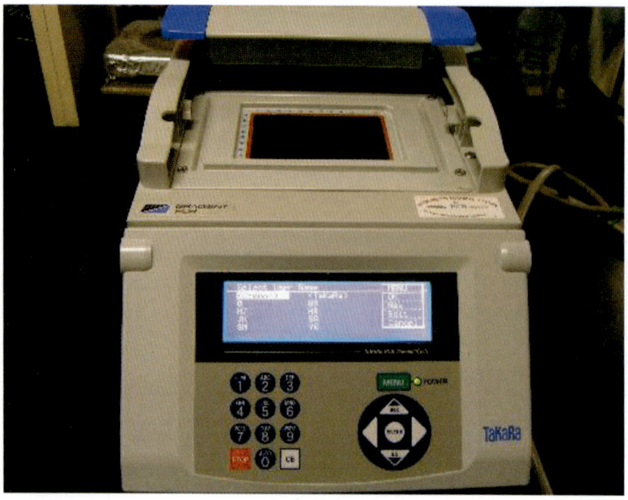

[그림 19-9] PCR 기계

럼 매회 반응 사이클이 되풀이될 때마다 DNA는 2n으로 증폭되므로, 불과 수 시간 만에 아주 적은 샘플에서 검사에 충분한 DNA를 확보해 낼 수 있다. 보통은 30~40사이클을 되풀이하는 데 걸리는 전체 시간은 불과 2시간 정도이다. 이처럼 빠른 시간에 DNA를 증폭시킬 수 있고 또 적은 양의 DNA도 증폭시킬 수 있기 때문에 유전자 검사뿐 아니라 친자확인 내지는 범죄 용의자 확인에까지 널리 쓰이는 기술이다. 참고로 PCR은 두 개의 primer 사이를 증폭하기 때문에 자기가 증폭해서 뽑아내고자 하는 유전자를 정확히 겨냥하여 primer의 위치를 잘 조절한 후 디자인해야 한다. Taq DNA polymerase는 온천 등지에서 서식하는 미생물인 *Thermus aquaricus*에서 추출하였기에 고온에서도 견디는 성질이 탁월하다. Taq DNA polymerase 덕분에 연속적인 반응 사이클을 수행하는 것이 가능해졌다.

PCR의 원리를 개발한 Mullis는 1993년에 노벨상을 받았다. PCR 기술은 이제 유전공학뿐만 아니라 여러 가지 생명현상을 다루는 영역에서 없어서는 안 되는 필수적인

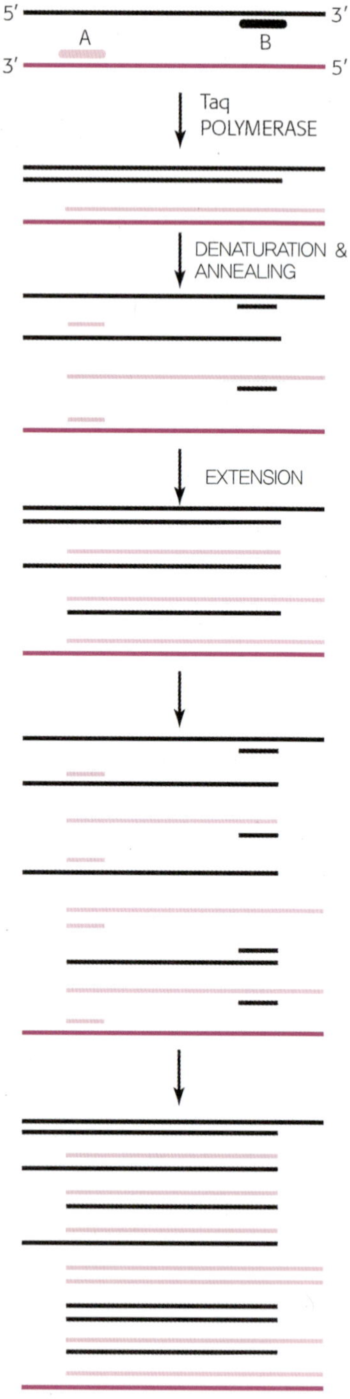

[그림 19-10] PCR 반응의 원리

기술이 되었다.

DNA sequencing

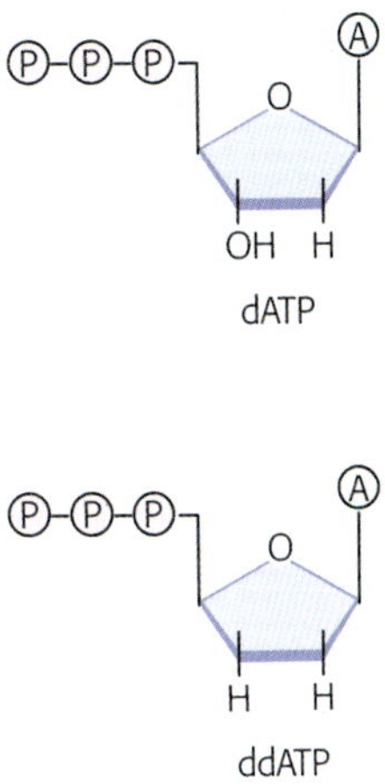

[그림 19-11] dATP와 ddATP

또 다른 핵심 기술은 DNA 염기서열결정법(DNA sequencing)이다. 염기서열을 결정하는 데 사용되는 기계의 이름은 DNA 염기서열결정기계, 즉 DNA sequencer이다. 유전암호는 A, C, G, T라는 4개의 알파벳으로 결정되는데, 인간게놈프로젝트는 사람의 염기, 즉 3×10^9개의 알파벳 서열을 모두 파악해 내려는 야심찬 연구였다. 엄청난 예산과 작업량에도 불구하고 연구를 밀고 나갔던 이유는 건강한 사람의 염기서열을 알아야 특정 질환에 걸린 사람의 유전자 서열과 비교를 해서 원인이 되는 변이를 찾아낼 수 있고, 또 원인을 알아야 치료도 가능하기 때문이다.

인간게놈프로젝트는 비록 어마어마한 경비와 시간이 투자되었지만 우리가 반드시 해야 할 프로젝트였고 결국 2001년에 완성되었다. 그래서 우리는 지금 포스트게놈(post-genome) 시대에 살고 있다고 말을 한다. 사람의 염기서열을 한글 프로그램에서 10 point로 A4 용지에 써내려가면 약 250 m 두께의 책이 될 수 있는 분량이다. 그 만큼 사람의 유전자는 방대하고 또 정교한 것이다. 따라서 이제는 생물학만 발달해서는 이런 대규모 프로젝트가 절대 불가능하기에, 용량이 크고 빠른 컴퓨터가 병행되어 개발되어야 하는 시대가 되었다. 이런 이유로 생물학과 정보통신을 합친 생물정보학(bioinformatics)이 21세기에 중요 학문으로 부상하고 있다.

DNA sequencing 방법은 다음과 같다. DNA의 재료는 뉴클레오티드로, 이들은 각각 dATP, dCTP, dGTP, dTTP이다. 이들의 구조는 이미 앞에서 본 적이 있다. 대표적으로 dATP의 구조를 다시 상기하면 그림과 같다. DNA의 뉴클레오티드는 2′-deoxyribose에 염기와 인이 붙은 구조이다. 즉, 5탄당의 2′ 탄소에는 수소(H)만이 결합해 있고, 3′ 탄소에는 수산화기(OH)가 결합한 구조이다. 3′ 탄소의 OH기가 새로운 뉴클레오티드의 인과 결합함으로써 DNA의 사슬 연장이 이루어진다. 한편, ddATP의 경우에는 3′ 탄소에도 수소만이 붙어 있다. 그래서 명칭이 두 군데 모두 산소가 빠져 있다는 뜻에서 “dideoxy ATP”이다. DNA 복제 시 재료가 ddNTP(여기에서 N은 A, C, G, T 중 아무 것이나를 의미함)로 주어지면 DNA polymerase는 상보적 염기서열에 맞추어 그 자리에 ddNTP를 집어넣을 것이고, 그 이후의 DNA 사슬 연장은 더 이상 일어

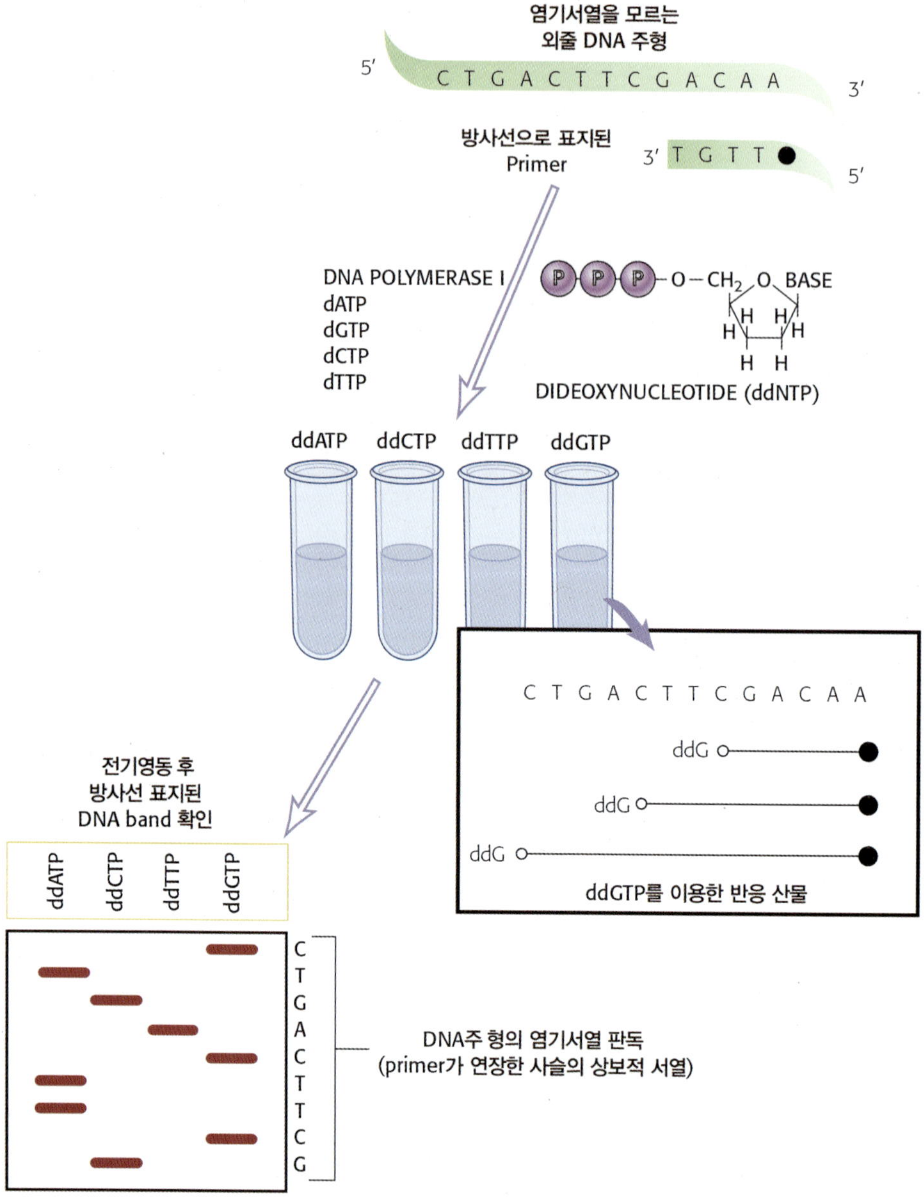

[그림 19-12] DNA sequencing 원리

나지 못한다.

실험 과정은 구체적으로 다음과 같다. 먼저 시험관을 4개 준비한다. 그리고 각각의 시험관을 A, C, G, T로 표시해 놓는다. 그런 다음 각 시험관에 DNA 복제에 필요한 모든 재료들, 즉 염기서열을 결정하려는 주형 DNA와 DNA polymerase, primer, 그리고 한 세트의 dNTP

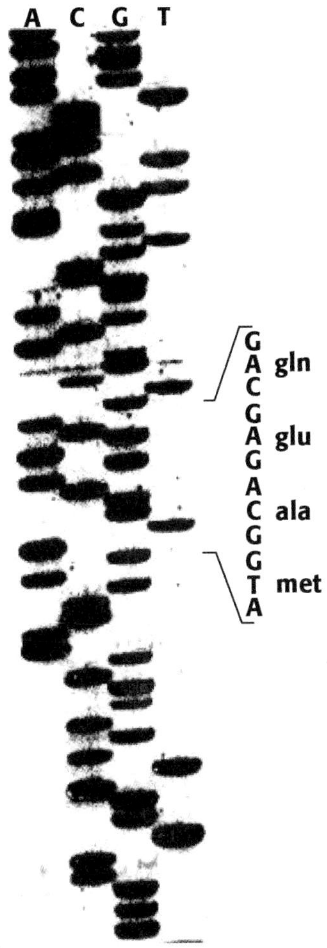

[그림 19-13] DNA sequencing 결과

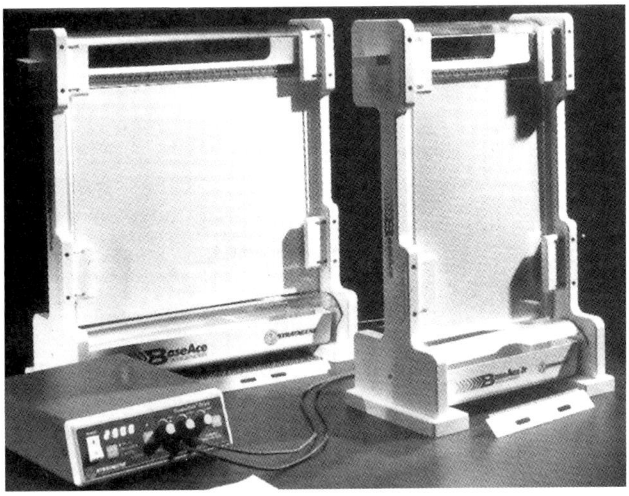

[그림 19-14] DNA sequencer

및 해당 ddNTP를 넣어준다. 즉, C로 표시된 시험관에는 dATP, dCTP, dGPT, dTTP와 ddCTP를 넣어주는 것이다. 그러면 이 시험관에서 일어나는 반응은 주형 DNA의 G가 있을 때마다 그 자리에 상보적으로 dCTP 또는 ddCTP가 들어가게 될 것이다. dCTP와 ddCTP 중 어느 것이 그 자리에 들어갈지는 DNA polymerase가 고민을 하다가 선택하게 된다. 즉, 어떤 때는 dCTP가, 또 어떤 때는 ddCTP가 들어가는데, 만약 dCTP가 들어가면 사슬은 계속 연장이 될 수 있지만 ddCTP가 들어간다면 사슬은 그 자리에서 멈추게 된다. 결과적으로 "C"라고 표시된 시험관 내에는 C가 들어갈 자리마다 연장이 정지된 다양한 길이의 DNA 절편들이 만들어질 것이다. 마찬가지로 A, G, T로 표시된 시험관에도 해당하는 길이의 DNA 절편들이 만들어지는데, 이들은 모두 염기 하나만큼 길이가 다르기 때문에 정교하게 전기영동을 하면 그 길이의 순서대로 구별이 될 수 있다. 전기영동은 일반 아가로오스 겔(agarose gel)보다 격자 구조가 더 정교한 폴리아크릴아마이드 겔(polyacrylamide gel)에서 수행을 하고, A, C, G, T 시험관에서 일어난 상기 반응물들을 나란히 위치시켜 전기영동한 다음 짧은 순서대로(아래부터) 염기서열을 읽어 나가면 새로 합성된 DNA의 염기를 읽을 수 있다. 주의할 점은 새로 합성된 DNA와 주형 DNA는 염기서열이 상보적이기 때문에 다 읽은 후에 이를 뒤집어야 한다.

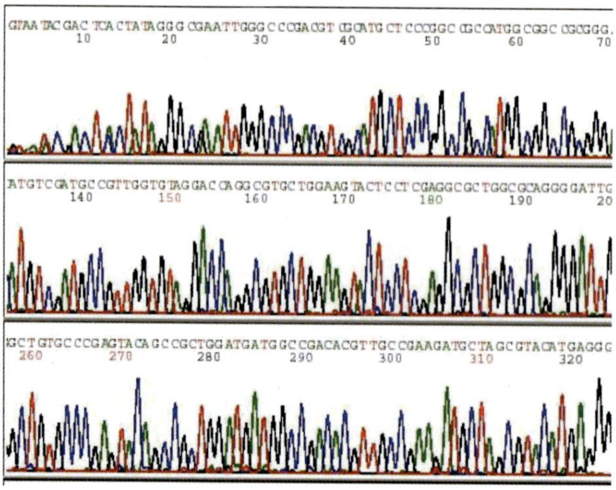

[그림 19-15] automatic DNA sequencing 결과

실제로는 DNA가 무색투명하기 때문에 전기영동이 끝나도 육안관찰이 불가능하다. 그래서 primer에 방사성동위원소를 붙여 놓은 다음, polyacrylamide gel에서 전기영동이 끝나면 그 위에 X-ray 필름을 얹고서 노출 후 인화시켜서 나타나는 DNA 밴드(band)를 차례로 읽어 나간다.

한 가지 떠오를 수 있는 질문은 염기서열을 전혀 모르는 새로운 DNA의 경우 sequencing을 위한 primer를 어떻게 제작하는가이다. DNA polymerase는 반드시 primer가 미리 있어야 거기에 새로운 뉴클레오티드를 연장해 나갈 수 있기 때문에 생기는 질문이다. 다행스럽게도 상업적으로 판매되고 있는 pBluescript 같은 플라스미드는 전체의 염기서열이 알려져 있다. 따라서 MCS 부위에 염기서열을 결정하기 원하는 DNA를 클로닝한 다음 그 인접한 플라스미드의 염기서열에 준해서 primer를 만들면 된다.

최근에는 이러한 DNA 염기서열 결정 과정이 자동화되어 있다. 즉, primer에 방사성동위원소를 붙이는 대신 A, C, G, T 별로 서로 다른 색의 형광물질을 붙여 놓으면, 이를 기계가 자동으로 읽어 나간다. 과거에 사람이 수동적으로 실험할 때에는 한 번에 200~300 bp 정도 읽었던 것을 지금은 자동화의 덕분으로 하루에도 수천 bp씩 읽을 수 있을 정도로 빨라졌고, 이는 인간게놈프로젝트가 계획보다 앞당겨질 수 있었던 원동력이 되었다.

Southern, northern 그리고 western

원하는 유전자가 한 번에 얻어지면 좋겠지만, 때로는 긴 DNA 조각이 주어지고 그 안 어

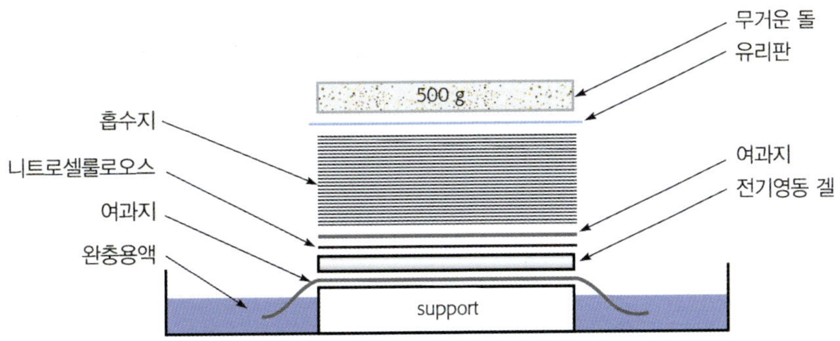

[그림 19-16] Southern transfer 장치

디엔가 원하는 유전자가 들어있는 경우가 있다. 이럴 경우 원하는 DNA만을 어떻게 찾아낼 수 있을까? 이때 사용되는 방법이 바로 Southern 블로팅(Southern blotting)이다. 이 기술은 Southern이란 사람이 고안하였기 때문에 고유명사로서 첫 글자를 대문자로 쓴다. 즉, Southern blotting은 여러 DNA 절편 중 자기가 원하는 유전자가 들어있는 절편을 정확하게 찾아내는 기술이다.

긴 DNA 조각이 주어졌다면, 이를 적절한 제한효소로 먼저 절단을 한 다음 전기영동을 한다. 사람의 DNA 전체를 제한효소 처리하고서 전기영동해도 상관이 없다. 사람의 전체 DNA를 제한효소로 자르면 아주 작은 것에서부터 약 20 kb 정도로 큰 것까지 다양한 길이의 절편이 생기는데, 이들이 워낙 크기가 비슷비슷하기 때문에 전기영동 상에서는 DNA 절편들이 마치 물흐른 것처럼 뿌옇게 보인다. 이때 제일 큰 DNA 절편이 20 kb 정도인 이유는 그 이상 크면 제한효소로 자르지 않더라도 물리적 충격 때문에 그냥 끊어지기 때문이다. 전기영동이 끝난 agarose gel은 알칼리성 완충용액(NaOH buffer)이 들어있는 용기에 일단 옮긴다. 용기에는 블록(block)을 설치하는데, 블록 전체를 Whatman 3MM 같이 흡수력이 좋은 여과지로 감싸서 NaOH 용액이 Whatman 3MM 종이에 서서히 스며들어 젖게 만든다. 이렇게 준비된 블록 위에 겔을 올려놓은 다음 그 위에 니트로셀룰로오스(nitrocellulose) 종이를 올려놓는다. 그리고 니트로셀룰로오스 종이 위에는 또 다시 흡수지를 높이 5cm 정도 되게 올려놓은 뒤 좌우로 넘어지지 않도록 무거운 벽돌 등을 얹어 놓는다. 약 12~24시간 동안 방치해 두면 흡수지가 겔을 통해서 NaOH 용액을 천천히 빨아들이는데, 이 때문에 겔에 있는 DNA도 함께 빨려 들어가면서 서서히 니트로셀룰로오스 종이에 겔 상에서의 위치 그대로 모두 옮겨지게 된다. 니트로셀룰로오스 종이는 DNA와의 결합이 용이하도록 특수 처리된 종이이다. 다만 옮겨진 DNA는 NaOH 용액으로 인해 변형되어 모두 외줄 주형으로 풀려 나온 상태이다. 그런 다음 위치를 알고 싶은 유전자의 염기서열에 해당하는 짧은 외줄의 올리고뉴클레오티드(oligonucleotide, 약 17~40 bp 정도)를 만들고 그 끝에 방사성동위원소를 붙여 놓는다. 이런 oligonucleotide를 탐침(probe)이라고 한다. 이 oligonucleotide 용액을 이제 니트로셀룰로오스 종이 위에 부으면 상보적 결합에 의해 해당 유전자가 들어있는 DNA 부분을 찾아가 결합하게 되고, X-ray 필름을 얹어 인화하면 그 부분만 검게 밴드(band)로 나타나므로 원하는 특정한 유전자 A의 존재 여부와 제한효소를 절단했을 때의 대략적인 크기를 확인할 수 있다.

이외에도 Southern blotting은 유전질환을 진단할 때도 유용하게 사용된다. 예를 들어, A라는 유전자의 염기서열에서 일어난 돌연변이 때문에 유

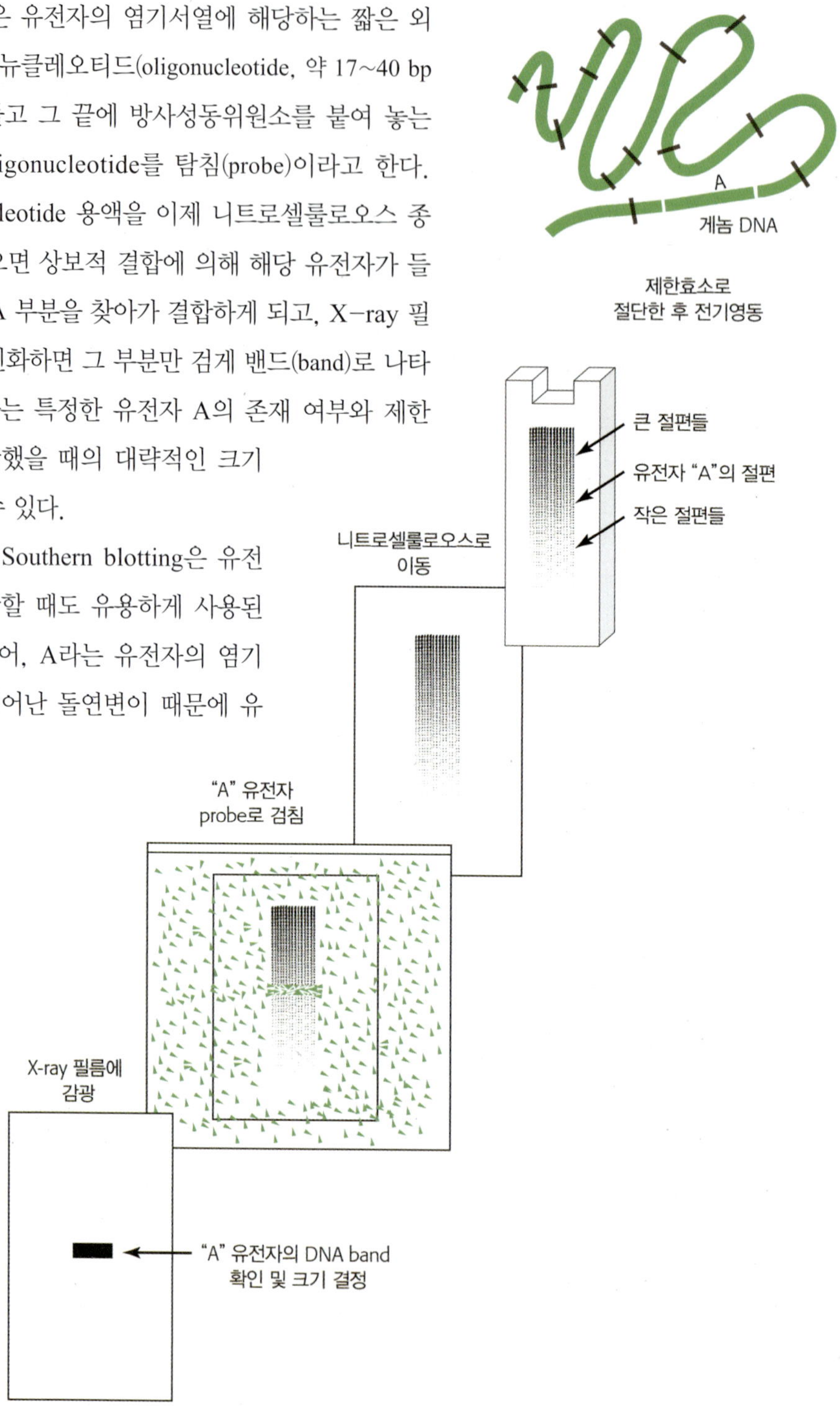

[그림 19-17] Southern botting

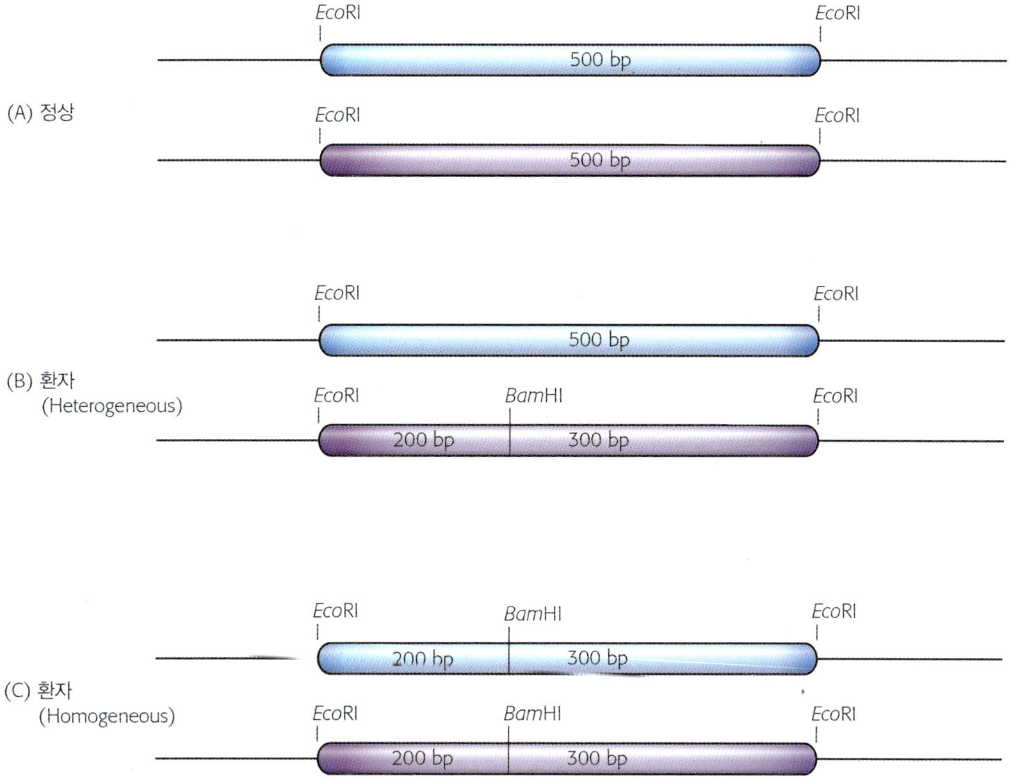

[그림 19-18] 돌연변이로 인해 BamHI 서열이 생긴 유전질환 A의 예

전질환이 생긴 경우, 만약 이 돌연변이가 특정한 제한효소(*Bam*HI)로 A 유전자를 잘리게 만든다면 환자의 전체 DNA를 *Eco*RI과 *Bam*HI으로 절단해서 전기영동한 후 Southern blottong을 해볼 수 있다. 전기영동에서는 전체 DNA가 뿌옇게 나타나 제한효소 처리한 결과를 육안으로 식별할 수 없기 때문에 Southern blotting이 필요한 것이다. 정상인은 *Bam*HI이 자르지 못하므로 *Eco*RI에 의해 잘린 500 bp 만이 만들어질 것이고, 상동염색체 상의 유전자 2개가 모두 고장이 났다면 *Eco*RI과 *Bam*HI에 의해 200 bp와 300 bp의 밴드가 만들어질 것이다. 상동염색체 중 하나만 고장이 났다면 200 bp, 300 bp, 그리고 500 bp의 밴드가 모두 만들어질 것이다. (만약 *Eco*RI 주변의 염기서열을 안다면, 양쪽 부분에 primer를 만들어 두 *Eco*RI 사이를 PCR 증폭한 다음 이 증폭된 DNA만 따로 *Bam*HI으로 잘라 전기영동하여도 같은 결과를 얻을 수 있다.) DNA primer를 어디에 준해서 만드느냐에 따라 Southern blotting의 결과는 다르게 나타난다. 예를 들어, 200 bp 위치에 준해 만들었다면 정상인에게서는 500 bp band가 관찰되지만, 환자에서는 200 bp band가 관찰되지만, 하나만 고장 난 사람(많은 경우 보인자)에게서는 500 bp와 200 bp

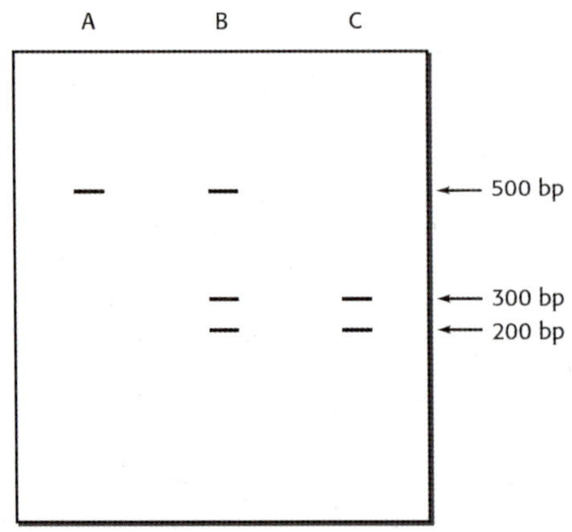

[그림 19-19] 질환이 있는 사람의 DNA를 *Bam*HI과 *Eco*RI으로 자른 뒤 probe로 Southern blotting한 결과

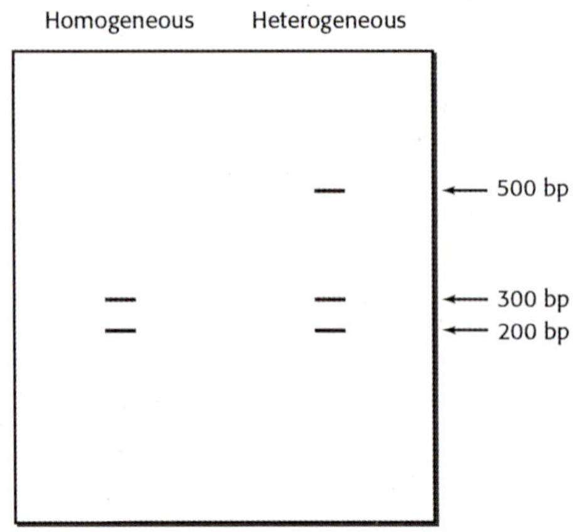

[그림 19-20] 질환이 있는 사람의 DNA를 2개의 primer로 PCR 증폭하고 *Bam*HI으로 자른 결과

band가 모두 관찰될 것이다.

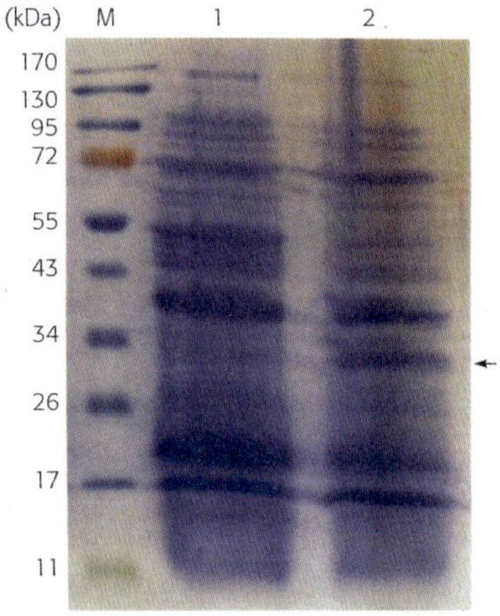

[그림 19-21] SDS-PAGE 결과

비슷한 예로서, northern blotting과 western blotting이 있다. 이 두 가지 방법은 Southern blotting과 원리는 같지만, northern blotting은 찾고자 하는 대상이 RNA라는 점, western blotting은 단백질이라는 점만 다르다. 전기영동을 할 때 northern blotting의 경우는 세포에서 추출한 RNA를 그대로 agarose gel 상에 전기영동한다. 그 외 과정은 Southern blotting과 같으나 탐침(probe)을 안티센스 염기서열에 준하여 만들어야 한다. RNA, 특히 mRNA가 센스가닥(sense strand)이기 때문이다. Northern blotting은 세포에서 추출한 전체 RNA를 그냥 조사하기도 하지만, 많은 경우 mRNA만 따로 분리한 다음 실시하는 것이 더욱 정확한 결과를 얻을 수 있다.

Western blotting의 경우는 agarose gel 대신에 SDS-polyacrylamide gel(SDS-PAGE)에서 전기영동을 한다. 원래 단백질은 염기성, 중성, 산성 아미노산 등 다양한 전기의 아미노산으로 구성되어 있기 때문에 전기영동을 할 때 좌우 어느 쪽으로 이동할지 예측이 불가능하다. 이 때문에 미리 SDS(sodium dodecyl sulfate) 용액을 처리하는데, SDS가 단백질에 달라 붙어서 전체적으로 (-) 전기를 부여하기 때문이다. 이렇게 되면 모든 단백질은 전기장 속에서 (+) 쪽으로

[그림 19-22] western blotting 장치

움직이게 된다. 이 움직임은 순전히 분자량(크기)에만 영향을 받기에 전기영동의 일반적인 법칙에 따라 작을수록 더 빨리 움직이게 된다. 그리고 probe로는 항체(antibody)를 사용한다. 사람 세포에서 발현되는 특정한 단백질의 분자량을 알고 싶다면 western blotting을 실시하되, 미리 그 단백질을 사람이 아닌 다른 동물에게 주사하여 항체를 추출해 놓아야 한다.

Northern blotting과 western blotting은 사람의 이름을 따서 명명한 것이 아니므로 첫 글자를 보통 소문자로 쓴다. 이들 방법을 이용하면 원하는 유전자의 위치뿐 아니라 그 유전자의 대략적인 크기도 함께 알 수가 있다. 이들 세 가지 blotting 방법은 어떻게 응용하느냐에 따라 범죄 용의자 확인, 친자확인, 유전질환의 가계도 조사 등 다양한 방면에서 이용된다. 아직까지 eastern blotting은 개발되어 있지 않은데, 중심설에 나타난 생명의 3대 고분자가 DNA, RNA 그리고 단백질뿐이기 때문이다.

mRNA의 순수분리

세포에는 다양한 종류의 RNA가 들어있지만 유전암호를 가지고 있는 오직 mRNA뿐이다. 그리고 진핵세포의 mRNA는 intron 등 유전자 분석에 필요하지 않은 부분이 모두 제거된 상태이므로, 이를 조사하면 단백질의 1차 구조를 그대로 유추할 수 있다는 장점이 있다. 그렇기 때문에 많은 경우 mRNA만 따로 분리해내는 것을 선호하게 된다. 앞에서도 설명한 적이 있지만 방법을 다시 간단히 요약하면 다음과 같다. 우선 주사기 또는 컬럼(column)이라고 부르는 작은 원통을 준비한 후, 그 안에 인공합성한 poly(T) 또는 poly(U)를 가득 채워 넣는다. 그런 다음 세포 추출물을 밀도구배 원심분리하여 RNA 혼합물을 얻고 이를 column의 위에서 부어준다. 이때 mRNA는 poly(A) tail이 있기 때문에 poly(T)나 poly(U)에 상보적 결합으로 달라붙지만 다른 RNA들은 모두 그대로 빠져나가 버리게 된다. 이제 column에 NaCl 용액을 처리하면 poly(A) tail과 poly(T), 또는 poly(A) tail과 poly(U)와의 결합이 풀리면서 mRNA만 따로 회수할 수 있다. 단지 회수할 수 없는 mRNA가 하나 있는데, 그것은 poly(A) tail이 없는 히스톤 단백질의 mRNA이다.

cDNA의 합성

mRNA를 순수하게 분리하였다면, 이를 DNA로 바꾸어줄 필요가 있다. 대부분의 유전자 클

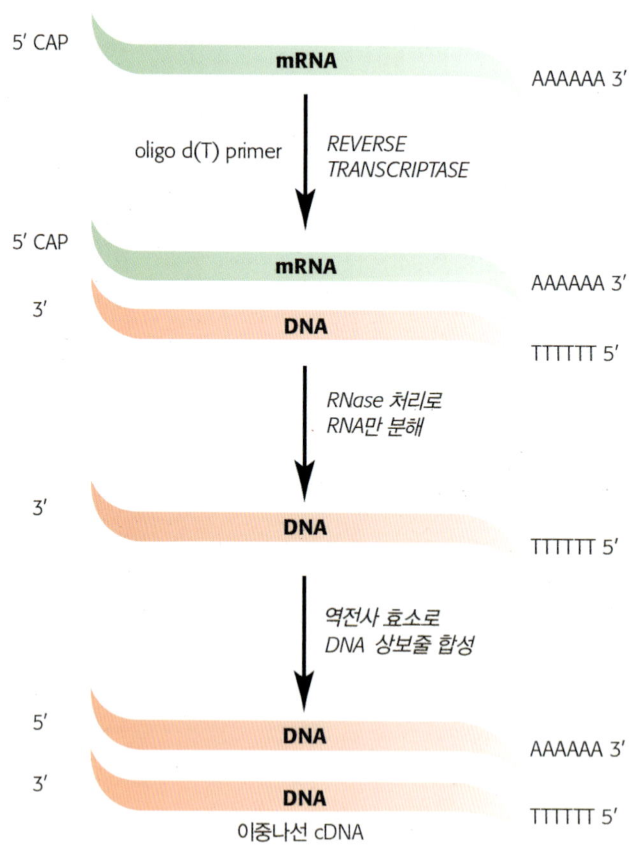

[그림 19-23] cDNA 합성

로닝 기술은 DNA를 대상으로 하기 때문이다. RNA는 상대적으로 취급이 어렵고 안정성이 떨어져서 실험하기가 매우 어렵다. 먼저 mRNA의 poly(A) tail에 붙을 수 있는 약 17~20 bp 정도의 oligo d(T)를 인공합성하여 붙여준다. 그런 다음 mRNA를 주형으로 해서 역전사시키면 외줄의 DNA가 합성된다. 물론 이때 사용하는 효소는 역전사효소(reverse transcriptase)이다. 합성은 상보적이지만 끝부분에 가서는 몇 개의 염기가 가속도에 의해 임의로 달라 붙게 되고, 이것이 구부러지면서 자체 primer 역할을 하게 된다. 그리고 이제 두 번째 DNA 가닥이 DNA polymerase에 의해 만들어진다. 다 만들어진 이중나선 DNA에 S1 nuclease 효소를 처리하면 외줄 부분은 사라지고 mRNA의 염기서열을 그대로 담고 있는 copy DNA가 완성된다. 이를 complementary DNA라고도 부르며, intron이 제거된 DNA이므로 유전자 연구에 유용하게 사용된다.

RFLP

인간의 DNA는 전체적으로 볼 때 기본 구조가 같지만 일부 염기서열은 각 사람의 얼굴이 조금씩 다르듯이 각기 차이가 있다. 이렇게 조금씩 다른 염기서열은 유전자의 기능에는 영향을 미치지 않으면서 그냥 다를 뿐이다. 그러나 이 차이 때문에 제한효소에 의해 잘리는 패턴이 달라지므로 전체 DNA를 제한효소로 자르면, 그 결과 생기는 토막 또는 단편(fragment)의 길이가 개인마다 조금씩 달라지게 된다. 이를 RFLP(Restriction fragment length polymorphism, 제한효소 절단분획 다형)라고 한다. RFLP는 보통 방사성동위원소로 표지한 DNA probe와 함께 사용된다. 때로는 PCR로 일정 부분만을 증폭한 뒤 RFLP를 실시할 수도 있다. RFLP는 법의학에서 개인 식별에도 활용할 수 있는데, 마치 지문처럼 개인별 차이를 보인다고 해서 DNA 지문(DNA fingerprint)이라고도 한다.

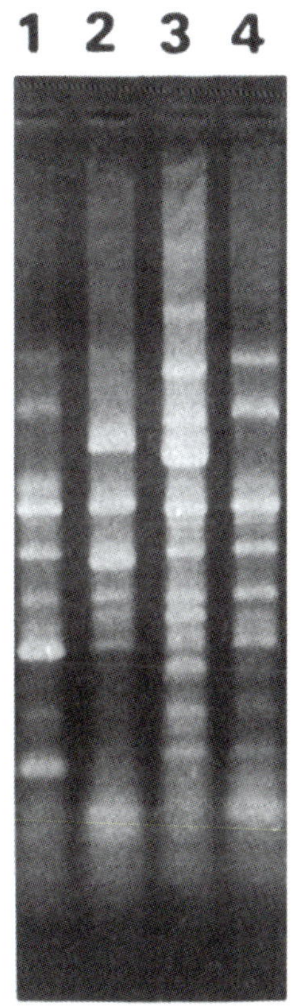

[그림 19-24] RFLP

구체적인 방법은 다음과 같다. 감정의 대상이 되는 세포에서 DNA를 추출하여, 전체 DNA 중 비교가 쉬운 일정한 부위를 PCR 기술로 수만 배 증폭시킨 후 제한효소로 잘라서 조각으로 만든다. 경우에 따라서는 제한효소로 자르는 대신 PCR primer를 특이하게 만들어 개인별로 다르게 증폭되는 결과를 확인하기도 한다. 어떠한 방법을 사용하든지 RFLP의 결과를 전기영동을 통해 확인하면 DNA 단편들이 크기별로 분리되어 나타나게 된다. 이때 그 단편들이 서로 같은 패턴을 보인다면 동일인물의 DNA일 것이고, 그렇지 않고 서로 다른 패턴을 보인다면 다른 인물의 DNA일 것이다. 이는 앞에서 언급하였듯이, 특정한 염기서열만을 자르는 제한효소의 성질과 개인별 염기서열의 차이를 이용한 것이다.

RFLP는 간혹 미생물을 분류하거나 비슷한 종간의 차이를 구별하기 위한 방법으로도 이용이 된다.

DNA 표식자와 DNA 프로필

최근에 TV 등 다양한 매체에서 사용하는 용어를 보면, DNA fingerprinting보다 DNA 프로파일링(DNA profiling)이라는 말을 더 많이 사용하고 있다. DNA profiling은 DNA 표식자(marker)를 이용하여 개인 식별이나 유전자 지도 작성, 진화 유전학 분야 등에서 유용하게 사용되고 있다. DNA 표식자는 소위 위성 DNA(satellite DNA)라고 부르는 DNA 반복서열을 찾아내기 위해 고안된 것이다. 사람의 DNA 중 85% 이상이 intron이나 연결 DNA로서 별다른 기능이 없다는 것은 이미 알고 있는 사실이다. 게다가 이런 부위의 DNA는 종종 의미 없는 염기서열이 반복되는 것이 특징이다. 그럼에도 불구하고, 이런 의미 없는 반복서열들이 사람마다 개수가 다른 점을 이용하여(copy 수의 차이) 반복서열에 해당하는 DNA probe를 만든 다음, RFLP를 하듯 전체 DNA를 제한효소로 자른 후에 전기영동해서 이 탐침으로 조사하면 개인별로 특이한 패턴이 얻어진다.

Y 염색체 marker

성염색체의 하나인 Y 염색체는 가장 작은 염색체 중 하나로, SRY(sex-ralated Y region) 등 성결정과 관련된 몇 개 정도의 유전자만 그 안에 들어있다. 구조는 교차가 일어나는 양 말단부위와 교차가 일어나지 않는 NRPY(non-recombination portion of the Y chromosome) 부위로 크게 나뉜다. Y 염색체의 NRPY 부위는 다른 염색체와 교차가 일어나지 않고 부계로만 유전되기 때문에 부계의 유전정보를 그대로 가지게 된다. 이러한 점에서 여러 종류의 Y-DNA 표식자를 개발하면 개인 식별을 하거나 법의학 분야에 유용한 정보를 얻을 수 있어서 남자와 관련된 문제 해결에 적절히 활용될 수 있다.

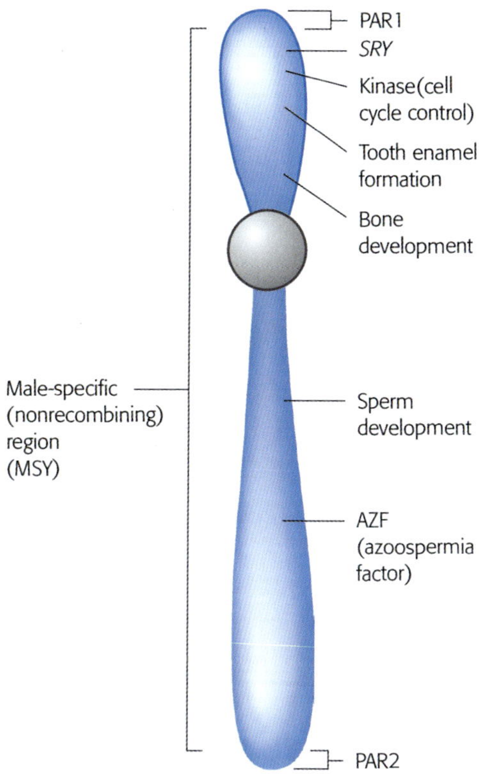

[그림 19-25] Y 염색체

VNTR 및 STR

사람의 DNA에는 앞서 말한 것처럼 반복되는 구조가 존재하는데, 이 전체 반복서열(repeated sequence)에서 개개의 반복단위(repeating unit)의 반복 횟수가 사람에 따라 여러 형태로 나타나는 부분이 있다. 이때 반복단위의 염기서열이 대개 14~70 bp인 것을 VNTR(variable number of tandem repeats)이라 하고, 2~7 bp인 것을 STR(short tandem repeats)이라고 부른다. VNTR이나 STR은 모두 일정한 중심염기서열이 반복되는 반복염기서열(repetive sequence)로서, 그

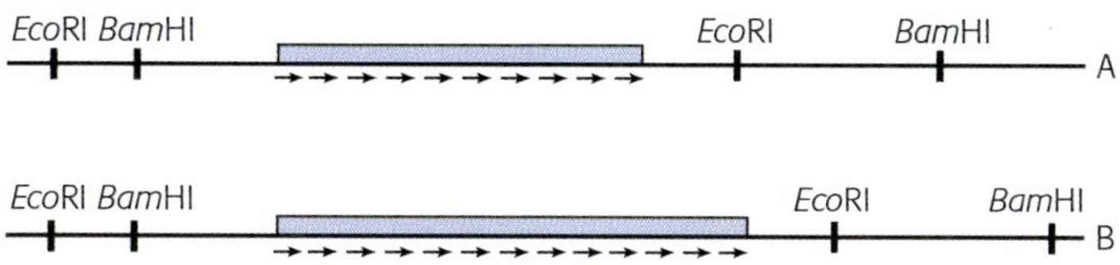

[그림 19-26] VNTR

[그림 19-27] STR

반복 횟수가 사람마다 다른 길이의 다형성(polymorphism)이다. 따라서 이런 반복서열에 있어서의 다형성은 대립유전자의 수가 매우 많고 반복되는 중심서열의 종류도 다양하므로, 법의학적인 개인 식별에 중요한 표식자로서 이용된다. 또한 STR 같은 특정 염기의 반복은 세대를 거쳐 유전이 되기 때문에 유전자 감식을 이용한 친자 확인에 이용한다.

SNP

포스트게놈 시대에 주목받는 기술 중 하나는 SNP(single nucleotide polymorphism)을 찾아내어 질병에 걸릴 확률, 암 발생 빈도 등을 예측하는 것이다. 사람은 얼굴이 조금씩 다르듯이 유전자의 일부분이 차이를 보이게 마련이다. 이런 차이가 exon에 있다면 돌연변이로 나타나겠지만, 간혹 intron이나 junk DNA에서 나타나기도 한다. 이런 DNA들은 오랫동안 유전암호를 가지고 있지 않기 때문에 중요성이 없다고 생각해 왔지만, 최근에 들어 분석한 결과에 의하면 이 부분에서의 염기서열 차이가 때로는 질병의 빈도와 관련이 있다는 것이다. 이것이 바로 SNP이다. SNP는 개인적으로 차이가 있기 때문에 "단일염기다형성"이라고 번역한다. 이 차이로 인해 각종 질병에 걸릴 확률이 사람마다 다르다는 것이다. 여러 나라가 발빠르게 자국민의 SNP 차이를 분석 중에 있다. 그 나라 사람들에게 더 많이 발생하는 특정 질병에 대해 빠르게 진단하고 치료할 수 있는 길을 찾자는 것이다. 우리나라에서도 당뇨병, 고혈압, 위암, 간암과 관련된 SNP를 발굴하는 데에 정부 차원에서 주력하고 있다. SNP는 인종, 개인에 맞추어 진단하고 치료하는 맞춤의학의 효시라는 점에서 중요하다.

유전자 재조합의 활용

앞에서 언급한 것과 같이, 유전자 재조합을 통해 interferon이나 interleukin, insulin과 같은 의약품을 좀 더 쉽고 값싸게 대량으로 제조할 수 있다. 그 외에도 유전자재조합의 기술을 한 단계 발전시켜 형질전환동물을 만들어냄으로써 인간에게 필요한 물질이나 장기 등을 얻어낼 수 있다. 식물에서는 유전자 재조합 기술을 형질전환식물을 얻거나 식물육종학에 이용하기도 한다. 또한 GMO라고 불리우는 유전자변형산물을 통해 식량문제의 해결책을 제시하기도 한다.

가장 큰 성취는 유전자 재조합 기술을 사람에게 직접 적용할 수 있게 되었다는 것이다. 유전자 치료가 바로 그것인데, 고장난 유전자 대신에 건강한 유전자를 사람에게 직접 넣어주는 것이다. 다만 아직은 고장난 유전자를 그대로 둔 채로 건강한 유전자를 넣어주는 수준이지만, 앞으로 기술이 더욱 발달하면 완전히 치환하는 단계까지 발전할 수 있을 것으로 기대한다.

유전공학이란 유전자를 목적에 따라 임의로 조작하는 생명과학의 한 분야를 말한다. 즉, 유용한 유전자는 임의로 붙여주고 질병에 관련된 유전자는 잘라내어 버리는 과정을 통해서 목적에 맞는 유전자를 조작해 내는 것이 유전공학의 핵심이라 할 수 있다. 유전자의 화학적 구조와 기능이 밝혀지고 난 후 유전학이 급속적으로 발전함에 따라 실질적으로 의학이나 농업, 산업에도 많이 이용되기 시작하였다. 이렇게 이론적인 유전학이 실생활에 응용되는 공학을 유전공학이라 한다. 유전자를 옮겨 주거나 바꾸어준다는 의미에서 유전자 치료는 유전공학을 사람에게 직접 응용한 사례라고도 할 수 있다.

유전공학을 처음으로 이용하게 된 사례로는 앞서 말한 대로 insulin의 대량생산을 들 수 있다. 인체의 혈당량을 유지시켜 주는 역할을 하는 insulin이 유전적인 결함으로 인해 제대로 분비되지 못하게 되는 경우가 있는데, 이러한 경우 잘 알려진 대로 당뇨병이 된다. 초기에는 동물의 췌장에서 insulin을 직접 추출하여 사용하는 방법 밖에 없었으며, 이에 따른 희소성과 비싼 가격 때문에 제대로 치료를 받지 못하고 죽는 환자가 다수였다. 그러나 1978년부터 유전공학을 이용하여 대장균에 insulin 유전자를 넣음으로써 대량 생산할 수 있게 되었고, 이렇게 상품화된 당뇨병 치료제가 "Humulin"이라는 이름으로 1983년 시판되기 시작하면서 유전공학이 의약 및 산업에 이용되는 시초가 되었다. 지금은 insulin뿐만 아니라 interferon 같은 항암제도 대량 생산하게 됨으로써 유전적 질병을 치료하는 데 이용할 수 있게 되었다.

인간게놈프로젝트와 슈퍼컴퓨터

1990년 인간유전체기구, 즉 HUGO(human genome organization)라는 국제 컨소시엄에서 시작한 인류 최대의 프로젝트인 인간게놈프로젝트는 생명의 기원을 밝히고, 질병 극복과 수명연장의 청사진을 제시하여 2001년 2월, 드디어 1단계가 완성되었다. 정부 주도의 HUGO와 민간 기업인 Celera Genomics 사이의 라이벌 관계가 촉매제 역할을 함에 따라 처음 계획했던 시한보다 훨씬 더 빠르게 진행되었던 것이다. Celera Genomics는 HUGO보다 9년 정도 늦은 1998년에 시작하였음에도 불구하고 상상할 수 없을 정도의 빠른 속도로 게놈을 밝혀나갔고, 이에 자극을 받은 HUGO도 뒤쳐지지 않도록 게놈을 빠르게 분석하였기에 이른 완성을 할 수 있게 있었다.

Celera Genomics가 9년이나 늦게 시작하였음에도 불구하고 HUGO의 속도를 따라갈 수 있었던 데는 슈퍼컴퓨터의 역할이 절대적으로 컸다. HUGO와 다른 분석 방법을 택했던 Celera Genomics는 그 복잡한 분석을 수퍼컴퓨터에게 맡김으로써 방대한 데이터를 빨리 처리할 수 있었다.

지금까지 우리는 유전공학의 원리와 이 기술들이 빠르게 성장시킬 수 있었던 몇 가지 계기를 살펴보았다. 이러한 계기들을 통해서, 우리는 금시대에 인간게놈프로젝트를 완성시킬 수 있었고, 유전자 재조합을 통해 의학과 산업의 획기적인 발전을 이루어낼 수 있었다. 그러나 이러한 기술 이전에 학문을 향한 과학자들의 끊임없는 호기심과 열정, 그리고 보다 나은 미래를 향한 인류의 관심이 있었기에 이 모든 것이 가능했으며, 앞으로도 그렇게 될 것이라는 사실을 절대 잊어서는 안 될 것이다.

유전자 감식

사례로서 1991년에 발견된 러시아의 로마노프 왕조의 황제인 니콜라이 2세와 그 가족의 유해를 확인하기 위해 유전자 감식을 행한 경우가 있었고, 1997년 11월에는 유전자 감식을 통해 프랑스의 배우인 이브 몽땅의 친자를 확인한 사례가 있다. 때로는 유전자 감식이 범죄 해결뿐 아니라 재산 상속의 복잡한 관계를 해결해 주기도 한다. 이 외에도, 유전자 감식은 인류의 선조인 "미토콘드리아 이브"를 추적하기 위해 고고학에서도 응용되고 있다.

최근에 유전자 감식이 가장 널리 사용되고 있는 곳은 아무래도 범죄 수사 현장에서이다. 즉, 범행 현장에서의 혈흔이나 머리카락 등을 통해 DNA를 감식함으로써 용의자들 중에서 범인을 가려내고 증거로 채택하는 것이다.

이렇듯 유전자의 개인차를 이용한 여러 가지 활용은 유전병의 진단 및 치료 등 특별한 경우에도 많은 도움을 줄 수 있다. 그러나 한 가지 조심하여야 할 것이 있다. 바로 개인 차이의 데이터베이스화이다. 유전정보는 만약 다른 사람이 알게 되면 그 사람의 인생을 송두리째 바꾸어놓을 수도 있는 아주 개인적인 기밀이기 때문이다. 예를 들어, 유전병을 일찍 진단받은 경우 노출되어 버리면 치료는 커녕 보험 혜택마저 어려워지거나 심지어는 결혼에도 영향을 줄 수 있다. 현대 사회의 범죄 수법이 너무 다양하고 잔인해지고 있기에 전과자들의 DNA 프로파일링을 영구 보존하려는 움직임이 있는데, 이는 한편으로는 수사에 편의성을 제공하면서도 개인의 인권 침해라는 문제가 있으므로 사회 각 계층의 의견을 신중히 수렴하여 결정해야 할 문제이다.

법의학

범죄 현장에 떨어진 혈흔이나 머리카락에서 유전자를 분석해 용의자를 검거하는 것은 이제 일반화된 일이라서 별로 신기할 것이 없다. 범죄 수사와는 성격상 다른 문제이지만, 친자 확인 역시 DNA 분석이나 유전질환 검사와 같은 방법으로 분석해낼 수 있다. 특히 상속 문제가 걸렸다면 이는 대단히 중요한 일이 아닐 수 없다. 사람마다 얼굴이 조금씩 다르듯 일란성쌍둥이가 아니라면 유전자도 조금씩 다르게 마련이다. 물론 그 차이는 0.01%도 안 될 정도로 미미하지만, 사람의 유전자가 전체 3×10^9 bp라는 것을 생각하면 이는 무려 1,000만 개의 염기서열 차이를 말하는 것이다. 이런 차이는 유전자 차원에서 확인한다면 그 사람의 가계를 찾아내는 결정적인 단서가 될 수 있다. 더욱이 모계 유전을 따라 내려온 친자의 문제라면 어렵지 않게 해결될 수 있다. 세포내소기관인 미토콘드리아는 어머니로부터만 전달되므로, 미토콘드리아의 유전자를 분석하면 이미 여러 세대를 지나 버린 샘플이거나 어머니와 함께 다른 나라에서 이민 온 사람의 경우라도 감별해 낼 수 있다. 친자확인은 유전질환을 검사하기 위한 방법을 개발하는 중에 자연스럽게 동일한 기술이 적용된 분야이다. 모두가 유전자 구조에 기반을 두고 있기 때문에 유전자 재조합 기술이 발달할수록 정확도는 앞으로 더욱 높아지게 될 것이다.

우리나라의 유전공학

우리나라 유전공학의 역사는 여타 생명과학 분야와 마찬가지로 매우 짧다고 할 수 있다. 유전자 재조합 기술이 처음으로 전수된 것은 1980년대이며, 1983년에 이르러 유전공학 육성법이 국회를 통과하여 대전에 유전공학센터(현재 명칭은 한국생명공학연구원)가 설립되었다. 지금은 여러 형태의 연구소나 생명과학 분야 벤처기업이 많이 생겨나 활발한 연구를 진행시키고 있으나, 아직 서구 선진국이나 가까운 일본과 비교했을 때 턱없이 부족한 것이 실정이다. 더욱이 현재의 양과 질보다 더 문제인 것은 아직도 생명과학에 대한 정부와 기업, 일반 국민들의 인식이 생명과학의 발전 속도를 따라가지 못하고 있다는 것이다. 생명과학이 곧 국가 경쟁력과 직결된다는 인식이 필요한 때이다.

유전공학과 미래

지금까지 살펴본 것과 같이, 유전자를 조작하는 유전공학은 생물체의 유전자를 목적에 따라 마음 대로 다룰 수 있어 그 응용 면에서 활용 범위가 무한하다고 할 수 있다. 이제 유전자를 자르고 붙이는 단순한 기술은 전 세계적으로 거의 동일한 수준이다. 따라서 어떤 유전자를 어떤 생명체로 옮기느냐는 아이디어가 21세기의 특허 분쟁이 될 것이 분명하다. 우리나라는 기술력도 뛰어나고 우수한 두뇌와 아이디어로 분명 바이오테크놀로지 산업의 선두 주자가 될 것으로 기대된다.

지금까지 유전공학이 응용된 산업들을 간단히 살펴보면, 의약품 분야에서는 소마토스타틴(somatostatin)이라는 인체의 생장조절호르몬과 insulin을 대량 생산하였고, interferon, interleukin 등 항암제와 심장마비 치료제인 유로키나제(urokinase)를 개발하였다. 최근에는 전염병 예방에 사용되는 백신용 항원분자의 생산이 활발하게 연구되고 있다. 이외에도 유전자 치료에 적용하여 질병 예방 및 치료에 중심역할을 할 수 있는 핵심 기술이 여럿 개발되었다.

또한 농작물이나 가축의 품종개량에 있어서도 우량 젖소의 개발이나 가축용 생장호르몬의 대량 생산, 가축용 백신과 항생제의 생산 등 여러 연구가 활발하며, 항생제 저항성 농작물 개발, 미생물 살충제의 개발, 제초제 저하성 농작물 개발 등으로까지 연구가 진행되고 있다.

그 외에도 유전공학은 프락토올리고당, 갈락토올리고당, 대두올리고당과 같은 기능성 올리고당류를 제조하는 등 식물공업에도 영향을 주고, 바이오센서를 이용한 기계 산업 및 바이오리액터를 이용한 연료 생산에서도 한 몫 할 것으로 기대된다.

한편, 이러한 성공적 사례에만 취해 있기에는 예상치 못한 위험성의 가능성이 너무나도 크다. 생명체를 크고 강하게 만드는 것이 바로 유전공학의 목적이기 때문에 더욱 그렇다. 만약 인류에게 해를 끼칠 수 있는 엄청난 독을 품은 생명체가 탄생한다면 그것은 인류를 파멸시킬 수도 있을 것이다. 그러므로 우리는 항상 이면에 존재하는 위험성도 생각하여야 할 것이다. 다시 말해서 인류의 행복이나 생명 연장의 논리를 앞세운 또 다른 인류의 희생이나 생명 경시 풍조가 생겨날 수도 있다는 것이다. 따라서 유전공학을 이용한 모든 활동에서는 윤리적·도덕적 배려와 법적 규제 장치가 뒤따라야 할 것이다.

최근 들어 가장 주목을 받고 있는 인간게놈프로젝트나 생명복제도 바로 이와 같은 유전공학을 한 단계 발전시킨 분야라고 할 수 있을 것이다. 즉, 앞으로도 유전공학이 우리 미래에 커다란 영향을 미칠 것이라는 데에는 그 누구도 이견을 내지 않는다. 하지만 이러한 영향이 밝은 미래를 가져다 줄지, 인류의 파멸을 몰고 오게 될지는 그 어느 누구도 장담을 하지 못한다.

과학을 올바르게 사용하려는 진정한 과학자의 양심과 이를 비판과 수용의 자세로 받아들이는 사회구성원의 관심이 존재하는 한 과학이 인류를 절망시키는 직접적인 원인이 되지는 않을 것이라는 것만은 분명히 말할 수 있다. 그리고 그 비판과 수용 및 관심은 우리 모두의 몫이며, 반드시 다음 세대에게 이어주어야 한다는 것도 기억해야 한다.

연습문제

01 유전자 재조합으로 동물을 변형시킨 예를 3개만 조사하시오.

02 유전자 재조합으로 식물을 변형시킨 예를 3개만 조사하시오.

03 유전자 재조합으로 미생물에서 유용한 물질을 대량생산한 사례를 3개만 조사하시오.

04 제한효소란 무엇인지, 또 어떤 것들이 있는지 설명하시오..

05 플라스미드의 주요 구조들에 대하여 설명하시오.

06 Blue-white 색깔 선별의 원리를 간단하게 설명하시오.

07 SNP의 중요한 응용 분야를 설명하시오.

08 PCR 기술의 원리와 방법, 그리고 응용 분야를 설명하시오.

09 생물정보학이란 어떤 학문인지 설명하시오.

10 RFLP란 무엇이며, 어떻게 응용할 수 있는지 설명하시오.

Chapter

20 인간게놈프로젝트와 생물정보학

바이오테크놀로지(biotechnology)는 유전학 이론과 유전공학 기술이 합쳐져서 실생활에 도움이 되도록 생명체들을 변형시키는 기술이다. 즉, 식물이나 동물의 형질을 개량하고, 특별한 목적의 미생물을 개발하기 위한 생물학적 기술들을 말한다. 물론 생물체가 분비하거나 생물체로부터 유래되는 물질들을 다루는 기술도 여기에 포함된다. 이제 모든 "바이오" 기술의 근본은 유전자 및 그 발현 산물인 단백질공학에 있다. 인간게놈프로젝트는 21세기의 모습을 많이 변화시켰다. 유전자 치료가 일상화되었으며, 줄기세포와 DNA chip 같은 용어들도 일반인에게 낯익은 단어가 되었다. 반면에 인간복제나 GMO 문제들이 사회적 차원에서 조심스럽게 논의되고 있다. 21세기 최대의 화두인 "게놈프로젝트와 프로테오믹스"에 대해서 살펴본다.

인간게놈프로젝트

2001년 2월, 인류는 두 편의 논문에 흥분을 감추지 못하였다. 인간 생명의 미스테리를 풀기 위한 초거대 프로젝트인 인간게놈프로젝트(Human Genome Project)의 완성본이 영국의 과학잡지인 '네이처(nature)'와 미국의 과학잡지인 '사이언스(science)'를 통해서 발표되었기 때문이다.

인간게놈프로젝트(HGP)란 말 그대로 인간의 게놈을 밝혀내는 프로젝트를 말한다. 그렇다면 게놈이란 무엇인가? 게놈(genome)이란 생명체를 형성하고 생명활동을 하기 위해 필요한 유전정보의 총칭을 말한다. 게놈은 'gene'(유전자)과 'chromosome'(염색체)의 합성어로 우리말로는 '유전체'라고 번역된다.

따라서 인간게놈이라고 하면 인간을 구성하는 전체 게놈을 말하는데, 인간게놈의 염기 수는 약 30억 개에 달한다고 한다. 그러나 이 30억 개 중에서 실제 유전암호를 담고 있는 부분은 5~10%에 불과하며, 그 외에 유전자를 조절 억제하는 부분, 아직 의미가 밝혀지지 않은 부분 등이 나머지를 차지한다고 알려져 있다. 따라서 각 염색체에는 어떠한 유전자들이 있고, 각 염색체에 위치한 DNA의 전체 염기가 어떠한 순서로 배열되어 있는가를 알아낸 후, 그 배열을 모두 해독하는 작업이 바로 HGP, 즉 인간게놈프로젝트인 것이다.

HGP의 시작

HGP는 미국의 주도 아래 미국, 유럽, 일본 등이 참여해서 HUGO(Human Genome Organization)라는 학술회의를 결성하여 시작하였으며, 사상 유례 없는 초거대 프로젝트이다.

인간의 게놈 전체를 밝혀내겠다는 제안을 처음으로 내놓은 사람은 캘리포니아대학교의 Sinsheimer였다. Sinsheimer는 1985년 유전학계의 권위자들을 모아 놓은 자리에서 이 계획을 제안하며 지지를 호소하였다. 그러나 Sinsheimer의 야심찬 계획과 호소에도 불구하고 대다수의 학자들은 회의적인 반응을 보였다. 유전정보를 가지지 않는 소위 쓰레기 DNA(junk DNA)까지 해석한다는 것이 노력과 자금에 비해 별 도움을 주지 못할 것이라는 것이 대체적인 반대의 이유였다. 더욱이 이 계획에 무려 30억 달러가 필요하다는 것이 알려지자 재원 조달의 어려움과 함께 다른 생물학 연구에 들어갈 연구비에까지 영향을 미칠지 모른다고 걱정한 과학자들이 이 계획에 반대하게 되었다. 이러한 반대에도 불구하고 Sinsheimer의 계획에 절대적인 지지를 보여준 사람들도 있었다. DNA 염기서열분석법을 개발하여 노벨화학상을 받은 하버드대학교의 Gilbert 박사와 DNA의 이중나선구조를 밝힌 Watson이다. 특히, Watson의 지지와 노력은 자칫하면 묻혀 버렸을 수도 있었던 HGP에 날개를 달아주었다.

인간게놈의 연구를 맨 처음 시작한 것은 미국 에너지성이었다. 에너지성은 2차 대전 당시 원자폭탄을 연구하던 연구소를 갖고 있었는데, 이곳에서 방사선으로 인한 유전자 돌연변이를 연구하던 과학자들이 게놈 연구를 시작한 것이다. 이후 1987년부터 국립보건연구소가 인간게놈 해석에 참여하면서 HGP가 진행되기 시작했다.

1988년 9월 Watson이 초대 책임자로 선정되면서 HGP는 필요한 자금을 확보함은 물론 세계적으로 연구의 당위성을 인정받기에 이르렀다. 그러나 이러한 Watson의 노력과 활약은 1991년 국립보건연구소의 소장이 바뀌면서 제약을 받기 시작하였다. 새로 부임한 연구소장이 Watson과 충돌하기 시작했던 것이다. 특히, 그 논쟁의 중심에는 게놈 연구 결과를 정부 특허로 취득하여야 한다는 연구소장의 주장과, 특허가 과학 발전에 제약이 되어서는 안 된다는 Watson의 주장이 있었다. 이러한 논쟁과 서로 간의 불신 끝에 결국 1992년 4월 Watson은 HGP의 책임자 자리를 그만 두게 되었다. 이때 게놈 결과를 특허로 내어야 한다고 주장한 쪽에 있었던 연구원 중 한 명이 후에 Celera Genomics 회사를 설립한 Craig Venter이다. Watson 이후 인간게놈프로젝트의 책임자로서 미국 미시간대학교의 Francis Collins가 새로 선정되었고, Collins 박사는 2001년 게놈의 완성까지 이 프로젝트를 이끌게 되었다.

Watson과 Craig Venter

염색체 상에서 유전자의 위치를 먼저 파악하고, 염기서열을 밝히는 것을 목표로 한 인간게놈프로젝트의 처음 시작은 지금과는 비교할 수 없을 만큼 많은 비용과 노력을 필요로 했다.

지금은 한 염기서열당 600원 정도의 비용으로 단일 실험실에서 1년에 100만 개 이상의 해독이 가능하지만, 시작할 당시만 하더라도 10,000원 이상의 비용이 들었고, 하나하나를 밝혀내는 시간도 오래 걸렸기 때문이다. 이렇게 복잡한 인간의 게놈을 밝혀내는 작업과 동시에 분석이 완료된 염기서열이 드디어 공개되었다. 1996년 HUGO의 과학자들은 정리가 완료된 유전자의 자료는 24시간 내에 공개한다는 원칙에 동의하는 '버뮤다 원칙'을 발표하였다.

인간게놈을 밝혀내는 작업에 또 다른 변수가 나타났는데, 유전자의 특허를 주장하며 Watson과 맞선 사람 중의 하나인 Craig Venter가 1998년 5월에 설립한 Celera Genomics이다. Celera Genomics는 수퍼컴퓨터와 초고속 전자동 염기서열분석기를 이용하여 HUGO보다 먼저 인간게놈프로젝트를 완료한다고 발표하였다. 더욱이 HUGO와는 달리 버뮤다 원칙을 무시한 채 유전자 정보를 유료로만 공개한다고 발표함으로써, HUGO뿐만 아니라 이를 지원하던 각국을 긴장시켰다. 이에 자극받은 HUGO는 해독의 속도에 박차를 가함과 동시에 본격적인 분석 작업을 시작하기에 이르렀다. 결국 양측의 경쟁 끝에 예상보다 이른 2000년 6월 26일 백악관에서 초안이 발표되게 되었고, 2001년 2월 인간게놈프로젝트의 완성본이 공식 발표됨으로써 HGP는 긴 여정의 결실을 보게 되었다.

2001년 2월 15일 HUGO는 영국의 과학잡지인 '네이처(Nature)'에, 2001년 2월 16일 셀레라는 미국의 과학잡지인 '사이언스(Science)'에 연구결과를 각각 발표하였다. 동일한 주제를 가지고, 동일한 시기에, 그것도 최고의 권위를 자랑하는 서로 다른 과학지에 발표하는 경우는 과학사상 흔치 않은 일이다. 이 사실만으로도 HUGO와 Celera Genomics의 HGP의 결과와 발표를 둘러싼 자존심 싸움이 얼마나 치열하였을지 추측할 수 있다. 무료 공개를 천명한 HUGO와 유료로 자료를 제공함으로써 이윤을 추구하려는 Celera Genomics의 소리 없는 전쟁이 막을 내린 것이다.

연구방법

HGP에는 두 가지 실험방법이 사용되었다. 하나는 부분적 샷건(shotgun) 방식으로 사람의 전체 DNA를 실험하기 적당한 길이의 작은 단위의 절편으로 모두 자른 다음, 이 절편들을 순서대로 맞추어 늘어 놓아 염색체 지도를 만들고, 이에 해당하는 부분을 하나씩 분석하여 순서대로 서열을 읽는 방법으로, 미국 정부 주도의 HUGO에서 이러한 방법으로 진행하였다.

또 다른 방법은 사람의 DNA를 무작위적으로 아무렇게나 잘라서 조각을 만든 다음, 그 모든 조각의 서열을 분석하고, 분석한 서열을 컴퓨터에 전부 입력시켜서, 흡사 조각을 끼워 맞추는 것과 같이 서열을 이어서 읽어내는 방법이다. 이는 전체 shotgun 방식이라 불리는 것으로, Celera Genomics가 사용한 방법이다. 이 방법이 가능했던 것은 슈퍼컴퓨터와 Perkin-Elmer 회사의 DNA 자동서열분석기 덕분이었다. 이 방법으로 Venter 그룹은 그 기한을 4년 가까이 앞당길 수 있었다. 부분적 shotgun 방식은 정확성면에서 전체 shotgun 방식보다 우수하지만, 효율과 속도 면에서는 다소 떨어지는 것이 단점이다.

HGP의 완성

두 연구팀이 각각 연구 결과를 발표한 이후에도 게놈 연구는 계속 수행되었고, 2003년 4월 14일에 다시 추가로 완성된 드래프트가 공개되었는데, 여기에는 인간이 가진 모든 유전자 중 99%의 서열(sequence)이 99.99%의 정확도로 포함되어 있었다. 그리고 이를 다시 수차례에 걸쳐 확인하면서 완성도와 정밀도를 높여 나간 결과 10,000개의 서열 가운데 1개까지 오차를 줄이는 데 성공하였다. 완전한 HGP에 대한 논문은 2006년에 출판되었다.

HGP의 결과

HGP의 결과, 인간은 23쌍 염색체에 31억 6,740만 개의 염기쌍으로 이루어져 있다는 것을 알게 되었다. 또한 이 염기쌍 속에서 하나의 유전자를 이루는 염기는 평균 3,000여 개 정도로 추정되었고, 그중 가장 큰 유전자는 약 240만 개의 염기를 가진 것으로 알려져 있다. 또한 확인된 SNP(single nucleotode polymorphism)는 약 140만 개 정도이며, 모든 개인 사이의 DNA 염기서열은 약 99.9% 정도 일치하는 것으로 밝혀졌다.

게놈에는 계속해서 반복되는 염기서열이 있다. 예쁜꼬마선충(*C. elegans*)이 7%, 애기장대(arabidopsis)가 11%인 데 비해서, 인간의 경우 전체 게놈의 50% 정도를 차지하며, 여성보다 남성의 유전자 변이가 2배 정도 많은 것으로 나타났다. 이는 세포분열의 횟수가 정자 형성 과정에서 난자보다 많고, 따라서 상대적으로 돌연변이가 더 축적되었기 때문이라는 추정이 가능하다.

그러나 무엇보다도 가장 관심을 끄는 부분은 인간의 유전자 수가 30,000~35,000개 정도밖에 되지 않는다는 것이다. 이는 선충이나 초파리보다 약 2배 정도 많은 숫자일 뿐만 아니라, 인간이 생명활동을 하는 데에 필요한 단백질의 수가 10만 개 정도이므로, 그 단백질을 만드는 유전자의 수도 대략 10만 개가량 될 것이라는 이전의 예상을 뒤엎는 결과이다. 또한 인간이 만물의 영장이라는 자부심에 상처를 준 결과라고 볼 수도 있다.

그렇다면 30,000여 개의 유전자와 10만 여 개의 단백질은 과연 어떤 관계를 가질까? 여러 가지 학계의 의견이 있지만, 인간의 게놈은 다른 여타 생명체보다 더 복잡하기 때문에 실제로는 여러 종류의 유전자가 서로 유기적으로 협동하여 발현해야 한다는 의견이 지배적이다. RNA splicing도 그중 하나의 가능한 메커니즘이다.

HGP의 활용

인간 게놈의 완전한 해독은 인간 유전자를 전체적으로 파악해서 각 유전자의 작용을 알아낸 다음, 결함을 수정하고 기능을 강화하는 등 다양한 생물공학적 응용이 가능하게 될 것을 예고하는 것이다. 인간게놈에 대한 정보를 이용하여 유전자 치료(gene theraphy)와 같은 분야의 점진적인 개발이 이어질 것이다. 이는 인류 역사상 건강보건복지에 하나의 전환점이 될 것이 분명하다. 그리고 생체기능과 생체기관에 대한 모방 및 응용기술에 대한 연구가 활발해질 것이다. 즉, 두뇌 기능 모방, 생체감지장치 모방, 생체동력기관 모방 및 생합성 공장 모방 등을 생각해 볼 수 있다.

또한 인류 집단 간 비교를 통해 인류의 기원과 이동에 대한 연구가 유전자 차원에서 새롭게 출발될 수 있을 것이다. 더욱이 다른 생명체와의 비교를 통해서 생물 간 게놈 진화에 대해 구체적인 해답을 찾을 수 있게 될 것으로 기대된다.

그러나 염기서열을 모두 밝혀내었다고 해도 모든 유전정보를 알아낼 수 있는 것은 아니다. 먼저 이들 중 어느 부분이 유전자를 암호화하고 있는지를 확인해야 하며, 그 다음에 유전자에 대한 기능 분석이 연속되어야 한다. 대량 분석이 가능하고, 이를 통해 유전자 상호간에 어떠한 연관성을 가지고 있는지 알아낼 수 있을 뿐 아니라, 그 유전자에 의해 나타나는 단백질산물에 대해서도 알 수 있게 됨으로써 유전자 기능에 대한 전반적인 연구의 지름길이 될 것이 분명하다. 즉, 인간의 체내에서 각각의 유전자가 어디에 위치하고, 어떠한 역할을 하는지를 밝혀내며,각각의 인종과 개인들이 서로 어떻게 다른지를 비교할 수 있게 되고, 이를 근거로 질병을 일으키거나 심각한 유전병을 유발시키는 유전자를 밝혀내어 미리 예방할 수 있도록 하여야 한다.

전체 염기서열을 밝혀내는 게놈프로젝트는 이제 시작에 불과할 뿐이다. 방대한 양의 정보를 분석할 수 있는 데이터베이스의 구축뿐만 아니라 서열상의 유전자가 어떠한 상호작용을 하는지 등을 밝혀내어야 하며, 이렇게 분석되고 저장된 유전자 자료가 사회 전반에, 그리고 각 개인에게 어떠한 역할을 하고 또 영향을 미치는지, 반대 급부는 무엇인지에 대한 논의가 있어야만 할 것이다.

사실 게놈 연구 이후의 영향력과 파급 효과는 그 어느 누구도 전혀 예상하지 못한 방향으로 나아가게 될 수 있다. 그 영향력이 인류의 행복과 삶의 질의 향상이라는 좋은 방향으로 나아갈지, 아니면 인류 역사 이래 그 어떠한 재앙보다도 더 치명적인 것이 될지는 이제 우리 모두의 몫이라고 해도 과언이 아닐 것이다.

HGP의 결과를 토대로 21세기의 생명과학은 이제까지와는 다른 방향으로 발전해나가게 되었다. 인간의 게놈 정보가 모두 밝혀지면, 이를 이용하여 질병 극복을 위한 노력이 결실을 맺게 될 것으로 기대된다. 인간의 대표적인 유전정보에서 그치지 않고 각 개인의 유전정보를 알아내어 개인에게 맞는 맞춤형 질병 치료나 의약품 개발로 이어져서 부작용이나 후유증이 적게 될 것이며, 치료 이전의 예방에 중점을 둘 수 있게 될 것이다. 더욱이 신약개발이 동물실험을 거쳐야 하는 불편함 없이 실험실 내에서 DNA chip이나 컴퓨터 시뮬레이션 작업을 통해 보다 빨리 안전하게 이루어질 전망이다.

포스트게놈 시대

포스트게놈 시대란 게놈프로젝트의 결과 인간뿐만 아니라 우리와 밀접한 생명체의 유전자 정보를 모두 밝혀낸 이후를 말하는 것이다. 바로 우리가 포스트게놈 시대에 살고 있는 것이다. 그리고 이렇게 모아진 각 생물체의 방대한 유전정보를 다루 체계적으로 보존하고 다루는 학문을 생물정보학(bioinformatics)이라 한다. 이제 포스트게놈 시대에는 DNA 자체에 대한 연구보다 발현의 최종산물이면서 생화학대사의 기초물질인 단백질(protein)에 대한 연구, 즉 프로테오믹스(proteomics)가 더욱 중요한 이슈로 부상하고 있다. 포스트게놈 시대에는 게놈 연구에서 얻어진 방대한 양의 데이터를 대량 분석할 수 있어야 하기 때문에 DNA chip이나 수퍼컴퓨터 같은 대규모 분석 장비의 필요성이 높아졌다.

DNA chip

DNA chip은 기존의 분자유전학적 이론에 기계·전자공학적 기술을 접목해서 만들어진 대규모의 유전자를 동시 분석할 수 있는 획기적인 도구이다. 기계 자동화와 전자제어기술을 이용하여 적게는 수백 개에서부터 많게는 수십만 개의 DNA 절편을 아주 작은 공간에 고밀도로 집어넣은 것이다. 게놈프로젝트의 완료와 함께 유전자에 대한 비밀과 기능들이 하나둘씩 밝혀지면서 유전자 연구가 가속화되었으며, 한정된 시간에 신속하고 정확하게 수많은 유전자의 기능에 대한 연구를 가능하게 하는 신기술이 필요하게 되었다. 예를 들어, 위암과 관련된 유전자들을 한꺼번에 검색한다든지, 특정한 약물에 반응하는 유전자들을 한꺼번에 검색할 때 DNA chip은 아주 유용한 도구이다. 특히 발현이 증가하든 감소하든 상관없이 발현이 평소와 달라지는 유전자들을 일괄 검색할 수 있다는 장점이 있다.

[표 20-1] DNA chip의 종류

DNA chip 제작 기술	특징	chip 종류
pin microarray	Pin을 이용한 micro dotting(surface contact)	cDNA & oligonucleotide
Inkjet	Inkjet 원리를 이용한 micro dropping	cDNA & oligonucleotide
Photolithography	Photolithography를 이용한 oligonucleotide 직접 합성	oligonucleotide
Electronic array	전기를 이용한 oligonucleotide addressing	oligonucleotide

DNA chip은 유전자 분석의 대표적인 방법이었던 Southernt blotting이나 northern blotting, DNA sequencing 등을 대신해서 사용될 수 있다. 게다가 유전물질을 붙이는 매체로서 니트로셀룰로오스(nitrocellulose) 막을 사용하는 Southern이나 northern blotting과 달리, DNA chip에서는 유리 같은 고형체를 사용하기 때문에 많은 양의 유전물질을 고밀도로 붙일 수 있어서 한 번에 많은 수의 유전자 검색이 가능하다는 장점이 있다.

DNA chip은 사용되는 유전물질의 크기에 따라 cDNA chip과 oligonucleotide chip으로 나누어 질 수 있다. cDNA chip에는 최소한 500 bp 이상되는 cDNA들이 붙여져 있고, oligonucleotide chip에는 약 15~25개의 염기들로 이루어진 oligonucleotide가 붙여져 있다. DNA chip에 붙여놓은 cDNA나 oligonucleotide들은 특정 질병에서만 다르게 발현되는 것들

(a)
(b)

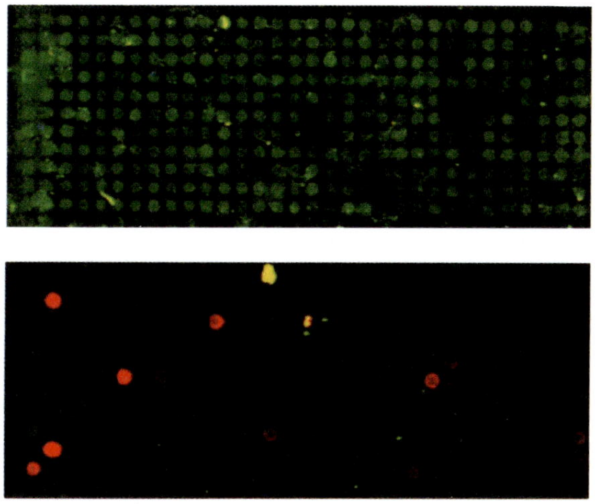

[그림 20-1] DNA chip 실험 결과의 예
(a) cDNA probe, (b) 환자 DNA 검색 결과(노란색~빨간색)

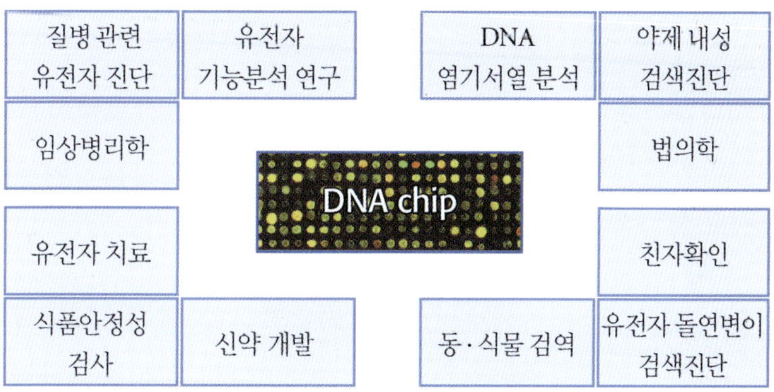

[그림 20-2] DNA chip의 활용 범위

이며, probe로 작용하게 된다. 준비된 chip 위에 형광물질을 붙인 환자의 DNA를 부으면 어떤 유전자들이 미리 붙여 놓은 probe와 상보적으로 결합하는지를 알 수 있게 된다. 그리고 그 여부는 형광 빛에 차이에 의해 나타난다. 이렇게 다량의 유전자 발현을 한꺼번에 검사함으로써 특정 질환을 진단할 수 있다.

DNA chip의 범위는 이제 단백질 chip(protein chip)으로까지 확대되었다. 따라서 현재는 유전자 chip이라고 하면 작은 chip 안에 각종 유전 정보 및 생체 정보를 담고 있는 DNA 혹은 단백질 등을 붙여서 원하는 분석(진단)을 할 수 있는 모든 장치가 이 범주에 포함된다. 또한 처음에는 유전자 분석 등의 연구용 목적으로 만들어졌지만, 유전자 chip이 세계적으로 연구, 개발되면서 암, 유전질환, 바이러스 감염 등과 같은 질병 진단이나 장기 이식 가능성 검사, 신약개발, 동식물 검역, 사람의 신원확인, 친자확인, 장기이식 가능 검사, 법의학, 고고학 등에까지 활용되고 있다.

독성유전체학과 DNA chip

독성유전체학은 독성학에 첨단유전학을 접목시킨 새로운 학문이다. 지금까지의 신약 개발 단계는 신약 후보물질의 효능이 검증되고 체내 흡수와 배설이 확인되면 최종적으로 동물실험을 거치는 것이 일반적이었다. 그럼으로써 생체조절물질에 대한 바람직하지 않은 생체 반응을 발견·조사·평가하는 독성평가가 이루어져야 신약으로서 인정받았다. 그러나 독성유전체학에서는 '독성 DNA chip'을 사용함으로써 동물을 희생시키지 않아도 되고 또 시간까지 절약할 수 있어 획기적인 학문으로 평가받고 있다.

독성 DNA chip은 실리콘으로 만든 판 위에 DNA 조각을 수만 개 붙여 놓은 것이다. 독성 DNA chip으로 진단할 때는 신약 후보물질을 처리한 세포나 조직에서 추출한 유전자의 mRNA를 chip 위에 떨어뜨리고서, 이 mRNA가 chip 위의 DNA와 결합한 정도를 형광물질로 스캔하여 신약 후보물질이 유전자 발현에 어느 정도 차이를 일으켰는지를 정상 세포의 그것과 비교함으로써 안전성을 평가하게 된다.

생물정보학

앞에서 언급한 HGP나 DNA chip의 발전을 위해서는 생물정보학(bioinformatics)의 발달이 무엇보다도 선행되어야 한다. 게놈프로젝트로 인해 이전까지와는 비교할 수 없을 만큼 넘쳐나는 데이터들과, 그 데이터 간의 유기적인 상호연계와 보완 등 유전 정보들의 효율적인 관리가 필요하기 때문이다. 생물정보학(bioinformatics)이란 생물학과 전산학 그리고 정보기술이 하나로 합쳐진 학문을 말한다. 생물정보학은 게놈에 대한 총체적인 연구를 하는 학문으로, 게놈의 염기서열에 대한 연구 이외에도 단백질체의 2차·3차 구조를 연구하는 프로테오믹스, 기능유전체학, 게놈 간의 계통연구, 세포 간의 비교 연구 등의 매우 다양한 분야들을 포함하는 학문이다. 생물정보학에 대한 용어적 정의는 여러 가지이지만, 일반적으로 "생명현상 연구에 필요한 다양한 전산학·통계학·수학적인 것"이라고 할 수 있을 것이다. 따라서 생물정보학은 생물학과적 데이터에 통계학적 방법과 전산시스템이 유기적으로 이루어지는 학문이다. 생물정보학은 90년대에 들어오면서 게놈프로젝트 등에 의해 늘어난 데이터들로부터 유용한 정보를 얻어내고자 하는 노력에 의해서 그 발전 속도가 더 빨라지게 되었다. 생물정보학은 전산유전학(computational genetics) 또는 전산분자생물학(computational molecular biology) 등의 용어로도 표현되고 있으나, 국내에서는 세계적으로 통용되고 있는 생물정보학(bioinformatics)이라는 용어를 주로 사용하고 있다.

생물정보학을 포함한 게놈 연구 전산화의 가장 큰 문제점은 연구 인력이 절대적으로 부족하다는 것이다. 즉, 생물정보학을 위해서는 게놈 연구 등을 포함한 생물학, 생화학, 화학 등에 대한 전문지식과 전산학과 수학, 컴퓨터공학, 통계학 등의 지식을 고루 갖춘 전문 인력이 필요하지만, 생물학과 전산학 간에 학문적 교류가 이제까지 없었기에 이 두 학문 분야를 동시에 담당할 수 있는 전문 인력은 제한적인 것이 현실이기 때문이다. 이는 유전정보를 가지고 있으면서도 의미 있는 유전정보로 도출해 내지 못할 수도 있다는 이야기가 된다.

그러나 여기서 또 한 가지 잊지 말아야 할 것은 전문 인력이 부족하다고 해서 전산학계의 인력이 생물학적 데이터만 가지고 생물정보학을 다루어서는 안 된다는 것이다. 생물이란 매우 유기적인 시스템이며, 보편석이긴 하지만 다양성을 이루 헤아릴 수 없기 때문이다. 근본적인 유기체에 대한 구체적인 이해도 없이 단순한 데이터만으로 생물정보학을 다룬다면 엄청난 오류를 범할 가능성을 항상 지니게 된다. 게놈프로젝트 이후 생물정보학이 유전학 연구에 있어 필수 학문이라는 점은 반론의 여지가 없다. 생물정보학은 자료를 정리하고 관리하는 것뿐만 아니라 새로운 정보를 이용하여 실험을 보다 쉽고 빠르게 하며, 동시에 인터넷 상에 다양한 데이터베이스를 구축하여 정보를 공유할 수 있게 해주기도 한다. 이러한 점에서 생물정보학은 생명공학이 다른 학문과 상호 접목하고 응용하는 대표적인 학문이라 할 수 있을 것이다.

프로테오믹스

인간게놈의 완전한 해독에 이어서 단백질을 본격적으로 연구하려는 움직임이 매우 활발히 전개되고 있다. 즉, 유전학의 현주소가 게노믹스(genomics)에서 프로테오믹스(proteomics)로 옮겨가고 있다는 것이다. 프로테움(proteome)이란 게놈에 상대되는 의미로서, 하나의 세포나 조직, 기관에 있는 단백질(protein) 전체를 말하는 것이다. 따라서 프로테오믹스의 연구대상은 동물, 식물세포와 조직, 기관 및 미생물세포까지 포함하여 그 안에서 발견되는 모든 단백질인 것이다. 프로테오믹스는 DNA의 산물인 단백질을 대상으로 하여 이를 분석하고, 구조를 밝히고, 어떠한 상호작용을 하는지에 대한 지도를 작성하여 결국에는 특정단백질과 이를 만드는 유전자의 기능을 밝혀내는 학문이다. 결국 유전학은 게놈프로젝트로 시작하여 프로테오믹스로 완결된다고 할 수 있다.

현재 인체 내에서 기능을 하는 단백질은 약 100,000개 정도로 추정하고 있다. 따라서 현재 진행되고 있는 "프로테움 프로젝트(proteome project)"를 통해서 아직 밝혀지지 않은 대다수의 인체 단백질에 대한 구조를 완벽하게 밝힐 때 인류의 대대수 질병을 정복하고 인체의 신비를 더욱 구체적으로 이해할 수 있을 것이라 기대된다. 우선 당면 과제는 아미노산의 서열인 1차 구조로부터 2, 3, 4차의 구조를 컴퓨터 시뮬레이션으로 유추할 수 있는 컴퓨터 프로그램의 개발이다.

신약개발과 맞춤의약

HGP가 완료된 이후 연구의 방향은 두 가지로 집약되었다고 볼 수가 있다. 비교유전체학(comparative genomics)과 기능유전체학(functional genomics)이 바로 그것이다. 비교유전체학은 개개인의 염기서열 차이를 규명하는 것이며, 기능유전체학은 유전자의 기능을 밝히는 것이다.

비교유전체학은 개인 간, 인종 간의 게놈을 비교하여 생체적으로 어떠한 차이점이 있는지를 조사하는 것으로서 단일염기다형성, 즉 SNP(single nucleotide polymorphism)를 밝혀낼 수 있다는 점에서 주목받고 있다. 단일염기변이는 개인 간 염기의 차이를 말하는 것으로 유전질환의 발병 가능성에 대해 개인 간 차이를 설명할 수 있기 때문이다. 또한 SNP 연구는 개인 간 생체 작용의 차이를 밝혀냄으로써 유전적 질환을 치료할 수 있음은 물론이며, 유전적 질환이 아니더라도 개인에게 더 효과적이고 부작용이 없는 약을 투여할 수 있는 맞춤의약의 시대도 가능하게 만들 것으로 기대된다. 즉, 개인별 유전정보를 이용하여 환자에게 어떠한 치료법이 가장 효과적인지, 최적의 약은 어떠한 것인지를 여러 가지 복잡한 검사를 거치지 않고서도 처방 가능하기 때문이다.

이러한 것들은 21세기 포스트게놈 시대에 들어와서 약리학이 약리유전체학(parmacogenomics)로 바뀌어 갈 것임을 의미한다. 약리유전체학은 앞에서 언급한 것과 같이 환자들의 개인적 유전자 성향의 차이를 감안한 약리학이라고 이야기할 수 있다. 약리유전체학의 또 다른 기대감은 바로 신약 개발에 있다. 이제까지의 신약 개발은 천연물질을 추출하게 되면, 이들이 질병균이나 바이러스에 어떻게 작용하고 어떠한 효과를 보이는지 등을 일일이 조사하여 효과가 있는 것을 선택한 후 선택된 물질을 동물실험과 임상실험을 통해 신약으로 결정하는 것이 정해진 절차였다. 이 과정에서 막대한 자금과 엄청난 시간, 그리고 노력이 필요한 것은 두말할 필요가 없을 것이다. 그러나 약리유전체학이 본격적으로 발달하게 된다면 이러한 자금과 시간을 획기적으로 줄일 수 있을 것으로 기대된다. HGP를 통해 얻어진 질병과 관련된 유전자를 찾아낸 후 이들의 발현작용과 상호 관련성 등에 대한 연구를 통해서 질병 발생시 발현되는 단백질의 기능과 구조를 알아낸다면, 보다 효과적인 신약물질을 찾아내는 것이 빠르고 정확하게 진행될 것으로 예상되기 때문이다.

예방의학과 진단의학

HGP의 결과에서, 궁극적으로는 인간의 유전정보가 모두 밝혀지고, 각 유전정보가 무엇을 의미하는지 밝혀질 것이다. 동시에 혈액 한 방울로 개개인의 유전정보를 알 수 있는 기술이 빠르게 발달될 것이다. 일부 질병과 암 진단에서는 이를 위해 디자인된 DNA chip이 현재 사용되고 있다. 이렇게 사람들의 유전정보가 데이터베이스화된다면 이를 이용한 의학의 발전도 기대할 수 있다는 것이 HGP의 장점이다.

이렇듯 포스트게놈 시대에 가장 기대되는 의학 분야가 바로 예방의학과 진단의학이다. 즉, 출생 전이나 출생 직후 DNA 검사를 통해 모든 질병의 가능성을 판단하여 이를 예방할 수 있게 되는 것이다. 현재도 유전병 검사들을 실시하고는 있지만 이는 어디까지나 일부 유전적 질환에 해당할 뿐이고, 인간의 유전정보가 모두 밝혀지게 된다면 모든 영역의 질병과 질환을 미리 알아내어 진단할 수 있을 것으로 기대된다. 그러나 이를 위해서는 염기서열을 모두 알아내는 것만으로는 부족하고 개개의 유전자에 대한 완전한 지도와 promoter 구조까지 밝혀야 하기에 아직도 해야 할 일이 많다.

우리나라의 HGP와 포스트게놈 대책

잘 알려져 있듯이, HGP는 미국을 중심으로 영국, 프랑스, 독일, 중국, 일본 등 6개국이 처음에 시작을 했고, 지금은 그보다 훨씬 많은 나라가 함께 참여해서 공동으로 데이터를 보완해 나가는 생물학 사상 최대의 프로젝트이다. 물론 데이터 자체를 무료 공개하는 것이 "버뮤다 원칙"이지만 그렇다 하더라도 10년 이상 계속된 게놈프로젝트의 노하우와 기술력을 가진 쪽이 이 정보를 활용한 산업기술응용에 훨씬 유리할 것은 두 말할 필요가 없을 것이다. 이들은 게놈프로젝트를 진행하면서 게놈 이후, 즉 포스트게놈 시대를 겨냥하여 준비를 해왔기 때문에 그만큼 HGP에 참여하지 않은 다른 나라들과는 비교할 수 없을 만큼 비약적인 생명과학의 발전을 보일 것이 자명하다.

우리나라의 경우 HGP에 직접적으로 참여하지 않았다는 것은 그만큼 아쉬울 수밖에 없으며, 자칫 생명과학 분야의 후진국으로 머무를 지도 모른다는 걱정을 갖게 한다. 21세기 생명과학의 후진성은 생명과학 한 분야의 후진성으로 그치는 것이 아니다. 여타 과학 분야뿐만 아니라 문화·산업 전반에서 후진성을 면치 못할 것이고, 또 경제적으로도 엄청난 피해를 입을 수 있기 때문에 생명과학의 발전은 국가경쟁력이나 국가의 생존에 관계되는 매우 중요한 문제라 할 수 있다. 다행히 우리나라가 HGP에 직접 참여하지는 않았지만, HGP의 연구에 우리나라 과학자들이 포함되어 중요한 역할을 많이 하였다. 이와 더불어 뒤늦게나마 국내에서도 게놈의 중요성을 인식하고 연구에 뛰어들기 시작하였다. 한국생명공학연구원의 경우는 국내에서 가장 폭넓은 게놈 연구를 수행하고 있는 곳이라고 할 수 있는데 1996년에 게놈 연구를 시작하였고, 1999년에는 10년 계획으로 1천억 원 규모의 인간게놈기능연구사업단을 유치하였다.

인간게놈기능연구사업단은 뒤늦게 시작한 게놈의 연구 방향을 한국인이 잘 걸리는 위암이나 간암에 관련된 유전자 쪽으로 돌리는 등 인간 게놈 연구의 틈새를 공략하는 데에 초점을 맞추고 있다. 처음에는 10년 계획으로 시작되었으나 지금도 계속해서 관련 SNP를 발굴·조사하는 작업 중에 있다. 바로 한국인 특유의 SNP를 알아내는 것이다. 다행히도 우리 민족은 단일민족으로 구성되어 있어서 한국인 특유의 게놈 연구가 용이하다는 장점을 가지고 있다. 이미 한국인 게놈 초안이 완성되었고, 이를 기반으로해서 한국인의 SNP를 알아내게 된다면 이를 이용한 연구와 의학적·산업적 이용이 가속화될 것으로 기대된다. 이외에도 벼게놈프로젝트라든지 배추게놈프로젝트와 같이 농업에 필요한 게놈 분석과 김치발효균 게놈프로젝트와 같이 전통식품에 이용할 수 있는 연구도 진행 중에 있다. 또한 의학적으로 한국인에게서 많이 발견되면서 위암의 원인이 되는 헬리코박터 파이로리(Helicobacter pylori) 분석에도 박차를 가하고 있다.

또한 생물정보학 분야에서도 이제까지의 후진성을 벗어나기 위한 노력이 필요하다는 것이 포스트게놈 시대를 맞는 생명과학 관계자들의 공통된 의견이다. 즉, 게놈프로젝트에 직접 참가하지는 않았지만 이미 염기서열이 공개되어 있기에, 이를 통해 누가 먼저 유용한 유전자를 가려내어 산업적으로 선점하느냐 하는 것은 또 다른 문제이므로, 이 분야에 힘을 기울여야 한다는 것이다.

마지막으로, 지금까지의 연구 방향을 벗어나 게놈 시대에 맞는 연구와 지원이 이뤄져야 한다. 21세기 생명과학은 HGP의 완성으로 이제까지의 방향과는 분명 다르게 진행될 것이다. 따라서 누가 먼저 그러한 과학적 분위기에 적응하고 살아남느냐 하는 것이 게놈을 밝혀내는 것만큼이나 중요하기 때문에 과학자들의 창의력과 적응력이 필요하며, 정부의 장기적인 지원과

산학협동이 그 어느 때보다 절실하다고 할 수 있다.

포스트게놈 시대의 문제점과 대책

그렇다면 개인의 유전자 정보가 통째로 노출될 수 있는 포스트게놈 시대의 문제점은 무엇일가? 주민등록번호보다 더 중요한 개인 정보가 유출됨으로써 나타나는 사회적인 문제와 이러한 범죄가 개인에게 얼마나 큰 피해와 정신적 고통을 가할 수 있는가 하는 점을 생각해보자. 지금도 알게 모르게 신입사원 채용이나 보험 가입시 조사한 자료를 통해 유전적으로 질병을 일으킬 확률이 높은 사람들을 가려낼 수 있으며, 실제로 이런 방법으로 특정인에게 불이익을 줄까봐 우려되는 현실이다. 더욱이 확률이나 통계에 의한 조사가 아닌 실제로 유전자를 검사하여 알게 되는 개인의 유전정보는 한 개인이 사회의 구성원으로 활동하는 데 있어서 많은 제약과 불이익을 줄 수 있다. 그러므로 이러한 개인정보나 유전정보가 유출됨으로써 상업적으로 이용되거나 범죄에 악용될 소지를 미리 차단할 수 있는 방도를 마련해야 할 것이다. 그 외에 생각해 볼 문제점들과 대책은 다음과 같다

① 유전자 변형에 따른 문제점

또한 유전자의 변형이라는 문제점을 생각해 볼 수 있다. 유전질환을 고치기 위해서 또는 산전진단으로 알게 된 질환을 예방하기 위해 유전자 치료(gene therapy)를 실시하는 유전자 변형은 제외하고, 치료나 의료의 목적이 아닌 곳에 인간의 유전자를 변형하는 것에 대해서 생각해보도록 하자. 예를 들어, 좀 더 나은 모습을 위해, 즉 키를 크게 한다든지, 쌍꺼풀을 만든다든지 하는 것이 굳이 수술이나 약물을 이용하지 않고서도 태어날 때부터 아주 쉽게 조절이 가능해진다면 과연 유전자 치료를 마다할 사람이 얼마나 있을까? 기술만 발달하면 키 크는 유전자를 주입시킨다든지, 미용 효과를 가진 유전자를 재조합하여 원하는 아기를 맞춤식으로 태어나게 할 수 있을 것이다. 심지어는 이와 같은 유전자 변형이 남용되어 같은 병원에서 태어난 아기들은 비슷한 모습과 비슷한 체형이 될지도 모를 일이다.

또한 스포츠 스타들의 재능이나 운동신경, 천재의 사고능력, 세계적인 가수의 음악 실력과 관련된 유전자 염기서열까지도 알아내어 아이를 맞춤으로 만들어낸다면 그야말로 유전자 변형이라는 기술의 오용이 아닐까 생각된다. 이와 더불어 유전자 변형이 기존의 생물체나 인간을 통제하도록 악용될 수도 있다는 것이 큰 문제점이다. 즉, 지배층이나 특정 계층에서 유전자를 조작하여 일부 계층과 특정 생물체의 사고와 행동을 담당하는 유전자를 제어·조절함으로써 통제하는 것이 가능해질 수 있다는 것이다. 예를 들어, 신체 리듬을 조절하는 생체리듬 유전자

(circadian rhythm gene)를 부숴버리면 24시간 잠자지 않고 싸우는 군인이나 몸이 망가질 때 까지 쉬지 않고 일하는 노동자를 만들어내서 착취할 수도 있다.

② 계층간 갈등과 이윤추구

유전자 조작으로 인하여 일어나게 될 사회의 계층화나 불평등 심화의 문제도 간과할 수 없다. 우량 유전자의 특허를 받은 연구자나 기업은 이익을 추구하기 위해 막대한 금액을 제시하게 될 것이고, 획기적인 유전자 조작 기술을 가진 병원이나 연구소는 시술과 조작을 하는 데에 많은 비용을 요구하게 될 것이다. 또한 유전자의 소유권을 가진 개인이나 단체는 이러한 소유권을 부동산처럼 사고 팔게 될 것이다. 그렇게 된다면 유전자 조작은 소수의 특정 계층에서만 가능해지고, 빈곤층은 더욱 더 소외되어 계층간 갈등이 심화되고 말 것이다. 이 문제는 곧 후천적 우생학으로 이어질 수 있다. 기업이나 몇몇 연구자들은 유전자와 그 조작기술을 과학적 업적이나 공공의 이익의 측면에서 생각하지 않은 채, 고부가가치의 산물로 보는 과오를 범할 수 있다는 것을 명심하고 주의하여야 할 것이다.

③ 정치적 수단

정치적으로 악용될 수 있다는 것 역시 게놈의 단점 중 하나라고 볼 수 있다. 개인간, 인종간에 존재하는 유전적 차이를 악용하여 인종 차별이나 우생학적 목적으로 사용할 가능성이 존재하기 때문이다. 과거에도 여러 가지 이유로 인종을 차별하거나 우생의 목적으로 정치가 이루어졌던 역사적 사건들을 간과해서는 안 될 것이다. 유전적 차이는 그 개인이나 집단에 해당하는 유전자가 다른 것일 뿐 그것이 우열의 기준이 되어서는 절대 안 된다. 또한 그러한 차이점에 대해 우열의 기준을 명확하게 내릴 수 없기 때문에 어느 한 개인이나 집단을 위한 잘못된 기준은 또 다른 역사적인 과오를 범할 뿐이다. 만일 다양성을 인정하지 않은 채 이러한 유전적 차이에 대해서 모호한 기준을 통해 우열을 판별하게 된다면 유전적 계층의 심화 현상이 사회적으로 심각한 문제로 대두될 가능성이 얼마든지 있다.

④ 인류를 위한 유전정보의 활용

엄청난 투자와 노력을 기울여서 인류의 이득을 위해 실행된 HGP는 모든 인류와 과학의 성공사례이다. 이제부터는 그 결과가 신분의 고하를 막론하고 차별없이 효용성 있게 사용될 수 있도록 우리 모두 감시자가 되어야 할 것이다. 과학은 그 자체만으로도 인정받을 수 있는 것이지만 그것이 인류에게 어떠한 영향을 미치는가 하는 점도 무시할 수 없으며, 그 영향이 얼마나 효과적으로 골고루 적용되는가 하는 것도 중요하다고 할 수 있다.

이외에도 포스트게놈 시대에는 미처 생각지 못한 심각한 문제들이 우리를 위협할지도 모른다. 따라서 이에 대한 대비책을 미리 세워서 이러한 문제점들을 예방해 나가야 할 것이다. 또한 게놈시대와 포스트게놈 시대에 대한 사회적인 이해와 공감대를 확산시켜서 모든 사람들이 이러한 시대에 뒤떨어지거나 소외받지 않도록 사전 공공교육이 필요하다. 그러기 위해서는 유전자의 변형에 대한 확실한 기준과 신속한 심의가 필요하며, 이에 대한 규제와 함께 이를 집행할 수 있는 법률적 근거가 하루 빨리 정립되어야 한다. 또한 올바른 유전자 재조합을 위해서 일반인들의 건강한 가치관 확립이 필요하다.

| 연습문제 |

01 인간게놈프로젝트가 그동안 진행되어 온 경과를 요약해 정리하시오.

02 인간게놈프로젝트가 처음 시작될 당시 기술적 한계에는 어떤 것들이 있는가?

03 인간게놈프로젝트의 결과로 보면 실제 유전암호를 담은 부분은 전체 DNA 중 얼마나 될까?

04 인간게놈프로젝트를 완성시킨 대표적인 사람들은 누구인지 조사하시오.

05 인간게놈프로젝트의 장점과 우려되는 점을 각각 3가지씩 말하시오.

06 과학계에서 최고로 권위가 있으며, 미국과 영국의 경쟁지인 2개의 학술지가 무엇인지 말하시오.

07 인간게놈프로젝트가 완성된 지금, 이를 어떻게 활용할 수 있는지 생각해 보시오.

08 DNA chip은 어떻게 제작하며, 어디에 활용되고 있는지 조사하시오.

09 프로테오믹스(proteomics)는 신생학문이다. 어떤 연구를 하는 학문이고, 그 중요성은 무엇인지 설명하시오.

10 표준 유전정보가 모조리 밝혀져 있는 지금, 우리나라가 나아가야 할 방향은 무엇인지 생각해 보시오.

Chapter

21 포스트게놈 시대의 생명윤리

유전학의 발전은 이제 한 개인이나 국가 차원에서 통제하기에 어려울 정도이다. 사회적 장치와 윤리 의식도 유전공학의 기술적 발전을 속도면에서 따라잡기 어렵게 되어 버렸다. 그만큼 기술이 앞서가기 때문이다. 때문에 이제는 우리 모두가 감시자가 되어 과학이 올바른 방향으로 나아갈 수 있게 지켜보아야 하는 시대이다. 생명윤리학을 통해 이런 과학의 발전을 어떻게 받아들이고 또 조절해 나가야 할지 살펴본다. 한편, 포스트게놈 시대에 가능한 의·과학적 편이성들에 대해 좋은 점과 해결해야 할 문제들을 함께 생각해 보자.

생명윤리학

생명윤리학(bioethics)은 생명을 의미하는 바이오(bio)와 윤리를 뜻하는 에식스(ethics)의 합성어로, 생명을 다루는 모든 활동에 입각한 윤리문제와 윤리관을 지칭하는 것이다. 내용적으로는 생명에 관한 윤리 그리고 생물학의 기본 원칙에 입각한 윤리 등 두 가지로 생각할 수 있다. 유전학의 급속한 발전이 이루어지기 전까지의 생명 윤리는 '의료 윤리·문제'나 '의사의 윤리·문제'가 주를 이루었다. 즉, 의료의 발전과 인권의식의 고양이 서로 연관되어 넓은 입장에서 생명, 특히 인간의 생명에 대한 문제를 취급하는 것이었다. 예를 들어, 행동 이상이 있는 사람에 대해 강제적인 입원이라든가 약의 사용 범위, 뇌수술과 같은 어려운 수술 등을 실시해야 하는가의 여부도 그중의 하나이다. 또한 안락사를 인정하는가 인정하지 않는가에 대한 문제와 뇌사나 식물상태에 있는 환자에 대한 치료를 계속해야 하는가에 대한 문제, 장기이식·체외수정·산전진단·인체실험·직업적 대리모에 의한 임신 등 이제까지의 윤리학설에서 의견이 갈라졌던 여러 문제도 여기에 깊이 연관된다.

그러나 근래에는 유전자의 재조합이나 복제와 같은 유전공학의 발달에 의해서 이전까지는 생각조차 해보지 못했던 문제점들이 파생되었고, 단순한 의학의 문제를 넘어선 여러 가지 기술과 실험들이 사회적으로 큰 영향을 미치게 되었다. 따라서 생명윤리학의 중요성은 더욱 커지고 있는 것이다.

포스트게놈 시대를 맞이하여 개인의 유전적 정보가 노출되어 취업이나 결혼 등 생활 전반에 있어 이전과 전혀 다른 차별을 받게 된다면, 또한 자신도 알지 못하는 사이에 자신과 똑같은 복제인간이 태어나 거리를 활보하거나 생체실험에 사용된다면, 또는 우생학적인 사고관이 지배하는 사회가 되어 자신의 2세가 출생에 불이익을 당하거나 출산 자체를 거부당하게 된다면 등등 마치 공상과학 소설에서나 등장할 문제들이 현실화되고 있는 것이다. 비록 “혹시나” 또는 “설마”라는 생각만으로 그칠지 모르지만, 여태까지 살펴보았듯이 어느 학문이나 기술보다 빠른 성장속도를 보이는 유전학과 유전공학 분야에서는 이러한 문제점이 가까운 시간 내에 현실로 다가와서 우리를 불안에 떨게 만들 수 있다는 것이다.

외국의 경우 대통령 직속 위원회를 설치하기도 하고, 많은 의학·생물학·유전학 등의 연구조직에 윤리위원회를 설치하여, 기본적 원칙의 검토는 물론이고 개별적인 적용범위 및 관리면에서도 구체적으로 명시화하려 하고 있다. 그러나 워낙에 발전이 빠른 분야이다 보니 기술이 이미 현실화되고 나서야 그 심각성을 알게 되는 경우가 다반사인데, 이때는 이미 윤리문제를 논하기에 늦어진 경우가 대부분이라는 것이 문제이다. 그 기술을 필요로 하는 사람들이 있고, 또 그러한 기술이 존재한다는 것을 아는 상태에서 그 기술을 금지한다는 것 자체가 어렵기 때문이다. 줄기세포나 생명복제의 문제가 바로 이런 것들이다. 또한 유전자 재조합의 편리성만 따지다가 어떤 항생제도 듣지않는 수퍼박테리아가 출현하는 위험성도 같은 경우이다. 이럴수록 과학자뿐만 아니라 각계의 전문가 및 일반인들까지도 함께 올바른 가치관과 사회적 윤리의식을 갖고서 인류의 미래를 위해 신중히 의논해야 할 것이다. 포스트게놈 시대는 이런 의미에서 젊은 과학자들의 올바른 생명관이 필요한 시기이다.

포스트게놈 시대의 편이성

우리는 앞에서 게놈프로젝트가 인류에게 가져다 줄 장밋빛 청사진에 대해 알아본 적이 있다. 그렇다면 게놈프로젝트가 과연 인류에게 희망찬 미래만을 가져다 줄 것인가에 대해서도 살펴보아야 할 것이다. 결론부터 이야기하자면 반드시 그런 것만은 아니라는 것이다. 미국뿐 아니라 게놈프로젝트에 참여한 국가에서는 이러한 문제점과 사회적 파장에 대해서 이미 상당한 수준의 연구와 검증을 해 오고 있다. 우리나라도 물론 생명과학의 선두 주자로서 예외가 아닌데, 여기서 제기되는 문제점들은 단순히 과학이나 기술적인 측면뿐 아니라 사회적, 법적, 윤리적인 측면에서 다각도로 나타나고 있다.

여러 가지로 유용할 것으로 보이는 DNA 칩을 예로서 들어보자. 지금보다 싼 가격에 쉽게 누구나 사용할 수 있게 됨으로써 자칫 악용될 가능성도 배제하지 못한다는 데에 문제가 있다. 유전정보에 결함이 있는 사람들은 보험에 들고 싶어도 거부 당하게 되고 입사시험이나 기타 고용면에서도 불이익을 받게 될 가능성마저 존재할 수 있다. 어디에서든 무슨 일에서든 DNA 칩이나 이와 유사한 또 다른 기술에 의해 개인의 유전정보가 쉽게 타인이나 단체에 노출될 수도 있다. 또한 배우자를 선택할 때에도 생활기록부나 성적증명서, 재산을 알아보는 악습과 함께 유전자 증명서를 배우자에게 요구하게 될지도 모른다.

인간복제

체세포 복제 양 "돌리"가 태어난 이후 전 세계는 복제 연구에 경쟁적으로 뛰어들게 되었고, 그 이후 몇몇 복제동물이 세상에 모습을 보이기 시작하였다. 이렇게 복제에 대한 관심이 높아지면서 그와 함께 복제를 둘러싼 윤리 논쟁도 뜨거워지기 시작하였다. 복제를 찬성하는 측에서는 현실적으로 보았을 때 복제 기술이 산업이나 의학 등의 분야에서 긍정적인 이점이 너무 크기 때문에 윤리적인 잣대만으로 연구를 중단해서는 안된다고 이야기를 하고 있다. 복제를 반대하는 측에서는 자연의 법칙을 깨뜨린 복제동물들은 내포하고 있을 문제점만으로도 위험성을 가지고 있으며, 종교적으로는 신의 영역을 침범하는 행위라고 하여 반대하고 있다. 또한 대다수의 일반인들은 복제 기술이 결국에는 인간복제로까지 이어져 SF 영화에서나 볼 수 있던 것들이 현실화되지 않을까 하는 우려를 하고 있는 것이 사실이다. 자신도 모르는 사이에 자신과 똑같은 사람이 복제되어 범죄를 저지른다든지, 내부 장기만 절제된 채 길가에 버려지는 일을 상상할 수 있는 것이다.

그런데 2002년 7월 23일 복제전문회사라고 자칭하는 클로네이드(Clonaid) 회사가 "수개월 내 복제인간을 탄생시키겠다"고 선언함으로써, 결국 인간복제의 시대가 온 것이 아닌가 하는 우려를 낳게 되었다. Clonaid 회사는 인간이 외계인의 유전자 조작으로 탄생했다고 주장하는 종파인 "라엘리안 무브먼트"에 의해 설립된 회사이다. 따라서 인간복제가 실제로 가능하다는 것을 입증할 필요가 있는 회사였다. 결국 이 회사는 복제로 태어난 아기의 사진까지 신문에 게재하였지만 핵과 난자를 제공한 부모에 대한 정보를 제공하지 못하였기에 모든 발표가 허구로 판명되었다. 그럼에도 불구하고, 이 사건은 인간복제를 비롯한 생명과학의 법적 규제 필요성과 전 세계적인 유기적 규제의 필요성을 다시 한 번 깨닫게 해 주었다. 이들은 또한 기형아가 태어날 우려에 대해서는 다른 태아와 마찬가지로 유전자 진단을 통해 기형 또는 선천성 질병 여부를 알아내 낙태할 수 있다는 입장을 밝혔으며, 20여 년 전 시험관 아기가 탄생할 때도 생명 윤리와 관련하여 격렬한 반대가 있었으나 지금까지 수십 만 명의 시험관 아기가 태어났다는 것을 상기시키며, 인간 개체 복제를 금지하는 법도 결국 사라질 것으로 믿는다고 하여 우리에게 많은 것을 생각하게 하였다. 이처럼 인간복제는 윤리적인 기준만으로 금지하기에는 그 기술의 발전과 과학적 업적에 관한 국가 간의 경쟁이 너무 가까이 다가왔음을 느끼게 한다.

위의 사례에서 보았듯이, 대리모만 구할 수 있다면 그리 어렵지 않게 인간을 복제할 수 있는 기술이 있고, 각국의 금지법이 나오기까지 걸리는 시간보다 인간을 복제할 수 있는 시간이 더 짧으며, 설령 규제가 있다하더라도 나라마다 범위와 정도가 달라서 그 나라의 법만을 피해 다닌다면 얼마든지 법적 제재없이도 복제가 가능하기 때문이다.

그러나 섣부른 인간복제는 여러 가지 윤리적인 문제를 낳게 된다. 먼저 복제에 관한 연구를 위해서는 대리모를 이용하여야 한다는 점에서 윤리적 논쟁이 될 수 있다. 대리모가 원했든 원하지 않았든 간에 실험에 사용된다는 것은 인간이 실험의 수단으로 전락할 수 있다는 점에서 충분히 비판의 대상이 되는 것이다. 이는 인간의 존엄성을 상실한 채 돈이나 다른 협박에 의해서 여성이 실험 대상이 될 수 있으며, 이러한 행위가 인간 존엄에 대한 전면적인 도전으로 받아들여질 수 있기 때문이다.

복제 과정에서 발생할 수 있는 기형아 출산도 문제이다. 돌리를 탄생시키기 위해서 227번의 실험을 하게 되었음을 잘 알고 있다. 이는 226마리의 양이 태어나기 이전에 죽거나 기형 등 정상이 아닌 상태로 태어났다는 이야기이다. 동물보다 훨씬 복잡한 유전체계와 생리활동을 보이는 인간의 경우 이보다 더 낮은 성공률을 보일 수 있는데, 그때 태어나는 복제아 역시 분명히 한 인간임에도 만일 실험실에서 폐기된다면, 그에 대한 윤리적인 문제는 어떻게 하냐는 것이다. 인간의 존엄성을 배제한 채 복제아를 연구의 결과물로만 보게 되었을 때 일어나는 복제아의 생명은 어떻게 보장받을 수 있으며, 그 생명을 임의대로 처리할 권리와 결정권을 누가 가질 수 있냐는 문제점이다.

인간의 권리를 부정하고 상호적인 관계를 전제하지 않는 생명 탄생에 대한 문제도 생각해 볼 주제이다. 1978년에 처음 시험관 아기가 성공한 이래로, 우리는 지금 이에 대해서 처음보다 급격히 희석된 논리로 받아들이고 있는 것이 사실이다. 물론 2010년도에 Edwards 교수가 시험관아기 기술로 노벨상을 수상할 때 가톨릭과 일부 사회단체에서 반대를 하였지만, 지금은 불임부부들에게는 필수적 시술이 되어 버린 현실이다. 그래도 시험관 아기에 대해서 관대할 수 있는 것은 수정을 난관 대신 시험관에서 수행했을 뿐 정자와 난자의 수정이라는 생명 탄생의 기본 법칙을 거스르지 않았기 때문이다. 그러나 인간복제의 경우에는 피부세포나 혈액 등 소량의 체세포만으로 부모 중 한 사람과 똑같이 닮은 쌍둥이를 만들어낸다는 것이 문제이다. 부모의 형질을 모두 물려받은 것이 아닌 어느 한쪽하고만 똑같은 모습으로 태어난 아기를 정상적인 자녀로 볼 수 있을지 지극히 의문스럽다. 이는 부모와 자식의 관계가 아니라 나이만 다른 또 다른 나 자신이기 때문이다. 이는 자연의 섭리를 송두리째 뒤집는 것은 물론 생명 존중이라는 인류의 보편적 가치에도 어긋난다. 선진국의 대부분이 인간복제를 법률로 엄격하게 금지하고 있고, 우리나라도 이에 대한 심각성을 충분히 인식하고 있다. 따라서 이에 대한 법적 장치도 계속해서 보완되고 있다. 뿐만 아니라 인간복제의 근본 재료인 난자를 이용하는 횟수 및 절차에 대해서도 법으로 규제하고 있다.

생태학적 문제

생태계의 혼란이라는 문제점을 생각해 보자. 복제인간이나 동물의 경우 유전자군의 경쟁력이 결여되어 있다는 연구결과가 있다. 즉, 자연 상태의 개체의 경우 생식세포 결합 시에 경쟁적 재조합으로 다양한 유전자군이 형성되는 데 반해 복제의 경우 재조합 과정이 생략된 채 이전 개체의 핵을 이식 받기 때문에 상상하지 못한 생태적 재앙과 함께 복제된 개체의 멸종을 초래할 수 있다는 것이다. 그뿐 아니라 복제된 개체로 인해 생태학적 군집이 더 열악해지고 획일화되는 문제점도 심각한 우려를 낳고 있다.

복제는 그 기술로 인한 이익도 매우 큰 반면에, 우리 사회가 감당하기 어려운 종교적·문화적·사회적 충격을 강요한다. 특히 인간복제가 허용될 경우 인간의 생명이 상품화되어 어디서든 생명을 구할 수 있게 되고, 언제든 조작할 수 있으며, 마음에 들지 않을 때 폐기처분할 수 있게 될 것이다. 이렇게 되면 인명을 경시하는 풍조는 더욱 만연해 갈 것이며, 인간의 존엄성과 경외감은 사전적 의미로만 남게 될 지도 모를 일이다.

배아복제

개체복제만큼이나 뜨거운 윤리논쟁을 불러일으키는 것이 줄기세포를 얻기 위한 배아복제이다. 줄기세포는 각종 난치병을 치료하는 데 있어서 획기적인 도구가 될 수 있으며, 심각한 이식용 장기의 부족을 해소할 수 있다는 여러 가지 이점 때문에 처음에는 망설이던 나라들도 점차 배아줄기세포를 얻기 위한 복제를 허가하고 있는 추세이다. 그리고 이러한 추세는 세계 각국에 보이지 않는 경쟁을 불러일으키고 있을 정도이다. 그리고 배아복제 연구를 적극적으로 육성하여야 한다는 측은 이와 같은 의학적 이득을 근거로 하고 있다. 그러나 이러한 의학적·산업적·과학적 이득을 현실화하기 위해서는 해결되어야 할 윤리적·법적·사회적 문제가 매우 많은 것도 사실이다.

배아복제 연구의 허용 근거는 세포의 분화가 일어나기 이전 단계인 수정 후 14일까지는 생명이 부여되지 않은 단순 세포덩어리라는 견해에 있다. 아직 원시선(primitive stalk)이 나타나기 이전이므로, 이를 대상으로 연구를 해도 크게 문제가 되지 않는다는 것이다. 그러나 그 주장은 수정 후 14일 이내의 배아도 온전한 생명체로 간주하는 종교적 입장과 정면으로 배치된다. 특히 기독교적 관점에서 보았을 때 인간의 생명은 수정되는 순간부터 시작되기 때문에 수정 후 14일 이내의 배아라 할지라도 이미 생명체로 간주되는 것이다. 결국 배아복제는 사람을 연구의 대상과 수단으로 삼는 것이기 때문에 더욱 허용할 수 없는 것이다.

또한 배아복제 연구가 인간복제로 이어질 수 있다는 점에서 배아복제를 금지시켜야 한다는 주장이 만만치 않게 제기되고 있다. 인간복제는 허용하지 않은 채 배아복제만을 허용하더라도 배아복제라는 명제하에 음성적으로 인간복제에 대한 연구와 복제를 행할 수 있는 가능성을 배제할 수 없기 때문이다. 물론 "생명의 시작을 언제부터로 보는 것인가" 하는 것은 오랫 동안 논쟁의 핵심에 서있었던 문제로서 수많은 과학자와 이론가들이 여러 학문적 입장에서 풀어왔지만 아직도 해답을 얻어내지는 못했다.

따라서 연구의 자유를 박탈당하고, 배아복제를 통해 난치병이나 불치병을 치료할 수 있는 의학적 이득과 장기수급 해결이라는 사회적 문제를 해결할 수 있는 배아복제 연구를 그대로 포기할 수는 없다는 연구지지자들과 생명의 존엄성과 생명의 신비를 지키려는 반대 입장의 사람들 간의 윤리적인 자율과 규제의 움직임이 꼭 필요한 상황이다. 또 한 가지, 배아복제를 통한 이식용 장기를 기다리다 목숨을 잃는 환자들이 수만 명을 헤아리는 안타까운 현실도 생각해 보아야 한다. 배아복제가 허용이 되고 그 기술의 발달로 이식용 장기가 생산된다 하더라도, 이러한 과학의 성과가 이를 필요로 하는 모든 사람들에게 과연 아무런 차별과 제한 없이 이용되어질 수 있을까 하는 것이다. 현재도 이식용 장기를 위해 어두운 곳에서 매매가 행해지고 있으며 고가에 거래되기도 한다. 그런데 배아복제와 같은 첨단의학으로 만들어진 이식용 장기 역시 소외된 계층에 돌아가기는 힘들 것으로 생각된다. 만일 그렇다면, 결국 배아복제에 의한 장기이식 역시 돈과 사회적 권력에서 소외된 여러 계층에게는 또 다른 차별일 수밖에 없음이 분명하다.

그렇다면 이러한 찬성과 반대의 논쟁으로 인하여 모든 복제 연구를 중단하여야만 할 것인가? 인류의 복지증진과 과학의 발달을 위해서도 그렇게 해서는 안 될 것이다. 대안을 찾고, 허용과 규제의 범위를 명확하게 하여 규제할 것은 규제하고, 허용할 것은 분명히 허용하면서 이러한 과학적 발달과 그 산물이 우리에게 희망으로 다가올 수 있도록 하여야 할 것이다.

그 좋은 예가 배아를 이용하지 않은 성체줄기세포(adult stem cell) 연구이다. 성체줄기세포는 태아의 조직뿐만 아니라 성인의 골수 등에서도 발견되었다. 따라서 배아복제를 통한 줄기세포의 사회적·윤리적 논쟁을 피해갈 수 있는 방법이 될 수 있을 것이라 생각된다. 또한 로마 교황청에서도 인간배아의 의학적 연구 대안으로 탯줄(umbilical cord)과 태반(placenta)을 통한 연구를 지지하고 있다. 탯줄에 들어있는 제대혈과 태반에도 줄기세포가 포함되어 있어서 윤리적인 우려 없이 탯줄과 태반을 통한 연구가 가능하다는 이야기이다. 그럼에도 불구하고, 제대혈이나 성체줄기세포는 사용 범위에 제한이 있어 일부 케이스에만 적용 가능한 것이 단점이다.

결론

20세기에 발달된 유전학 이론을 바탕으로 한 포스트게놈 시대의 생명공학은 21세기를 맞이한 지금 의학적·산업적 희망의 메시지를 전달해 주고 있는 것이 사실이다. 그러나 다른 과학 분야들이 과거에 그러했듯이, 생명과학 역시 희망과 혜택만큼이나 두려움과 위험성을 함께 인고 있다. 핵 연구가 원자력을 이용한 산업과 에너지의 발달과 함께 핵폭탄이라는 무시무시한 결과를 가져왔듯이, 인터넷이 세계와 개인 간의 거리를 좁혀주고 무한한 정보를 공유하게 하는 등 무궁무진한 발전의 가능성을 가지고 있지만, 그와 더불어 음란물의 범람과 탈선의 장이 되기도 하고 자살이나 범죄에 악용되듯이, 생명과학 역시 희망적인 미래의 청사진 이면에는 항상 그에 상응하는 재앙도 내재하고 있다는 점을 명심하여야 할 것이다.

그렇다면 양면의 얼굴을 가진 생명과학이 우리에게 바람직한 방향으로만 나아갈 수 있도록 하기 위해서는 어떻게 하여야 할까.

먼저 생명을 다루는 연구자들이 생명의 소중함을 항상 깨닫고 있어야 한다. 다른 과학도 마찬가지이지만, 특히 생명과학에 몸담고 있는 연구자들은 자신의 사고와 행위 그리고 판단이 다른 사람들뿐만 아니라, 인류에게 더 나아가 미래의 후대에까지 영향을 미칠 수 있다는 생각을 가지고 과학적 행위 전반에 사명감과 생명의 존엄성을 바탕으로 두어야 할 것이다.

두 번째는 적절한 규제와 허용의 조절이다. 시험관 아기에 대한 가톨릭의 반대가 처음에는 종교적인 도전으로 받아들여졌다가 현재에는 지나가는 관례처럼 되고 말았듯이, 사회적 윤리의 잣대는 사회 구성원들에게 어떠한 이득을 미치는 가에 따라 항상 바뀌어질 수 있다. 만일 지금 우려하고 있는 문제점들이 다각도로 사회구성원에게 그럴 듯하게 포장되어진다면, 문제점들은 어느새 숨겨진 채 근시적인 필요성 때문에 과학은 위험한 방향으로 흘러가게 될 지도 모를 일이다. 그렇다고 해서 무조건적인 규제만을 행하게 된다면 올바른 방향으로 나아갈 수 있는 연구마저도 지하나 음지로 숨어들어가게 되어서 결국에는 순기능마저 억제시킨 채 또 다른 사회적 문제만을 탄생시킬 수도 있다. 과학자들의 과학적 호기심과 연구의 의욕은 사회적·법률적 규제만으로는 억제시킬 수 없는 것이기 때문이다. 더욱이 첨단 생명과학이 막대한 고부가가치를 생산해낼 수 있는 현실에서 무조건적인 규제는 기업과 정부와의 갈등을 유발시킬 수 있을 뿐만 아니라, 비밀리에 연구를 진행시켜서 결국에는 그 연구의 결과가 특정 계층에만 돌아갈 수 있는 계층간 심화 현상을 낳고 말 것이다. 따라서 규제를 하기 위한 위원회나 심의 기관의 구성원들은 반드시 윤리적인 기준과 함께 생명과학에 대한 올바른 지식과 가치관을 가지고 철저하고 합리적인 규제와 심의를 내려서 생명과학의 순기능이 사회에 골고루 퍼질 수 있도록 해야 할 것이다.

세 번째로 기업의 올바른 기업관 확립과 이윤 추구의 지향이 필요하다. 기업의 목적은 이윤의 추구임은 누구도 부정할 수 없고 누구도 비난할 수 없는 것이다. 그러나 우리는 기업이 올바르지 못한 기업관을 갖고서 이윤만을 추구했을 때 사회 구성원들은 물론 사회 전체에 엄청난 문제를 일으킨다는 것을 잘 알고 있다. 기업에게 있어서 생명과학은 이윤 추구의 좋은 수단이고, 생명과학의 결과물은 고부가가치의 산물이지만, 더불어 그 결과물은 인류 전체의 소유이자 인류에게 있어서 엄청난 영향을 미칠 수 있다는 것을 명심하여야 할 것이다.

마지막으로, 사회 구성원들이 생명과학의 지지자이자 감시자가 되어야 할 것이다. 생명과학은 연구자들에게 있어서 연구의 산물이기도 하지만 그 영향력은 개인은 물론 사회전체에 있어서도 무시하지 못할 파장을 가지고 있다. 순기능을 잘 이용한다면 인류에게 있어서 생명연장이나 복지증진, 의료문제 해결이라는 미래를 열어주겠지만, 역기능이 파생되었을 때에는 인류에게 인종간·계층간 차별 심화라든가 인간존엄성 파괴, 개인의 행복 박탈과 같은 상상조차 하기 싫은 것들이 현실로 다가올 수 있기 때문이다. 따라서 사회 구성원 모두가 생명과학을 이론과 상상이 아닌 현실과 생활이라고 여기고 늘 관심을 갖고서, 지지할 것은 지지하고 비판할 것은 비판하는 모습을 보일 때 생명과학을 연구하는 연구자나 생명과학을 지원하고 그에 따라 이윤을 추구하려는 기업 모두가 올바른 방향으로 나아갈 수 있을 것이다.

과학은 동전의 양면과도 같다. 앞과 뒤의 확률은 언제나 50:50으로 존재한다. 그리고 동전의 어느 쪽이 보여지는가 하는 것은 동전을 가지고 있는 사람에 의해 결정된다. 과학의 보여지는 쪽이 희망인가 절망인가 하는 것도 어느 한 개인이나 단체, 국가의 몫이 아니라 인류 전체에 의해 결정되는 것이다.

연습문제

01 생명윤리학에서 가장 중요한 "개념"과 "목표"는 무엇인가?.

02 포스트게놈 시대에 발생할 수 있는 우생학적 문제들을 토의하시오.

03 인간의 가치관과 윤리의식은 시대에 따라 바뀌게 마련이다. 인간복제가 불임부부에게 희망을 주는 등 유용하게 사용될 수 있다면, 이를 전면 허용해도 좋다고 생각하는지 자신의 견해를 밝히시오.

04 우리나라의 법률은 연구용 난자 제공과 대리모에 대해 어떤 규제를 하고 있는지 말하시오.

05 2010년도에 시험관 아기 시술로 유명한 Edwards 교수가 노벨상을 수상하였다. 이에 대해 찬성과 반대 의견이 각각 절반인데, 어떻게 생각하는지 자신의 견해를 말하시오.

06 성체줄기세포란 무엇인지 조사해 보시오.

07 제대혈(cord blood)을 사용한 줄기세포 연구의 장점과 단점을 말해 보시오.

08 종교계와 과학계의 의견이 첨예하게 다를 때, 이를 해결할 수 있는 방법을 생각해 보시오.

09 생명과학이 나아가야 할 방향에 대해 3가지 조건을 제시한다면?

10 우리나라의 생명과학은 현재 어느 정도인지 조사하고, 향후 나아갈 방향을 제시하시오.

Chapter

22 포스트게놈 시대의 유전학 전망

21세기 최첨단 학문인 생명공학과 유전학의 발전은 인류가 꿈꾸던 풍요로운 삶과 건강을 곧 가져다 줄 것 같이 약속하고 있다. 그러나 이를 위해서는 과학자들의 건전한 양식과 생각 또한 필수적이다. 동시에 일반인들도 다양한 첨단 용어들을 대중매체를 통해 매일 같이 접하고 있기에 기본적인 이해를 하는 것이 필요하다. 현대 유전학이 과연 어느 정도까지 발달하였는지, 그리고 앞으로 더 발달할 것인지, 그 과정에서의 문제점은 무엇인지 등에 대해서 간략하게 살펴본다.

포스트게놈 시대의 산업혁명

유전학에 기반을 둔 포스트게놈 시대의 산업혁명은 어느새 생명과학, 생명공학, 유전공학이라는 다양한 이름으로 우리생활에 깊숙이 들어와 있다. 특히 산업에의 응용은 매우 빠른 속도로 나날이 확대되고 있다. 과거에는 생물학과 전혀 상관 없어 보이던 각종 상품들에까지도 생물학을 의미하는 "Bio-"라는 이름이 붙어 있어도 이제는 그다지 낯설지 않으며, 대중매체에서도 생명공학과 관련된 용어를 쓰는 것을 더 이상 주저하지 않고 있다. 그와 함께 이제 생물과 일상생활과는 관련이 없다고 생각해 오던 일반인들에게조차 이러한 용어들은 생활 속의 하나의 용어처럼 사용되어지고 있다.

이처럼 DNA나 게놈 등과 같은 것으로 대변되는 유전학이 현대 문명의 구석구석을 지배하게 된 이유는 무엇보다도 유전자 차원에서 생명현상을 다룰 수 있게 되었기 때문일 것이다. 21세기는 생명공학의 시대라는 공감대가 이제는 전 세계적으로 형성되어 있다. 그만큼 유전학을 포함한 생물학은 기초 학문의 차원을 넘어 실용적인 학문 분야로 성장한 것이다. 유전학은 의학, 농업, 수산업, 식품산업, 우주산업, 공업뿐만 아니라, 고고학, 범죄수사, 심지어는 컴퓨터와 IT(information technology)에 이르기까지 거의 모든 분야에 지대한 영향을 미치고 있다고 해도 과언이 아닐 것이다.

구체적으로 살펴보자면, 앞서 말한 대로 DNA의 구조를 밝혀 생명의 기원과 인류의 유래를 규명하려는 작업에서부터, 냉해와 병충해에 특별히 강한 벼와 보리를 개발하는 일, 빠른 속도로 성장하는 어류를 개발하여 양식에 필요한 경비를 대폭 절감하는 일, 외계의 생명체 존재를 확인하는 일, 유전자 치료를 이용하여 암을 치료하는 일, 당뇨병 치료제인 인슐린을 대량생산하는 일, 각종 선천성 질환의 원인과 치료법을 개발하는 일, 범죄수사에서 용의자에 대한 증거를 유전자 차원에서 확보하는 일 등등 유전학과 분자유전학의 응용범위는 그 한계가 없다고 해도 될 정도이다. 심지어는 복제양과 복제소가 등장했을 정도이므로, 조만간 복제인간이 탄생할지도 모른다는 우려마저도 기술적으로는 대두되고 있는 현실이다.

이럴 때일수록 중요한 것은 과학을 선도해 나아갈 젊은 과학자의 올바른 가치관과 양심일 것이다. 이제 생명공학은 더 이상 늦출 수도, 누군가에 의해 임의대로 늦추기도 힘든 속도로 발전하고 있다. 과학자들의 올바른 선택과 사용기준이 정말로 필요한 시기인 것이다. 이러한 올바른 양심과 도덕적 기준을 갖고서 인류의 건강한 미래를 위해 노력하는 것은 그 무엇보다도 중요한 일이 아닐 수 없다.

GMO

GMO(Genetically Modified Organism)는 유전적으로 조작된 생명체를 통칭하는 말이지만, 일반적으로는 유전자변형농산물을 표현할 때 쓰인다. 여기서 유전자변형농산물이란 유전자를 변형·조작하는 유전공학 기술을 이용하여 개발된 농산물을 말하는 것이다. 유전자조작산물이라고 표현되기도 하는데, 이때 쓰이는 '조작'이라는 단어의 어감 때문에 거부감을 주기도 하므로 유전자변형농산물이라는 표현이 더 자주 사용되는 편이다. GMO는 식량문제를 해결할 수 있다는 점에서 몇 가지의 문제점에도 불구하고 큰 기대를 모으고 있다. 보다 강한 병충해 내성을 가지는 등 외부환경에 더 용이하게 이겨낼 수 있는 농작물을 만들어냄으로써 농산물의 생산 증대를 꾀할 수 있기 때문이다.

GMO를 만드는 목적에는 크게 세 가지가 있다. 그 첫 번째는 병해충 저항성이나 제초제 내성 등을 가진 품종을 개발하여 작물 재배를 보다 편리하게 하기 위해서이다. 두 번째는 고단백질 옥수수나 고녹말 감자처럼 소비자의 편의를 보다 증대시키기 위한 것이다. 마지막으로 특정 물질을 생산하는 공장으로써의 역할이다. 알부민과 인슐린을 발현하는 담배, 항체 생산 옥수수 등의 개발이 그 예이다. 현재 유전자조작으로 국제 특허를 받은 GMO 품종은 감자, 옥수

수 등 무려 100여 개 이상이다. GMO의 예로써 식물의 잎을 먹으면 해충이 죽도록 개발된 Bt 옥수수(Bt maize), 제초제에 내성을 가진 라운드업레디콩(Round-up ready soybean), 숙성이 지연되어 쉽게 무르지 않는 토마토인 플레이보세이버(flavor savor) 등이 있다. Flavor savor는 미국 Calgen가 개발하여 세계 최초로 생산·판매하는 GMO이다. 유전자의 기능을 멈추게 하는 방법을 사용하여 열매가 잘 익지 않고 시간이 지날수록 물렁해지는 단점을 보완한 것으로 장거리 운송이 가능하고 겨울철에도 판매할 수 있다는 이점을 가지고 있다. 특허 문제나 안전성 문제로 인해 다소 논쟁거리가 되긴 했지만 유전자변형을 시도한 첫 번째 사례라는 점에서 그 의의가 크다고 할 수 있다.

GMO의 장단점

GMO를 연구하거나 만들어내는 측면에서는 GMO가 지구촌의 가장 큰 문제 가운데 하나인 식량난을 해결할 수 있는 최우선책이라고 주장한다. 기존의 품종 개량과는 비교할 수 없을 만큼 강한 형질의 농산물이 생산됨으로써 생산량 증대를 가져오고, 이러한 생산량의 증대는 바로 식량난에 허덕이는 사람들에게 구원의 손길이 될 것이라는 것이 그들의 주장이다.

그러나 유전자를 응용하여 변형시켜서 새로운 품종이나 생물체를 만드는 것을 소설 '프랑켄슈타인'에 나오는 괴물에 비유하여 프랑켄슈타인식품이라고 하며 반대하는 사람들도 많은 것이 사실이다. 이들은 한 번도 먹어본 적이 없는 식품의 안정성 문제와 환경·생태계의 파괴 문제를 들어 GMO를 비판하고 있다. 앞에서 살펴보았듯이, GMO는 여러 가지 장점을 가지고 있으나 동시에 거세게 비판받고 있다. 식품을 프랑켄슈타인이라는 괴물에 비유할 만큼 GMO는 비난과 논쟁의 중심에 서 있는 것이다.

GMO에서 가장 문제가 되는 것은 안정성에 관한 것이다. 앞에서 예로 든 토마토인 flavor savor의 경우도 유전자 변형이 제대로 되었는지를 알아보기 위해 사용한 kanamycin 내성 유전자가 문제가 된다. 항생물질인 kanamycin의 내성유전자가 만드는 효소단백질이 안정적인가 하는 문제와 함께 그 물질에 대한 내성균이 체내에 침입하였을 때 항생물질이 효용성을 잃어버릴지도 모른다는 것들이 논쟁거리가 되기 때문이다. 이처럼, GMO의 경우에는 삽입된 외래유전자가 발현함으로써 만들어내는 단백질이 축척되어 인체에 어떠한 해를 입힐지도 모른다는 것이 가장 큰 문제점이라고 할 수 있다. 살충성 작물인 Bt 옥수수의 경우에도 해충을 죽이도록 개발되었지만 꽃가루가 나비의 유충을 죽인다는 사실이 밝혀지는 등 미처 생각지도 못한 결과를 불러일으켰다. 이런 것들도 GMO에 대한 안전성에 의문을 갖게 하는 요소 중 하나가 된다.

또한 GMO는 생물의 다양성이나 생명체의 진화 과정을 파괴할 가능성을 갖고 있다. 일반 작물보다 생존 확률이 높은 GMO가 오랜 시간이 지나고 나면 환경에 잘 적응하게 되고, 결국에는 GMO만이 살아남게 될지도 모른다. 더욱이 강한 형질의 식물의 경우 꽃가루를 보다 멀리 떨어진 곳에 있는 같은 종의 식물에게까지 그 형질을 전달하게 될 것이다. 이러한 경우 그 생물은 다양성을 가지지 못하게 되고, 만일 이때 GMO가 견디지 못하는 환경이 닥쳐오거나 외부 요소에 의해 공격을 받게 된다면 획일화된 종은 거의 멸종해 버릴지도 모른다는 우려를 낳게 한다.

비만유전자

우리가 지대한 관심을 가지는 유전자가 2개 있는데, 대머리유전자와 비만유전자가 바로 그것이다. 어떠한 유전자가 밝혀지게 되면 이를 임상적으로 실험해봐야 하는데, 불행히도 이 두 경우에는 마땅한 실험동물이 없어서 치료약 개발이 어려웠다. 요즘은 이 두 유전자를 발견하거나 이 두 유전자를 주입시킨 실험용 동물을 만드는 것에 심혈을 기울이고 있다. 소위 특정 유전자를 제거(gene knocking out)해서 기능이 상실된 모델 실험동물들이 그것이다. 덕분에 최근 들어 이들 유전자에 대한 신비가 하나씩 풀리고 있다.

먼저 비만의 원인을 살펴보면, 여러 가지 요인을 들 수 있겠지만 생물학적으로 봤을 때 유전적 요인과 물질대사의 불균형이 그 주된 요인이라고 보는 견해가 많다. 유전적 요인은 부모가 모두 비만하다면 유전자 때문에 비만해질 수 있다는 것이다. 자식이 비만해질 확률은 부모가 모두 비만이면 60%, 부모 한쪽이 비만이면 50%, 부모 모두 비만이 아니면 10%라는 연구결과가 나와서 한때 관심을 받기도 하였다. 두 번째 비만의 원인은 물질대사의 불균형이다. 즉, 에너지 섭취량과 소비량이 불균형하기 때문에 나타나는 현상이다. 비만의 경우 체지방 양에 관한 정보 전달 경로에 문제가 있을 수 있으며, 이를 담당하는 유전자에 대한 연구가 진행 중이다. 어느 쪽이든 결론적으로 비만을 유도하거나 억제하는 유전자가 존재한다는 것이다. 따라서 비만유전자를 알아내는 것이 최우선적으로 해야 할 일이다.

SCD-1이라는 유전자를 포함하여 비만과 관련된 유전자가 몇 가지 밝혀졌다. 이들 유전자가 지방 형성을 촉진하는 효소를 만들어내므로, 이들 유전자의 활동을 억제시키면 비만을 막을 수 있다. 덕분에 이 연구결과는 비만으로 고생하는 사람들에게 희망을 안겨주고 있다.

knockout 마우스

유전자재조합에는 크게 두 가지 유형이 있다. 필요한 유전자를 삽입하여 발현하도록 하는 것과 불필요하거나 나쁜 영향을 미치는 유전자를 제거하여 기능을 하지 못하도록 하는 것이 그것이다. 그 외에도 연구의 목적으로 특정 유전자가 어떠한 기능을 하는가 알아보기 위해서는 그 유전자가 기능을 하지 못하도록 하여 기능을 확인할 수 있는데, 이처럼 어떤 유전자의 기능을 정지시켜 버리는 것을 '녹아웃(knockout)'이라 하고, 이러한 작업을 통해 만들어진 실험용 쥐를 녹아웃마우스라고 한다.

이러한 녹아웃마우스(knockout mouse)에 인간의 유전자를 집어넣으면 쥐의 유전자는 발현하지 못하고 인간의 유전자만 발현되므로, 이러한 원리를 통해 동물에 인간의 항체를 만드는 실험이 이루어지고 있다.

눈이 반짝이는 생쥐

밤에 잠시 일어나서 물을 마시거나 화장실을 가려고 할 때 어두운 방과 마루를 지나다가 가구에 부딪히거나 발을 헛디디는 경우를 겪어 본 적이 있을 것이다. 더욱이 잠자고 있던 애완동물을 어두워서 밟는다면 문제는 더 심각해질 것이다. 이때 만일 개나 고양이처럼 집 안에서 키우는 애완동물의 눈이나 털이 야광 성분으로 인하여 반짝거린다면 어떨까? 아니면 화분의 난초나 장식해 놓은 장미의 꽃잎이 밤마다 반짝인다면 더 좋지 않을까?

상상 속의 이야기 같지만 이러한 일이 상상만은 아닐 것 같다. 적어도 멀지 않은 미래에는 말이다. 이론상 반딧불의 루시퍼라아제(luciferase) 유전자를 앞에서 말한 생물체에 재조합해 넣어주면 간단히 해결될 수 있다. Luciferase는 야광 유전자로서 반딧불이 반짝거리게 만드는 유전자이다. 이미 우리는 유전자 재조합에 대해서 이야기한 적이 있다. 그리고 이러한 유전공학의 산물에 대해서도 살펴본 적이 있다. 이와 같이 반딧불에서 야광 유전자를 뽑아내어 애완동물이나 식물체에 이식한다는 것은 걱정할 만큼 그리 어려운 일은 아니다. 실제로 이 유전자를 이식하여 눈이 반짝이는 생쥐를 만든 사례도 있었다.

문제는 얼마만큼의 상품성과 수익성이 있느냐 하는 것이다. 이러한 재조합 생물체를 만드는데 사용되는 비용이 적지 않으며, 가장 큰 문제점은 이런 식으로 유전적 조작을 한 생물체의 경우에는 대부분 불임이라는 것이다. 그만큼 수익성이 적다는 것이다. 비용 문제는 처음 한 마리만 만들면 비교적 값싸고 빠르게 생명복제해 냄으로써 해결할 수 있다고 하지만, 아직까지 복제라는 기술에 대한 제도적 장치가 뚜렷하지 않기에 다소 시간이 걸릴 것으로 생각된다. 하지만 이것은 시간의 문제일 뿐 언젠가는 현실 속의 모습이 될 것으로 기대된다. 저녁 밤거리를 다닐 때 가로등에 의존하지 않고 길가에 있는 반짝이는 가로수 빛을 받으며 걸어 다니는 날을 그려보는 것도 나쁘지는 않을 듯 싶다.

과일 예방주사

어린이를 키울 때 힘든 일 중 하나는 아이가 병에 걸렸을 때 병원에 데려가는 것이라고 한다. 병원에 가면 주사를 맞는다는 생각 때문에 병원에 가지 않으려는 아이와 데려가야 하는 부모 사이의 신경전이 치열하기 때문이다. 또 거꾸로 말을 듣지 않는 어린이에게 가장 효과적인 방법이 말 안 들으면 주사를 놓는다고 말하는 것이다. 주사 맞기 싫어하는 어린이의 습성을 교묘히 이용하는 것이다. 이처럼 어린이들에게는 주사를 맞는다는 것이 세상에서 가장 하기 싫은 일일 것이다. 하지만 주사를 맞는 것을 싫어하는 것은 어린이뿐만은 아닌 것 같다. 내색을 못할 뿐이지 어른들 역시 가급적이면 주사를 맞지 않으려고 하는 것으로 보아 주사를 맞는다는 일은 누구에게나 곤혹스러운 일 중에 하나임은 분명한 것이다.

그러나 각종 질병의 위협 속에 살고 있는 인간이 주사를 맞지 않고 산다는 것은 현대인으로서 불가능한 일이다. 병에 걸리지 않아 병원을 가지 않아도 되는 건강한 사람이라 할지라도 각종 예방주사는 필수적으로 맞아야 하기 때문이다.

만일 과일을 먹는 것으로 예방주사를 대신할 수 있다면 어떨까? 주사뿐만 아니라 약 마저도 과일로 대신할 수 있다면 아마 주사 때문에 병원에 가기 싫어하던 아이들이 병원에 가려고 떼를 쓰는 진풍경을 보게 될지도 모른다. 이 역시 유전자 재조합을 통해 약물 유전자를 과일에 집어넣는다면 충분히 가능한 이야기이다. 벌써부터 인슐린을 재조합한 담배, 말라리아 백신 성분을 재조합한 토마토 등 다양한 상품들이 제조되고 있다. 가로수를 반짝반짝하게 만들어 유명해진 몬산토 회사에서는 이미 다양한 제품을 선보이고 있다. 병원의 주사실이 없어진 대신에 진료실이나 조제실에 하나 가득 진열되어 있는 과일들. 그리고 병의 정도에 따라 과일의 종류와 양을 달리해서 먹으면 되는 세상. 그 과일들을 더 먹기 위해서 일부러 더 아프다고 꾀병을 부리는 어리아이들의 모습을 볼 수 있는 날이 어쩌면 생명과학이 지향하는 방향 중의 하나일지도 모른다.

IQ 120의 생쥐

쥐는 인류에게 있어서 많은 고민거리를 안겨 주는 동물이다. 실험동물로서 인간의 질병을 위해 희생되는 고마운 동물이기도 하지만, 이는 실험용 쥐에만 해당하며 대다수의 자연서식 쥐는 여러 가지 질병을 유발할 뿐만 아니라 생활에 대단히 불편을 주기 때문이다. 그래서 일찍이 우리는 이런 쥐를 없애기 위해 쥐가 먹을 만한 음식찌꺼기에 쥐약을 탄다거나 쥐덫을 놓는 방법을 사용하였다. 만일 쥐가 책도 읽고 사람과 대화할 정도로 똑똑해진다면 어떤 일이 벌어질까? 물론 아직은 그런 걱정을 할 필요가 없다. 아무리 쥐의 IQ가 높다 하더라도 여기에는 한계가 있기 때문이다. 그럼에도 불구하고, IQ 유전자를 쥐에게 재조합해 주었을 때 그 쥐만 기억력이 엄청나게 향상된 것을 발견할 수 있었다. 쥐는 원래 IQ 관련 유전자가 2개인데, 이를 복제해서 더 넣어준 실험이었다. 즉, 총 4개로 늘렸더니 기억력이 남다르게 향상된 것이었다. 쥐 앞에서 여러 개의 블록을 쌓아 올리는 모습을 보여준 다음 물통 속에 쥐와 블록들을 집어넣었다. 보통 쥐들은 블록을 기억하지 못해서 물속에서 우왕좌왕하다가 빠져 죽은 반면에, IQ 유전자를 재조합해 준 쥐는 블록을 기억해서 쌓아올리고서 그 위에 올라탐으로써 빠져 죽지 않았다. 물론 사람에서는 IQ 관련 유전자가 30개 이상 되므로 이 실험 결과를 사람에게 그대로 적용할 수는 없다. 그러나 유전자가 겉으로 드러나 보이는 모습만 결정하는 것이 아니라 지성과 같은 형이상학적 형질까지도 좌우할 수 있다는 것을 증명한 실험이라 하겠다.

또 다른 사례로, 사람의 뇌 세포를 지닌 쥐가 미국 스탠포드 대학교에서 개발되고 있다고 보도되어 화제가 되고 있다. 쥐의 뇌에 10주된 태아로부터 채취한 줄기세포를 주입해서 키우고 있다는 내용이다. 물론, 이러한 쥐를 개발하는 목적은 사람처럼 생각하는 쥐를 만들기 위함이 아니다. 대신 뇌졸중, 알츠하이머, 정신분열증, 파킨슨 같은 질병에 대한 실험동물로서 이용하여 신약을 개발하려는 목적이다. 그럼에도 불구하고, 반인반수의 탄생이라는 윤리적인 문제점은 당연히 제기될 수밖에 없다.

DNA 컴퓨터

20세기 후반부터 불기 시작한 IT 열풍으로 인해 집집마다 컴퓨터를 가지고 있지 않은 집이 없을 정도로 컴퓨터는 이제 생활의 필수품이 되어 버렸다. 그런데 이러한 컴퓨터에서 연산을 위하여 사용되는 것은 실리콘 칩이다. 만일 실리콘 칩 대신에 DNA가 사용된다면 어떨까? 1994년 Southern California 대학교의 Leonard Adleman 교수는 DNA를 일반 칩과 같이 정보 저장과 처리라는 목적으로 이용할 수 있을 것이라는 아이디어를 제안하였다. 그리고 DNA를 시험관에 넣어 몇 가지 수학 문제를 해결하는 데 성공함으로써 이를 현실화하였다. 이후 전 세계 여러 연구소들이 생물학(BT)과 정보기술(IT)을 융합시키는 이 분야에 뛰어들었으며, 초당

수조 번의 동시 연산이 가능한 DNA 활용에 대해 집중적으로 연구를 진행하고 있다. 즉, DNA처럼 나노미터 크기의 작은 물질을 이용해서 연산을 할 수 있다면 현재 사용되는 실리콘 칩의 소형화 한계를 극복하는 것이 가능해지는 것이다. 잘 알다시피 DNA 분자는 모든 세포의 핵에 이중나선 형태로 존재하며, 유전 정보를 아데닌(A), 티민(T), 시토신(C), 구아닌(G)의 4가지 염기조합으로 저장하고 있다. 이러한 DNA 분자를 $1cm^2$안에 집적할 경우 지금의 저장매체보다 수백 내지 수천배의 데이터 저장이 가능한 것으로 알려졌다.

아직까지는 DNA가 기존의 실리콘 기반 컴퓨터를 대체한다기보다 이를 보완하는 데 그칠 것으로 보고 있다. 그러나 제약산업에서 우선적으로 응용할 수 있을 것으로 기대된다. 예를 들면, DNA 나노기기를 인간 세포 내에 삽입해서 질병을 유발할 수 있는 세포 변화를 감시하고, 세포가 이상 변화를 보일 경우 약물을 세포에 자동으로 전달해서 암과 같은 세포의 이상 변화를 초기에 치료하는 데에 응용할 수 있을 것이다.

삼배체 물고기

GMO 농산물과 더불어 우리 식탁에 오르고 있는 것 중의 하나가 바로 삼배체 물고기이다. 보통의 생물은 염색체를 한 쌍으로 가지고 있어 이배체(2n)라고 하는 반면에, 삼배체(3n)는 2n의 배우자에 정상적인 배우자(n)가 수정하여 생긴 것을 말한다. 이러한 다배체 생물체는 최근에 들어서 처음 나온 것은 아니다. 일찍이 식물의 경우 인공적으로 배수체를 만들어 농작물의 품종 개량에 이용해 왔다. 우리가 잘 알고 있는 씨 없는 수박의 경우도 이러한 다배체 처리를 통한 식물 육종의 대표적인 결정체인 것이다.

최근 들어 이러한 방법을 동물에 사용하는 사례가 증가하고 있다. 보통의 물고기보다 염색체 수를 늘려서 만든 물고기가 바로 삼배체 물고기이다. 이렇게 염색체를 조작한 삼배체 어류는 이미 시판되고 있다. 삼배체 어류를 만드는 데에는 두 가지 방법을 사용한다. 하나는 염색체의 수를 늘리는 것이고, 또 하나는 생식세포 중에서 하나의 염색체로 발생시키는 것이다. 삼배체 어류의 경우 염색체의 수가 늘어나서 3n이 되므로 불임이 된다.

그렇다면, 불임으로 새끼 물고기를 생식하지 못하는 단점을 알면서도 염색체 조작을 하면서까지 삼배체 어류를 만드는 이유는 무엇일까? 그 이유는 바로 불임에 있는데, 물고기가 불임이 되면 1년 정도 수명이 연장되고, 맛이 좋아지기 때문이다. 생식에 소모되는 영양분이 고스란히 남아 맛으로 전환되며, 면역성이 있어서 질병에 쉽게 걸리지 않는 장점이 있다.

그러나 이러한 장점으로 인해 무분별한 조작이 가해진다면, 언젠가 생태계를 어지럽히게 되는 등의 문제점을 야기할 수 있다는 점도 항상 명심하여야 한다.

미토콘드리아로 질병을 예측하자

세포에는 미토콘드리아라고 하는 작은 소기관(organelle)이 수백 개 들어있다. 미토콘드리아는 에너지를 만들어내는 일종의 발전소 같은 기관이다. 세포가 살아가려면 영양분과 에너지가 필요한데, 미토콘드리아가 이를 만들어서 공급해 주는 것이다. 미토콘드리아는 세포 안에 들어 있지만, 세포와는 별도로 스스로 분열하면서 살아갈 수 있는 자발적인 기관이다. 때문에 미토콘드리아에는 자체 DNA가 따로 들어있다. 사람의 DNA 중 99% 이상이 세포핵에 들어 있다면 약 1% 정도가 미토콘드리아에 들어있는 셈이다. 미토콘드리아는 분열속도가 빠르기 때문에 DNA가 복제되는 과정에서 돌연변이가 자주 일어난다. 사람마다 미토콘드리아 DNA의 염기서열이 조금씩 다른 이유도 이런 잦은 돌연변이 때문이다.

최근에 일본의 한 연구팀이 돌연변이에 따라서 미토콘드리아를 150여 종으로 분류하였다. 그리고 유형별로 당뇨병 같은 질병에 걸릴 확률이 다르다는 주장을 하였다. 미토콘드리아의 활동이 활발한 경우 에너지 소모가 그만큼 많기 때문에 당뇨병에 걸릴 확률이 낮나는 이론이다. 실제로 환자들을 조사한 결과에서 이 이론은 상당히 근거가 있는 것으로 보고되었다. 환경호르몬 때문에 미토콘드리아의 기능이 떨어진다는 보고도 있고, 이에 따라 비만이 초래된다는 연구 또한 있다. 미토콘드리아 DNA를 연구하면 멀지 않은 장래에 비만과 당뇨병을 정복할 수 있을 거라 기대하고 있다.

형질전환동물

형질전환이란 유용 유전자를 목표로 하는 세균이나 동식물에 넣어 우리 목적에 맞도록 그 형질을 변화시키는 것이다. 최초의 형질전환동물은 1983년에 만들어진 사람 성장호르몬 유전자를 이식 받은 '수퍼마우스(supermouse)'이다. 형질전환동물은 유전자를 재조합하기만 하면 동식물의 형질을 마음대로 바꿀 수 있다는 점에서 앞으로 대단한 가능성을 가지고 있다. 돼지나 원숭이에서 사람의 면역유전자를 재조합하여 이식용 장기를 만들 수 있고, 고가의 의약 유전자를 젖소에 삽입하여 우유에서 그 약물을 짜낼 수도 있다. 가로수에 반딧불 유전자를 넣으면 저녁 어스름할 때 나무들이 빛나므로 전기가 필요 없는 제2의 산업혁명을 기대할 수도 있다. 이 밖에도 식량난 해결, 혈전증치료제, 조혈촉진제, 암치료제 등과 같은 고가의 약품이나 호르몬을 생산하기 위해 형질전환기술을 응용할 수 있다.

우리나라의 형질전환 산업화는 선진국보다 다소 뒤쳐져 있다. 그러나 늦은 출발에도 불구하고 기술이 축적됨에 따라 최근 몇 년 동안 각종 형질전환동물들을 만들어내는 데 성공하였다. 빈혈치료제인 에리트로포이에틴(erythropoietin)이 수정란에 넣어져서 태어난 돼지 '새롬이'와 면역치료제인 백혈구증식인자를 형질전환시킨 흑염소 '메디', 그리고 락토페린(lactoferin) 유전자가 재조합된 젖소 '보람이'가 그들이다. 형질전환기술은 21세기 바이오테크놀로지의 핵심기술이다. 우리나라도 빨리 이 분야의 기술개발과 고부가가치 산업에 뛰어들어 바이오선진국으로서 발돋움해야 할 것이다.

바이오에너지

'삼색 바이오테크놀러지 혁명(three colored biotechnology revolution)'이라는 용어가 최근에 화두가 되고 있다. 생명의 근원인 혈액을 상징하는 보건 · 의료 기술의 붉은 색과, 청정 환경을 표방하는 농업 · 식량의 녹색, 그리고 바이오에너지의 개발을 표현하는 흰색이 그것이다.

지난 20세기까지만 해도 인류가 무상으로 받아 혜택을 누린 석유자원이 고갈되고 있다는 것은 신문지 상을 통해 누구나 다 아는 사실이다. 통계에 따르면 매장된 석유만으로는 앞으로 30년도 채 넘기지 못할 것이라는 급박한 예측도 나오고 있다. 석유화학 덕분에 그동안 발전했던 무수한 산업들을 생각하면 앞으로는 그 방향이 어디로 흘러갈지, 그리고 미래사회가 정말 잘 버티어나갈 수 있을지 예측조차 불가능한 상태이다. 거리의 자동차들이 서버리고, 나일론과 플라스틱 등 석유로 만들었던 합성 제품들이 사라지면서 다시 원시시대로 돌아갈지도 모른다고 말하면 너무 극단적인 표현일까? 어쨌든 분명한 것은 대처 수단이 없이 석유에의 의존도가 그동안 너무 높았다는 것이다. 오죽하면 오일 분쟁이란 말이 만들어졌고, 중동 부호국가들이 탄생했으며, 이를 둘러싸고 또 얼마나 많은 전쟁을 해왔는지 우리는 잘 알고 있다. 이제 석유의 고갈과 함께 분명한 것은 앞으로의 문화가 바뀌고 누가 미래의 강대국인지 그 판도가 달라질 것이라는 것이다.

문제는 석유를 대체할 에너지가 무엇이냐 하는 것이다. 그것도 대체에너지 개발을 위한 시간적 여유가 많지 않은 현 상태에서 말이다. 그래서 이에 발맞추어 미국과 유럽이 내놓은 전략이 바로 바이오에너지(bio-energy)이다. 바이오에너지를 석유의 검은색과 대비해서 '화이트 연료(white fuel)'라고도 한다. 바이오에너지는 우리가 석유 때문에 그동안 겪었던 환경오염에서 벗어나고자 하는 청정 연료 개념과도 맞아 떨어지기 때문에 더욱 기대되는 신개발 연료이다. 일부는 이미 개발 단계에 와 있는 것도 있는데, 옥수수와 사탕수수를 미생물로 발효시켜 얻은 바이오에탄올과 생물성 지방에 알코올을 넣어 반응시킨 바이오디젤이 그것이다. 미국은 2012년까지 현재 휘발유 소비량의 5% 이상을 바이오에너지로 대체하겠다고 공언하였고, EU는 그보다 앞선 2010년까지 휘발유 사용의 7%를 바이오에탄올로 대체하겠다고 선언하였다. 우리나라도 바이오디젤의 혼합량을 5%까지 늘리자는 제안을 도입한 바 있다. 게다가 100년 전에 실패한 기술로 알려졌던 바이오부탄올 생산도 지금은 적극적으로 재검토되고 있다. 미생물인 클로스트리디움(Clostridium)의 게놈프로젝트가 완성되면서 유전자 조작을 통한 대량생산의 실마리가 잡혔기 때문이다. 이미 이 기술들을 더욱 고도화하고 실용화시키기 위해서 각국이 엄청난 경쟁을 벌이고 있는 실정이다.

앞서 말한 것처럼, 석유는 우리에게 그동안 참으로 많은 혜택을 안겨 주었다. 때문에 이를 완전하게 대체하는 것은 결코 만만치 않을 것이다. 그럼에도 불구하고, 우리가 그동안 눈여겨보지 않았던 식물들과 미생물을 잘 이용하면 금명간 거의 모든 석유 제품을 대체할 수 있을 것으로 과학자들은 믿고 있다. 플라스틱이나 고무, 비료도 이를 축적하거나 생분해하는 미생물을 이용하면 대량 생산이 가능하다는 것이다. 유산균으로 건초를 발효시켜 만든 천연 비료도 개발 검토 중에 있다.

바이오 제품은 공해가 없고 무해하다는 것이 최고의 장점이다. 단점이라면 그 공정이 복잡하고 개발과 실용화까지 엄청난 투자 비용이 들어간다는 것이다. 그럼에도 불구하고, 언젠가는 분명히 천연자원에만 매달릴 수 없는 시대가 분명히 올 것이기에 지금부터 미리 단계적 준비를 하는 것이 풍요로운 미래를 위한 현명한 접근이라 하겠다.

20세기가 산업위주의 시대였다면, 21세기는 이제 인류 그 자체의 시대이다. 우리는 지금 무공해와 그린환경을 바탕으로 오래 살고 건강하게 사는 삶이 추구되는 문화의 정점에 와 있기 때문이다. 그리고 이런 것들을 성취하는 한 방법이 바로 바이오테크놀로지이다. 물론 일부에서는 바이오에너지로의 대체를 위해서는 옥수수나 사탕수수를 엄청나게 대량으로 심어야 하고 이 때문에 생길 수 있는 또 다른 부작용들, 즉 비료 대책, 찌꺼기 처리 문제 등을 걱정하기도 하지만, 그럼에도 불구하고 이제 우리에게는 더 이상의 다른 대책이 없다는 것을 모두 공감하고 있다. 실제로, 바이오매스를 많이 확보한 농업국가가 21세기의 새로운 강대국으로 부상할지도 모를 일이다.

바이오벤처의 역사

1990년대 말기 우리나라에 한 차례 벤처 열풍이 불었던 적이 있다. 바로 IT의 강세에 힘입은 정보통신벤처가 그것이다. 정보통신벤처는 이후 컨텐츠 부족이라는 문제점과 투자가 아닌 투기로 변해버린 폐해에 의해 몸살을 앓더니 점점 거품이 걷히면서 당시의 모습을 잃어버리고 말았다. 지금도 꾸준히 이어져 오는 IT의 관심에 비해 정보통신벤처는 많이 뒤쳐져 버렸지만, 한 때의 벤처 열풍이 온 국민의 IT에 대한 관심을 증폭시킨 것은 사실이다.

20세기가 지나고, 21세기에 접어들면서 우리는 또 다른 형태의 벤처에 당황하게 될지도 모른다. 바로 바이오시대를 맞이하는 바이오벤처이다. 바이오벤처는 바이오 강국에서부터 시작되었다. 그리고 그 중심에는 바로 인간게놈프로젝트와 생명복제가 자리잡고 있다.

그러나 바이오벤처의 시작은 인간게놈에 대한 논의가 한창 이루어졌던 1980년대로 거슬러 올라가야 할 것이다. 1980년대 대표적인 바이오벤처인 미국의 Amgen, Promega, Stratagene 등의 회사는 신약 개발과 유전공학 제품 개발 같은 분야에서 기존의 다국적기업과 어깨를 나란히 할 만큼 성공적인 바이오벤처로 손꼽히고 있다. 이렇게 유전공학의 발전에 따라 자연스레 생성된 바이오벤처는 인간게놈프로젝트의 완성을 기점으로 가히 폭발적이라 할 수 있는 숫자로 늘어나게 되었고, 그에 따른 투자 역시 이전과는 비교할 수 없을 만큼 늘어나게 되었다.

바이오벤처의 현재

현재 바이오벤처의 대표주자는 인간게놈프로젝트로 유명해진 Celera Genomics 회사와 복제양 '돌리'로 축산연구소에서 바이오벤처로 변모한 영국 Roslin 연구소의 'PPL 세러퓨틱' 회사이다.

Celera Genomics는 인간게놈의 서열분석뿐만 아니라 생쥐, 식물의 게놈분석과 이에 알맞는 소프트웨어 및 컨텐츠를 개발하여 판매함으로써 매출을 늘리고 있다. 또한 PPL 세러퓨틱은 생체 의약공장으로써 형질전환동물을 대량으로 복제하여 생산하는 것을 지향하고 있다. 이외에도 게놈 연구, 생물정보학, 프로테오믹스, 복제와 배아줄기세포를 이용한 의약품 개발 등을 목표로 한 바이오벤처는 하루가 다르게 증가하고 있으며, 앞으로도 그 발전 속도가 더욱 빨라질 것으로 기대된다. 바이오벤처에서 한 가지 주목할 것은 바로 바이오벤처의 형태이다. 1980년대와 1990년대의 바이오벤처가 연구자와 투자가에 의한 벤처인 반면에, 현재의 바이오벤처는 생명과학의 중요성과 산업적 가치를 인정하고 이를 선점하여 국가경쟁력을 확보하려는 선진국가의 주도적인 뒷받침 아래 진행된다는 차이점을 보이고 있다. 우리나라에서도 KIST와 대학 연구소를 중심으로 소단위의 바이오벤처가 만들어지고 있으며, 그중 몇몇 바이오벤처가 선두주자로서의 두각을 나타내기 시작하였다.

바이오벤처의 미래와 나아갈 길

바이오벤처에서 가장 중요한 것은 장기적인 투자와 동기부여라고 할 수 있다. 정보통신벤처가 절반가량 실패한 것도 단기적인 수익을 바라는 투자자의 조급함과 창업자, 연구자들의 동기부여가 부족했기 때문이다. 이에 비해 바이오벤처는 투자면에서 더욱 장기적인 안목과 기다림이 필요하다. 대표적 주자인 Celera Genomics도 매출이 늘어남과 동시에 설비와 인력에 대한 투자로 인해 적자 역시 늘어가고 있다는 점을 보면 바이오산업에서 장기적인 투자가 얼마나 중요한가를 알 수 있다. 특히, 우리나라의 경우 사회적인 관심에 비해 정부의 투자나 재정적 뒷받침, 제도적 장치가 매우 미흡하다. 그럼에도 불구하고, 연구자들의 동기부여는 강하기 때문에 이에 대한 적절한 시스템이 구축된다면 선진국에 뒤지지 않는 바이오강국으로서, 생명과학의 선두주자로서 발돋움할 수 있을 것으로 기대된다.

| 연습문제 |

01 유전학과 IT 산업의 연관성을 설명하시오.

02 GMO의 안전성을 과연 실험적으로 평가할 수 있는지 그 여부를 말하시오.

03 GMO를 제조하는 목적과 GMO의 장단점을 요약해 보시오.

04 녹아웃 마우스(knock-out mouse)가 유전학 실험에 어떻게 활용되는지 말하시오.

05 식물에 유용 유전자를 재조합해 넣어준 사례들을 조사하시오.

06 생쥐의 근육을 유전자 재조합으로 강화시켰다면, 이를 어떻게 확인할 수 있는지 생각해 보시오.

07 DNA computer는 이미 활용 단계에 접어들고 있다. 이에 대해 조사하시오.

08 포스트게놈 시대의 유전학과 미래 활용에 대해 나만의 아이디어를 생각해 보시오.

09 우리나라의 바이오산업 현황을 조사하시오.

10 "Biobusiness"라는 신생 학문에 대하여 조사하시오.

Chapter

23 | CRISPR

크리스퍼는 원핵세포뿐만 아니라, 진핵세포에도 응용될 수 있다는 점에서 매우 강력한 도구이다. 원하는 유전자를 정확하게 겨냥하여 잘라낼 수 있고, 유용 유전자를 그 자리에 붙여줄 수도 있다. 의학과 신약개발에의 응용 가능성이 무궁무진할 뿐 아니라, GMO 논란을 피해갈 수 있어 식품산업에도 적용될 수 있다는 장점이 있다.

유전자 편집

유전자가위인 크리스퍼(CRISPR)가 점차 일반적인 기술로 자리 잡으면서, 이를 활용한 유전자 편집(gene editing) 기술의 활용 범위를 어디까지 허락할 것인가에 대해 과학자들 사이에서 논란이 거세지고 있다. 이는 윤리 문제와 당연히 맞물리고 있고, 치료 목적 이외에 인간 형질을 마음대로 편집해도 되는지에 대한 상반된 의견들이 나오고 있다.

온전한 배아란 정자와 난자가 수정되서 자궁에 착상시키기만 하면 아기로까지 발생할 수 있는 배아를 말한다. 그런데 최근에 스웨덴에서 이러한 배아에서 특정한 유전자를 유전자가위를 이용해 지우거나 편집하는 데 성공하였다. 이렇게 특정한 유전자를 편집한 다음 발생되는 양상을 지켜본다면, 어떤 유전자로 인해 파킨슨병이나 당뇨 등의 난치병이 발생하는지에 대한 원리를 이해할 수 있고, 정확한 치료법 개발에 한 발짝 더 가까이 갈 수 있다는 장점이 있다. 물론 인간은 실험의 대상이 아니다.

하지만, 기술적으로는 유전자 편집을 통해 마음먹기에 따라 성형 목적 등으로도 활용될 수 있고, 궁극적으로는 원하는 유전자만 남겨 놓고 질병 관련 유전자나 열성 유전자를 지워버리는, 그래서 소위 맞춤 아기(perfect baby)를 만들어내는 기술로 악용될 것을 세계 각국에서 우려하고 있다. 질병 치료가 목적이 아닌 성형이나 우생학적 목적으로 이 기술이 사용된다면, 결과적으로 인류는 개개인의 특성을 상실할 것이고, 오히려 파멸의 원인이 될 것을 우려하는 것이다. 스웨덴 당국도 이러한 문제를 충분히 인식하였고, 연구를 착상이전 단계인 14일 까지로만 제한하였다. 지금은 스웨덴뿐만 아니라 영국에서도 인간의 유전자 편집 실험을 허가한 상태이다. 물론 실험은 동일하게 14일까지로 제한하였으며, 이렇게 만들어진 배아를 자궁에 착상시키는 것도 금지하였다.

지금은 유전자가 편집된 수정란을 임신에 사용하지 못하도록 한다는 성명서가 채택되어져 있다. 그럼에도 불구하고 유전자가위를 이용하면 완치가 어려운 질병들을 치료할 수 있다는 점에서 유혹이 만만치 않다. 우리나라에서는 현재 인간의 수정란을 편집하는 실험이 생명윤리법에 의해 전면 금지되어 있는 상태이다.

세계 각국의 유전자 편집 추세

영국에서는 인간 유전자 편집을 2016년에 허락하였다. 연구 차원의 시도는 계속 있어 왔지만 국가의 공식적인 승인 아래 인간 유전자를 편집할 수 있게 된 것은 처음이다. 영국의 결정은 앞으로 다른 나라에서도 비슷한 연구를 촉발시킬 가능성이 높다. 그렇게 되면 각국의 기술력 우위를 점하기 위한 특허 경쟁이 더욱 가속화될 것이 분명하며, 이론을 넘어 실질적인 생물산업 경쟁으로 이어질 전망이다. 유전자 편집된 수정란을 착상시키면 맞춤형 아기를 만들 수 있다는 점에서 윤리 논쟁은 더욱 커질 전망이다. 실험에 사용되는 수정란의 수급 방법과 개수도 법률적 제한을 두어야 하겠지만, 마찬가지로 우생학적 결과에 대한 각국의 우려가 제일 크다. 심지어는 착상 이후에도 자궁 내에서 배아를 마음대로 편집할 수 있게 될까봐 조심스럽다. 현재는 수정란이 어떻게 자궁에 착상되어, 발생이 촉발되는지 완벽하게 이해하지 못하고 있지만, 이와 관련된 유전자들을 연구하면 불임 치료에 획기적인 기반 기술을 마련할 수 있을 것이다.

인간의 수정란을 유전자가위로 편집하는 것은 이처럼 전 세계 생명공학 과학자들로 하여금 뜨거운 논쟁을 하도록 만드는 주제이다. 21세기는 분명 유전자 차원에서의 치료가 새로운 의·약학 기술로 자리매김할 것을 감안한다면, 국제적인 경쟁에서 더 이상 뒤쳐지기 전에 합법적인 틀을 만들고 합리적으로 규제를 풀어 연구가 가능할 수 있도록 해주는 것이 중요하다.

크리스퍼의 응용

크리스퍼(CRISPR)가 특별히 응용될 수 있는 몇 가지 분야가 있다.

첫째, 생식의학 분야이다. 아직까지도 정자와 난자가 어떻게 형성되고 수정되는지에 대해 완전한 이해가 부족한 상태로, 유전자가위를 이용해 관련 유전자들을 하나씩 제거해 나감으로써 임신의 과정을 명확하게 그려낼 수 있을 것이다. 여기에서 얻어지는 정보는 불임 치료에 획기적인 도움을 제공할 것이다.

둘째, 식물에 대한 응용이다. 대두는 전 세계적으로 많은 양이 재배되는 중요한 식량자원이다. 그러나 다른 차원에서 보면 건강을 해치는 트랜스지방을 만들어내기 때문에 주위를 요하는 식물이기도 하다. 유전자가위를 이용해서 우리에게 해를 끼치지 않는 기름을 만들어 내도록 조작할 수 있다면, 그만큼 식량 문제와 건강 문제에 기여할 수 있을 것이다.

셋째, 동물에서 근육을 강화하는 유전자를 넣어주거나 근육을 억제하는 유전자를 제거함으로써 고기의 질이 강화된 슈퍼 개체를 만들어 낼 수가 있을 것이다. 이런 방법은 사람에게도 적용될 수 있으므로 때문에 다소 주의가 필요하고 사회적 제도와 규범 또한 마련되어야 할 것이다.

암 치료를 위해 면역세포에 항암 유전자를 넣은 뒤 부작용 여부를 확인하여 이를 환자에게 재주사하는 면역강화 치료도 시험 중에 있다. 열매의 색깔을 바꿔 준다든지, 해충과 벌레의 생식 능력을 제거해 버린다든지, HIV 바이러스의 독성 능력을 잠식시킨다든지 그리고 감자 생산량을 늘리는 등이 다 크리스퍼가 우리 생활에 적용될 수 있는 부문들이다.

크리스퍼의 원리와 개발

크리스피의 원리는 아주 단순하다. 이는 세균에서 발견되는 일종의 면역작용이다. 사람은 외부 바이러스나 균(통칭하여 항원)이 감염되면 체내에 면역항체가 만들어진다. 그리고 병이 낫더라고 이를 잘 기억해 두었다가 다음에 동일한 항원이 침입하면 빠르게 대처하여 필요한 면역항체를 대량 생산할 수 있다. 간염 백신을 부스터 접종하면 항체의 숫자가 급속하게 늘어나

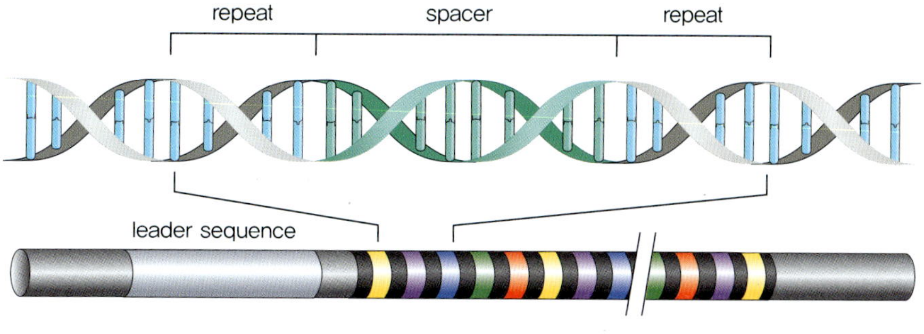

[그림 23-1] CRISPR의 구조

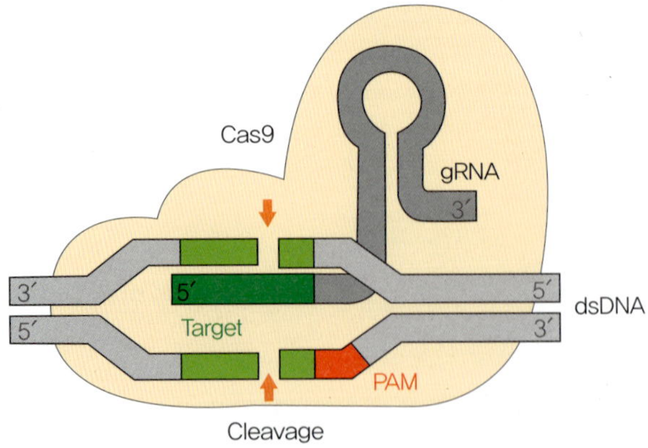

[그림 23-2] CRISPR와 CAS9

는 것과 같은 원리이다.

크리스퍼는 미생물의 면역항체라 볼 수 있다. 박테리오파아지(bacteriophage)가 세균에 침입하면 세균은 살아남기 위해서 이를 공격하는데, 그 결과 침입자의 DNA를 21개의 작은 조각으로 깨뜨려버린다. 이때 생겨난 조각들이 세균의 염색체 DNA로 끼어 들어가 배열된 것이 CRISPR(Clustered Regularly Interspaced Short Palindromic Repeats)이다. 짧은 회문구조가 간격을 두고 되풀이되는 구조이다. 일정 기간이 지난 후 동일한 박테리오파아지가 다시 침입을 하면, CRISPR에서는 가이드 RNA(guide RNA)가 만들어지고, 이것이 Cas9이라 불리는 가위 단백질을 침입자에게까지 인도해준다. 즉, 미리 보관된 21개 조각의 염기서열이 침입자 바이러스를 인식하여 가이드 역할을 하고, 이에 따라 인도된 Cas9이 침입자의 DNA를 잘라버리는 것이다. 크리스퍼의 의미는 "반복서열"이라는 뜻이다.

크리스퍼의 장점은 작용 원리가 놀랍도록 단순하다는 것이다. 크리스퍼의 염기서열을 적절히 조절하면 원하는 어느 유전자 부위로든지 Cas9을 정확하게 끌고 가서 자를 수 있다는 것이다. 뿐만 아니라 적절한 실험조건에서는 자른 부위에 교정용 DNA를 바꿔치기 해 줄 수도 있다. 게다가 크리스퍼와 Cas9은 세균에 국한되지 않고, 진핵세포에서도 작용한다는 점이 매력적이다. 기술이 범용적으로 사용될 수 있기 때문에 이론적으로는 사람의 수정란을 우리 마음대로 조작할 수도 있다. 문제는 치료 목적이 아닌 성형 목적이나 단순히 체력을 증진시키기 목적으로 유전자가위를 사용할 경우에, 심각한 우생학적 문제가 야기될 것이 우려스러운 점이다.

유전자가위와 양조기술

크리스퍼의 응용 사례는 매우 다양하다. 심지어 주류 개발에도 유전자가위가 응용된 사례가 있어 관심을 끌고 있다. 요즘은 수제 맥주를 많이 마시는 추세인데, 수제 맥주의 장점은 각 가정마다 자기가 좋아하는 향취를 첨가할 수 있다는 것이다. 맥주는 효모의 알콜 발효능으로 인해 제조된다. 이때 소위 발효취라는 독특한 냄새를 풍기며, 이러한 이 냄새는 발효 종균으로 사용되는 효모의 종류에 따라 달라질 수 있다. 만약 효모에서 냄새 풍기는 유전자를 아예 제거해버리면 어떨까? 결과적으로 아무런 냄새가 없는 밋밋한 맥주가 만들어질 것이다. 이것이 오히려 장점이다. 유전자가위로 냄새 관련 유전자를 모두 제거한 다음 냄새 없이 만들어진 맥주에 자기가 원하는 향을 마음대로 첨가할 수 있기 때문이다. 장미향을 넣으면 향긋한 꽃냄새가 나는 맥주를, 새우향을 넣으면 풍성한 바다냄새가 풍기는 맥주를 만들 수 있는 것이다. 다만 GMO 문제가 야기될 수 있는데, 맥주를 제조한 다음 유전자 변형된 효모를 체로 걸러내면 이 문제 역시 피해갈 수 있다.

GMO와 크리스퍼

크리스퍼를 이용한 생물산업 분야는 우리 미래의 식탁도 바꿀 것이다. 예를 들어, 유산균의 유전자를 조절하여 요구르트의 향취를 바꿀 수 있고, 효모의 유전자를 바꿔 준다면 맥주나 와인의 향 또한 마음대로 바꿀 수 있을 것이다. 사람의 취향에 따라 일곱 색깔 무지개 꽃이 피는 채송화를 만들 수 있고, 황홀한 냄새와 꽃을 뽐내는 동양란도 자유자재로 재배하게 될 것이다. 유산균의 발효를 조절하여 김치 맛도 마음대로 바꿀 수 있을 것이며, 병충해에 강한 품종과 한

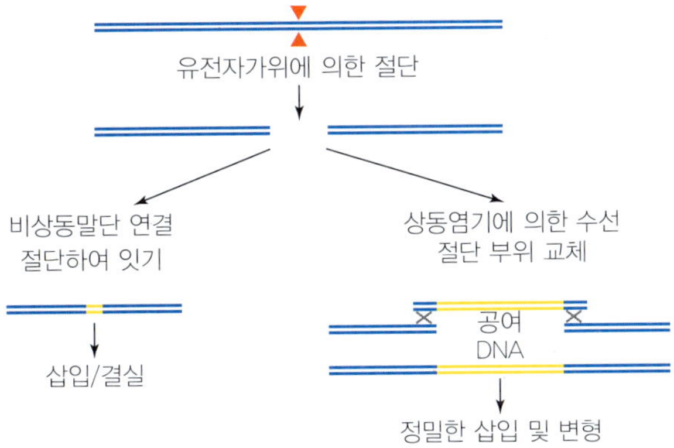

[그림 23-3] 유전자 편집 과정

번 피면 시들지 않는 원예 산업이 가능할 수도 있다. 이런 것들은 우수한 형질을 가진 개체들을 교배하여 더 나은 개체를 획득하는 확률에 의존한 전통적 우생학 방법과는 획기적으로 다른 것이다.

GMO 기술은 외부 유전자를 넣어줌으로써 유전자를 변형시키는 방법이다. 이렇게 형질전환된 개체는 우수 형질을 획득하기는 하지만, 안전성(safety)과 안정성(stability)에서 검증되지 않아 적극적인 대체 식량으로서는 항상 논란의 대상이 되고 있다. 이와 달리, 크리스퍼는 외부 유전자의 삽입 없이 원래 존재하는 자기 유전자의 일부를 그냥 바꾸어주는 것이기에 GMO의 부작용과 거부감을 한꺼번에 해결할 수 있다. 그러면서도 자연적인 진화나 변이에 의존하지 않고, 단숨에 형질을 변화시킬 수 있다는 점에서 매우 강력한 도구라 하겠다.

크리스퍼 이야기 1

이제는 제니퍼 다우드너(Jennifer Doudna) 교수와 장 펑(Feng Zhang) 박사의 유전자 편집 기술이 미래를 변화시킬 것이라는 데에 동감하지 않는 사람은 거의 없다. 그만큼 정교하고 영향력이 뛰어난 기술인데다가 의 · 약학 분야에서만도 엄청난 수익 창출이 기대되기 때문이다.

제니퍼 다우드너는 원래 생화학을 전공하였고, 하와이에서 자라나 파모나대학교와 하버드대학교를 거친 수재로서 지금은 버클리 대학교(UC Berkeley)에 재직하고 있다. 다우드너 박사의 성공 비결은 남들과 다른 분야에 집중하였다는 점이다. 대부분의 과학자들이 DNA에 집착하고 있을 때 다우드너 박사는 오히려 RNA에 호기심을 보였다. 다우드너 박사는 RNA가 지금까지 알려진 기능 외에도 세포 내에서 어떤 또 다른 역할을 수행하고 있다고 믿었으며, 그걸 구체적으로 찾아내고 싶어하였다. 물론 지금은 지나간 에피소드처럼 이야기할 수 있지만, 다우드너 박사도 한때는 과연 RNA가 그만큼의 연구 가치가 있는지 의심스러워서 잠을 제대로 이루지 못하곤 했다고 회상하였다.

다우드너 박사에게 새로운 기회가 2011년에 찾아왔다. 프랑스 미생물학자인 샤르팡티에 박사를 학회에서 만난 것이다. 샤르팡티에 박사는 크리스퍼(CRISPR)에 대해 다우드너 박사와 좀 더 구체적으로 의논하고 싶어하였다. 그때까지만 해도 대부분의 생물학자들은 크리스퍼가 세균에서 발견되는 anti-viral 시스템이라는 정도로만 알고 있는 정도였다. 세균이 침투하는 바이러스를 인지하기 위해 크리스퍼라는 특수 구조를 사용하는데, 그 결과로 Cas9이라는 단백질이 활성화되고, 그것이 바이러스 DNA에 달라 붙어서 잘라버린다는 정도로만 이해하고 있었다. 이때만 해도 아무도 이걸 좀 더 복잡한 생물학적 시스템, 예를 들면 진핵세포에까지 적용할 수 있으리라고 예측하지 못하였다. 만약 크리스퍼 시스템을 진핵세포에서 실행시킬 수만 있다면 정확하게 유전질환의 원인을 교정시킬 수 있을 뿐만 아니라, 나아가서는 고장난 유전자를 정상 유전자로 마음대로 편집해 바꿔준다는, 그리고 심지어는 인류를 변화시킬 수 있다는 너무도 엄청난 발상이기 때문이었다.

어떻게 보면 공상과학 같은 생각이었지만, 샤르팡티에 박사는 다우드너 박사에게 이런 이야기를 건네었고, 크리스퍼와 Cas9 단백질을 하나의 시스템으로 묶어서 공동 연구할 것을 제안하였다. 그리고 두 사람은 1년 뒤 연구 발표를 하였는데, 크리스퍼와 Cas9이 박테리아에서 어떻게 유전자를 자르는지, 단순히 자를 뿐 아니라 어떻게 다시 붙이는지, 즉 유전자 편집(gene editing technic)에 대해 세밀하게 발표를 하였다. 무엇보다도 충격적인 것은 너무나 간단한 기술로 세균의 DNA를 마음먹은 대로 편집할 수 있다는 내용이었다. 이것이 2012년의 일이었다. 이후 과학자들은 머지않아 사람을 포함한 진핵세포의 유전자를 편집하는 것도 곧 가능하리라고 내다보게 되었다.

크리스퍼와 Cas9 시스템의 매력은 대단히 직선적인 기술이라는 것이다. 마치 워드프로세서(word processor)에서 잘못된 글자를 찾아 고치는 것처럼, 유전자 염기서열 중 잘못된 부분을 족집게처럼 찾아 고치는 테크닉이다. 진핵세포에서의 크리스퍼 응용범위는 대단히 넓어서 암 치료는 물론 알츠하이머나 정신분열증 같은 난치성 질병 치료에도 도움을 주리라 기대되고 있다. 크리스퍼를 통해 다우드너 박사와 샤르팡티에 박사는 세계의 주목을 받게 되었고, 새로운 연구기금은 물론 노벨상 후보 대열에도 오르게 되었다. 그리고 이들의 연구는 금세기 최고의 업적으로 남게 되었다.

그런데 여기 또 다른 사람이 등장하게 된다. MIT의 브로드연구소(Broad Institute)의 분자생물학자인 장 펑 박사이다. 미국 아이오와(Iowa)에서 성장했고, 일찍부터 유전자 편집에 대해 관심을 기울였던 사람이다. 장 박사는 2011년에 브로드연구소에서 열린 학회에 참석해 박테리아 면역시스템에 대한 발표를 접하였고, 특별히 Cas9 단백질을 어떻게 사용할 수 있는가라는 논문에 관심을 갖게 되었다. 이후 장 박사는 나름대로 Cas9 단백질 기능을 시험하는 데 시간을 투자하였고, 결국 크리스퍼와 Cas9을 진핵세포에서도 적용해 사용할 수 있음을 보여주었다. 이는 생각하기에 따라서, 어떤 사람에게는 다우드너와 샤르팡티에의 연구보다 한발자국 더 앞선 것처럼 보일 수도 있다. 다우드너 박사팀이 박테리아의 유전자를 편집한 것도 중요하지만, 원숭이나 사람처럼 고등한 세계의 유전자를 변형시킨다는 것은 또 다른 문제이기 때문이다.

크리스퍼 이야기 2

대체로 보면 10년 간격으로 새로운 생물산업의 기술들이 나타나고는 한다. 1970년대에는 제한효소가 발견되어서 DNA를 재조합하는 새로운 의학기술과 생물산업 도구로 각광을 받았으며, 1980년대에는 PCR 기술이 개발되어 분자생물학자들을 흥분시켰다. PCR 기술은 DNA 분자를 짧은 시간 내에 수백만 내지 수억 개까지 증폭시킴으로써 범죄수사와 친자확인 등에 적용할 수 있도록 해주었다. 물론 유전질환의 진단과 치료에 기여한 바는 말할 것도 없다. 1990년대에는 NGS(next generation DNA sequencing) 기술이 나타나 생물산업 연구를 더욱 발전시켜 주었다. 한때는 불가능하였던 빅데이터의 구축이 가능해진 것이다. 그리고 지금은 크리스퍼를 활용한 유전자 편집이 차세대 기술로 자리매김하고 있다.

유전자 편집 기술은 우생학적인 우려를 벌써부터 낳고 있다. 잘 디자인된 맞춤아기라든가 또는 쥐라기 공원이 실제로 만들어질 수 있다는 우려를 낳고 있는 것이다. 물론 모기 같은 전염병 매개체를 변형시켜 아예 지구에서 멸종시킬 수도 있는데, 그럴 경우 예측하지 못한 생태계 교란에 대하여 우려한다. 유전자가 변형된 배아를 자궁에 실제 착상시키려는 의도가 없었다고 할지라도, 이미 수정란의 유전자를 크리스퍼로 편집하는 데 성공한 보고가 있다. 크리스퍼를 사용함으로써, 한때 멸종된 동식물을 되살릴 수도 있지 않을까 과학자들은 긍정 반, 부정 반의 눈으로 지켜보고 있다.

무엇보다도 유전자 편집의 종착역은 질병 치료에 있다고 하겠다. 과학자들은 크리스퍼가 단일유전자결함(single gene defect)인 시각장애(blindness) 등 선천적 질환을 치료하는 데 완벽한 도구가 될 것이라고 보고 있다. 알려진 바로는 3,000여 종류의 유전질환이 있는데, 이들 대부분이 아직 확실한 치료 방법이 없기 때문에 더욱 기대하는 바가 크다. 이외에도 AIDS 치료제, 혈우병, 식품, 바이오에너지, 인공장기 등 유전자가 포함된 연구라면 무엇이든지 크리스퍼를 응용할 수 있다는 점이 가장 큰 장점이다. 유전자 편집을 통해서, 불과 10년 전만 해도 불가능하리라 여겨졌던 꿈의 신약들을 이제 우리는 손에 넣을 수 있게 된 것이다.

크리스퍼의 또 다른 장점은 GMO 논란을 비껴갈 수 있다는 것이다. 왜냐하면, 크리스퍼는 자체 유전자를 변형시킬 뿐 외부에서 다른 유전자를 가져오지 않아 GMO와는 관련이 없기 때문이다. 듀퐁 같은 회사에서는 이미 시들지 않는 버섯을 비롯해서, 옥수수, 대두, 밀, 쌀 등 25종의 형질을 크리스퍼로 개선하였다고 발표하였다.

연구자의 주된 관심은 퇴행성 질환이다. 헌팅톤 질환(Huntington disease)과 알츠하이머가 그 중이므로 대표적이다. 크리스퍼를 이용한 신경질환 치료와 알츠하이머 치료 연구 역시 진행

중이므로 가까운 미래에 난치성 질환들이 정복될 가능성을 내비치고 있다.

크리스퍼 현황 및 전망

크리스퍼에 대한 나라별 관심이 점점 고조되는 가운데 있다. 그중에서도 중국이 임상실험에서 가장 앞서 달려 나가는 것으로 확인되어서 앞으로 이 분야 참여 국가들의 경쟁이 더욱 치열해질 것으로 보인다. 2018년을 기준으로 할 때 그동안 공식적으로 진행되었거나 앞으로 진행될 예정인 시험은 총 13건이다. 이 중 70%를 넘는 10건이 중국에서 이루어졌고, 이어서 미국과 홍콩이 각각 한 건을 기록하고 있다. 미국 국립보건원에 따르면, 크리스퍼는 유전자 치료제로서의 가치가 매우 높다는 평가이다. 시술 효과를 높이기 위해 크리스퍼가 담긴 용액을 환자에게 직접 주입하거나 연고 형태로 바르는 연구도 진행되고 있다. 크리스퍼는 폐암이나 자궁경부암, 백혈병, 에이즈 등 다양한 질병들에 대한 적용이 가능하기 때문에 각국의 제약회사들이 순차적으로 더 나은 크리스퍼 개발에 동참할 것으로 보인다. 우리나라도 예외가 아니어서 본격적인 임상실험에 곧 뛰어들 것으로 전망된다.

| 연습문제 |

01 인간 수정란을 유전자가위로 편집하는 실험에 대하여 우리나라에서는 어떤 법적, 윤리적 조치를 취하고 있는가?

02 유전자 편집이나 배아 복제 연구에 비교적 관대한 나라는 어느 나라인가? 그리고 그 이유는 무엇인지 생각해보시오.

03 유전자가위의 작동 원리는 CRISPR와 Cas9 단백질이다. 이들의 상호 관계를 설명하시오.

04 유전자가위가 난치성 질환 치료에 얼마나 광범위하게 응용될 수 있을까?

05 유전자가위의 등장으로 개인별 맞춤의학과 신약 개발이 가능해졌다고 한다. 이것은 무슨 의미인가?

06 SNP(single nucleotide polymorphism)이란 무엇이며, 유전자가위를 어떻게 적용시킬 수 있는지 정리해보시오.

07 지금 유전자가위에 대한 특허 분쟁이 전 세계 과학자들의 관심을 끌고 있다. 지금까지의 진행사항을 조사하고 요약하시오.

08 Blindness에 대해 유전자 차원에서 조사하고, 여기에 유전자가위를 어떻게 이용하고 치료할 수 있을지 생각해보시오.

09 CRISPR를 이용하면 GMO 논쟁을 피할 수 있다는 의미는 무엇인가?

10 지난 반세기 동안 생명공학 분야에서 매우 중요했던 기술적 발전들을 5가지만 연대별로 소개하시오.

해설

저자는 계명대학교 생물학과 교수로서 '발생유전학(developmental biology)'을 전공하였다. 발생유전학은 1990년대에 빠르게 발전한 비교적 신생 학문이다. 유전학의 이론과 생명공학의 기술을 바탕으로 하여 생명의 기원을 탐구하는 학문으로서 신약 개발, 인간게놈프로젝트, 노화의 메커니즘 규명, 선천성 질환 치료, 암의 유전자 치료 등 최신 토픽들이 모두 여기에서 출발하기 때문에 미국, 독일, 프랑스 등 선진 서구국가들이 경쟁적으로 뛰어들고 있는 분야이다.

현재 저자는 노화 유전자와 알콜증후군 관련 유전자, 심장병 유발 유전자 등을 분석하고 있고, 이들의 근본적인 치료를 위한 유전자 치료 개발에 전념하고 있다. 또한 환경호르몬을 분해하는 미생물을 분리하는 등 국민 건강을 위한 연구도 병행하고 있다.

본 저서는 저자가 그동안 외국의 동향을 살펴보면서 선진국들이 유전학을 거의 필수과목으로 지정하고 있는 데에 자극을 받아 저술한 책자이다. 특히, 유전학은 짧은 역사에도 불구하고 어느 다른 학문보다 더 실용성이 강하며, 생화학, 생리학, 생물학, 보건학, 의학, 약학, 윤리학, 법학, 종교학, 경영학 및 컴퓨터공학 등 여러 분야가 힘을 합쳐 함께 발전시켜야 하는 학제간 학문이란 점에서 심화된 교육이 필요하다는 생각으로 고안한 필독서이다.

유전학은 이론이 채 정립되기도 전에 기술이 먼저 발달한, 그리고 그 때문에 다른 전공들과 구별되는 독특한 학문이다. 게다가 유전학은 궁극적인 대상이 생명체, 곧 우리 인간이기 때문에 혹시나 연구가 잘못된 방향으로 진행될 경우 야기될 심각성이 엄청나게 클 수밖에 없다. 이런 의미에서, 본 저서는 21세기의 주인인 젊은 대학생들에게 유전학의 역사와 기본 이론을 쉽게 설명하고, 이와 관련된 생명윤리 문제들까지 고찰하기 위해 쓰여진 것이다.

흔히들 21세기를 첨단과학의 시대라고 하는데, 그 중심에 있는 것이 바로 유전학이다. 지난 20세기 때와는 우리 생활양식도 달라졌고, TV나 신문에 오르내리는 용어들도 아주 판이해졌다. 그리고 유전학의 여파는 벌써 교육, 종교, 정치, 사회, 문화 등 우리 삶의 모든 분야를 침범하고 말았다. 과거에는 생물학과 전혀 상관없어 보이던 치약, 비누 같은 상품들에까지도 'Bio-'라는 이름이 붙어 있고, 대중매체들도 생명과학과 관련된 용어를 사용하는 데에 전혀 주저하지 않고 있다. 복제양 돌리와 인간게놈프로젝트 등 굵직굵직한 뉴스들이 연일 터지면서 일반인들도 전문 용어에 친숙해졌고, 급기야 줄기세포 논문조작은 전국을 떠들썩하게 만든 희대의 사건이 되고 말았다. 웰빙에 대한 관심이 커지면서 유전자변형식품(GMO)에 대해 은근한 호기심과 기대감이 있는 것도 숨길 수 없는 사실이다. 또한 "유전자가위(CRISPR)"의 발견은 유전공학과 생명공학의 새로운 전기를 마련한 역사적 사건이기도 하다. 결론은 유전학과 유전공학이 몇몇 과학자들의 전문 연구 분야가 아닌 21세기 필수 교양영역으로 대중화되었고 또 생활화되었다는 것이다.

이러한 이유 때문에 21세기를 살아갈, 그리고 미래사회의 발전을 책임진 대학생들은 자기 전공분야와 상관없이 유전학에 대한 기초 지식을 어느 정도 갖추어야 하는 것이다. 이미 인간복제의 가능성을 열어 놓은 유전학이 앞으로 가져다 줄 변화는 상상을 초월하기 때문에 어떤 형태로든지 이해와 준비가 없다면 엄청난 충격을 피할 수 없을 것이기 때문에 더욱 그렇다. 본 저서는 바로 이런 점을 대학생들에게 준비시키기 위해서 쓰여진 것이다.

교재의 내용과 구성

대중매체를 통해 이미 친숙해진 용어들을 또 다시 자세하게 설명하는 것은 가급적 피하였다. 전반적으로 어려운 기술이나 용어에 매달리기보다는 유전학의 기본 원리와 이론, 현재 알려진 기술 수준에 대한 간략한 소개, 그리고 미래 발전 가능성을 연계적으로 설명하여 쉬운 이해를 도모하고, 읽으면서 자연스럽게 흥미가 유발되도록 노력하였다. 전체 4부, 23장으로 구성하였지만, 강의 환경에 따라 적절히 발췌하거나 필요에 따라 부족한 부분을 추가하는 것이 좋을 것이다. 각 장의 끝에는 연습문제를 첨부하여 학생이 스스로 정리할 수 있게 하였다.

내용을 간략히 소개하면 다음과 같다. 먼저 유전학의 탄생과 역사, 그리고 그 과정에서 창의성을 발휘한 과학자들에 대해 간략히 소개하였다. 그리고 세포 구조의 기초 지식들을 설명하였으며, 유전물질로서의 DNA 발견과 이중나선 구조를 설명하였다. 생명의 근본물질로서 DNA가 중심에 서있다는 중심설과 유전자 발현의 단계들을 하나씩 풀어서 설명하였고, 오페론 및 돌연변이에 대해 간략히 소개하였다. 최신 주제인 siRNA와 RNA 간섭현상을 설명하였고, 이어서 유전학의 응용 사례인 유전자 클로닝, CRISPR 대한 소개를 추가하였다. 마지막으로, 유전학의 미래와 바이오벤처에 대한 소개까지 두루 섭렵하여 설명하였다.

21세기의 유전학과 생명공학

21세기에 들어서면서 유전학이 올린 최고의 성과는 '인간게놈프로젝트'의 완성이다. 사람의 생명 코드가 그 모습을 모조리 드러낸 것이다. 일부 종교계에서는 인간게놈프로젝트의 완성이 신에 대한 도전이라 표현하지만, 그 말은 곧 자기 자신과 다음 세대를 책임질 소중한 생명관과 윤리의식의 함양이라는 책임감이 우리에게 주어졌다는 뜻으로 해석해도 좋을 것이다. 유전학은 이미 대중화 단계에 들어서고 있다. 생물학, 미생물학, 의학, 임상병리학, 간호학, 식품과학, 컴퓨터공학, 심지어는 법학에 이르기까지 다양한 분야에서 유전학 기술들을 응용하고 있다. 그렇다면 어지러울 정도로 빨리 발전하는 이 시대에, 그리고 젊은 과학자들의 올바른 가치관이 절실한 이 시점에, 21세기 앞날을 책임진 우리는 과연 무엇을 배워야 하는 것일까? 21세기 포스트게놈 시대에 걸맞는 사람이 되기 위하여 상식적으로 알아야 할 유전학 지식은 어떤 것들일까?

1980년대 초 어느 대학에서 모임이 있었다. 그때는 분자유전학의 수준이 겨우 초창기에 불과하였는 데에도 젊은 학자들과 선배 학자들 사이에 대단히 열띤 논쟁이 있었다. 젊은 학자들이 과학의 발달과 인류의 복지를 위해 다소의 위험은 감수해야 한다고 강조하는 반면에, 나이 지긋한 선배들은 역시 같은 이유 때문에 유전자 조작을 금해야 한다고 주장하던 것이 매우 인상적인 모임이었다. 원핵세포나 진핵세포가 아닌 제3의 생명체가 만들어져서 실험실 밖으로 흘러나가고 원래 의도와는 상관없이 인류를 오히려 혼란에 빠뜨리게 된다면 그 책임은 누가 감당하느냐는 것이었다. 당시 회의는 뚜렷한 결론 없이 끝났지만 다행히도 그 후 오늘날까지 우려했던 위험은 아직 없었고 때문에 유전학은 별다른 제재 없이 빠르게 발전해 올 수 있었다. 그러나 이제는 문제가 당시와 많이 다르다. 그동안 실험실 안에서만 진행되던 유전학의 산물들이 우리생활에서 실용화되기 시작했기 때문이다. 유전적으로 조작된 식품들이 이미 식탁에 오르고 있고 복제된 양이나 소의 고기가 곧 우리 입맛을 좌우할 것이기 때문이다. 벤처회사들이 하루가 다르게 만들어지고 또 유망 직종으로 각광받는 것을 보더라도 분명 유전학은 21세기를 주도할 산업인 것이 틀림없다. 그러나 문제는 이러한 기술이 인간에게도 적용될 수 있다는 가능성이 현실로 나타나고 있으므로, 우리는 인류의 생존 자체를 놓고 더욱 신중을 기하지 않을 수 없다는 것이다. 이럴 때 가장 중요한 것은 우리 한 사람, 한 사람의 진실된 양심과 도덕성이다. 어떠한 기술과 이론이라도 빠르게 교류되는 것이 생명과학계의 현실이고, 그 대상이 쥐였든지 원숭이였든지 상관없이 일단 성공되었다면 사람에게도 곧 적용될 수 있기 때문이다. 손바닥을 보면 태어나면서부터 안과 밖이 정해져 있지만 어느 쪽으로 뒤집는가는 주인의 마음에 달려있다. 맛있는 고기를 제공하고 많은 우유를 낼 수 있는 소를 복제하며, 질병과 추위에 강한 벼의 복제품을 이용하여 식량 문제를 해결하고, 멸종해 가는 동물 자원을 보호하는 것은 분명히 유전학이 인류에게 줄 수 있는 최고의 선물일 것이다.

그러나 분명한 것은 이 기술이 조금이라도 잘못 이용될 가능성이 있다면, 인류 스스로 자신의 능력을 적절히 조절하고 통제할 수 있어야 한다는 것이다. 이제 유전학은 조그마한 실수를 허용하거나 통제력을 잃은 사람의 광기를 허용하기에는 너무도 발달하고 말았다. 과학의 발달은 지극히 자연적인 것이기에 막을 수도 없고 또한 막아서도 안 될 것이다. 건강하고 밝은 미래가 바로 우리 손에 달려있기에 지금이야말로 인류 스스로의 현명한 판단이 더욱 절실히 요구되는 시기라 하겠다.

찾아보기

INDEX

ㅈ

ㅊ

A

B

C

D

E

G

H